中国石油和化学工业优秀教材

普通高等教育"十二五"规划教材

大学化学实验教程Ⅱ

有机化学与物理化学实验

张学俊　主　编

安富强　李　霞　李巧玲　副主编

化学工业出版社

·北京·

本书是根据大学化学实验教学的基本要求，结合多年实验教学改革成果编撰而成的大学化学实验教材，本着"加强基本操作训练，加强基础实验，注重培养学生的思维能力和创新精神，培养化学、化工、材料领域的复合型应用技术人才"的原则，把有机化学实验和物理化学实验结合起来编写而成。注意对学生创新精神和科研能力的培养，也注意了博采众长和化学学科发展的前瞻性。

全书内容共分6章：第1章绪论；第2章化学实验基本知识；第3章有机化学实验（基础训练）部分17个实验；第4章物理化学实验（基础训练）部分20个实验；第5章综合性、研究性和设计性实验部分20个实验；第6章附录。

本书可作为化学、化工、材料、生物以及环境工程等相关专业实验课程的教材，也可作为从事同领域科学研究人员的实用参考书。

图书在版编目（CIP）数据

大学化学实验教程Ⅱ，有机化学与物理化学实验/张学俊主编．—北京：化学工业出版社，2014.9（2025.9重印）
中国石油和化学工业优秀教材
普通高等教育"十二五"规划教材
ISBN 978-7-122-21513-0

Ⅰ．①大…　Ⅱ．①张…　Ⅲ．①有机化学-化学实验-高等学校-教材②物理化学-化学实验-高等学校-教材　Ⅳ．①06-3

中国版本图书馆 CIP 数据核字（2014）第 174791 号

责任编辑：刘俊之　　　　　　　　　　　　　　装帧设计：刘丽华
责任校对：宋　玮

出版发行：化学工业出版社（北京市东城区青年湖南街13号　邮政编码100011）
印　　装：北京科印技术咨询服务有限公司数码印刷分部
787mm×1092mm　1/16　印张12½　字数315千字　2025年9月北京第1版第6次印刷

购书咨询：010-64518888　　　　　　　　　　售后服务：010-64518899
网　　址：http://www.cip.com.cn
凡购买本书，如有缺损质量问题，本社销售中心负责调换。

定　　价：26.00元　　　　　　　　　　　　　　版权所有　违者必究

本书编委会

主　编　张学俊

副主编　安富强　李　霞　李巧玲

编　委　杨云峰　贾素云　陈志萍　酒红芳

　　　　　杨晓峰　乔晋忠　胡拖平　宋江锋

主　审　吴晓青

化学实验不仅是人们了解物质世界构成、揭示化学变化规律、认识物质性质及研究新物质合成的手段，而且是培养学生创新意识和能力的有效途径。本书是根据应用型本科院校基础化学的教学要求而编写的实验教学用书。重视有机化学实验和物质化学实验的基础知识，强调实用性，注重培养学生的动手能力和科研设计能力，在注重学生基础能力培养的同时，开拓学生研究视野，培养创新意识和实际操作能力。期望通过本教材和基础化学实验课的学习，学生能够丰富化学知识、开拓思维、培养能力、提高素质。

随着科技的发展，实验教学的改革继续深入，越来越多新型仪器设备不断被引进高校实验室，教材中介绍的仪器设备与实际应用的仪器设备不匹配，尽管经典实验内容变化不大，但实验方法和实验教学仪器都有了较大的发展和变化，由科研成果转化的新的实验教学内容也有了补充，给学生预习和教师授课带来诸多不便，在这种情况下本书应运而生。学生通过观察实验现象、分析实验数据、总结实验结果以及设计新实验，对已掌握的化学理论知识进一步理解和深化。更重要的是，实验还是一个可发挥主观能动性的再创造过程，有利于培养学生的创新意识，提高学生的综合素质，化学实验教学是化学教学过程的重要环节。

中北大学化学系的教师总结多年教学改革的经验，综合分析化学实验教育在化学、化工、材料等专业学生培养计划中的作用，本着学生掌握知识循序渐进的原则，将实验内容按"有机化学实验（基础训练）部分"、"物理化学实验（基础训练）部分"和"综合性、研究性和设计性实验部分"三个教学单元进行重组与编排，突出对学生"三基"（基本理论、基本操作、基本技能）能力培养与训练的特点，使选材更贴近科研与生产实践，有利于实验室实验教学模式开发与实验室教学的互补。

全书由张学俊担任主编，安富强、李霞、李巧玲担任副主编，研究生廖超强、曹杰参加了部分内容、资料的收集与编写工作。吴晓青教授担任全书的主审工作，对书稿提出了宝贵的意见与建议，特此致谢。我们在编写过程中参考了许多文献，在此对文献作者致以真诚的感谢。

本书是中北大学化学系基础化学实验教学中心全体教师多年教学工作的积淀，尤其是教学改革的经验总结，是集体劳动汗水与心血的结晶。在此向全体参与实验教学与改革工作的教师以及支持该项工作的各级领导和广大师生表示深切的谢意。

由于水平有限，经验不足，本书难免存在诸多不足之处，敬请读者指正。

编者
2014 年 5 月

目录

第1章

绪　论

1.1　有机化学和物理化学实验教学的目的和任务

化学是建立在实验基础上的科学。有机化学实验和物理化学实验是化学实验的重要分支，也是研究化学基本理论和问题的重要手段和方法。特点是利用化学和物理的方法研究化学系统变化规律，通过实验的手段，研究物质的物理、化学性质及这些性质与化学反应之间的关系，从而得出有益的结论。教学的主要目的是使学生初步了解有机化学和物理化学的研究方法，掌握实验技术和技能，学会使用一些基本仪器设备，学会重要化学参数的测定方法，熟悉化学实验现象的观察和记录、实验条件的判断和选择、实验数据的测量和处理、实验结果的分析和归纳等一套严谨的实验方法。通过实验加深学生对化学反应原理的认识和理解；培养学生理论联系实际的能力；培养学生查阅文献资料的能力；使学生受到初步的实验研究训练，提高学生的实验操作技能和培养学生初步进行科学研究的能力。

1.2　实验室特殊安全事故的预防与处理

1.2.1　实验室安全常识

在实验室中工作，经常会与毒性很强、有腐蚀性、易燃烧和具有爆炸性的化学药品直接接触，也常常使用易碎的玻璃和瓷质器皿以及煤气、水、电等设备，因此，必须十分重视安全工作。

（1）进入实验室开始工作前应了解煤气总阀门、水阀门及电闸所在处。离开实验室前，一定要将室内检查一遍，应将水、电、煤气的开关关好，门窗锁好。

（2）使用煤气灯时，应先将火柴点燃，一手执火柴靠近灯口，另一手慢开煤气阀门。不能先开煤气阀门，后点燃火柴。灯焰大小和火力强弱，应根据实验的需要来调节。用火时，应做到火着人在，人走火灭。

（3）使用电气设备（如烘箱、恒温水浴设备、离心机、电炉等）时，严防触电；绝不可用湿手或在眼睛旁视时开关电闸和电气开关。使用前应该用试电笔检查电气设备是否漏电，凡是漏电的仪器，一律不能使用。

（4）使用浓酸、浓碱时，必须极为小心地操作，防止溅出。用移液管量取这些试剂，必须使用橡皮球，绝对不能用口吸取。若不慎溅在实验台或地面上，必须及时用湿抹布擦洗干净。如果触及皮肤应立即治疗。

（5）使用可燃物，特别是易燃物（如乙醚、丙酮、乙醇、苯、金属钠等）时，应特别小心。不要将其大量放在桌上，更不要放在靠近火焰处。只有在远离火源时，或将火焰熄灭后，才可倾倒易燃液体。低沸点的有机溶剂不准在火上直接加热，只能在水浴上利用回流冷凝管加热或蒸馏。

（6）如果不慎倾出了量相当大的易燃液体，则应按下法处理：①立即关闭室内所有的火源和电加热器；②关门，开启窗户；③用毛巾或抹布擦拭洒出的液体，并将液体拧到大的容器中，然后再倒入带塞的玻璃瓶中。

（7）用油浴操作时，应小心加热，不断用温度计测量，不要使温度超过油的燃烧温度。

（8）易燃和易爆炸物质的残渣（如金属钠、白磷、火柴头）不得倒入污物桶或水槽中，应收集在指定的容器内。

（9）废液，特别是强酸和强碱不能直接倒在水槽中，应先稀释，然后倒入水槽，再用大量自来水冲洗水槽及下水道。

（10）毒物应按实验室的规定办理审批手续后领取，使用时严格操作，用后妥善处理。

1.2.2　实验室爆炸事故的预防与处理

（1）某些化合物容易爆炸。如：有机化合物中的过氧化物、芳香族多硝基化合物和硝酸酯、干燥的重氮盐、叠氮化物、重金属的炔化物等，均是易爆物品，在使用和操作时应特别注意。含过氧化物的乙醚蒸馏时，有爆炸的危险，事先必须除去过氧化物。若有过氧化物，可加入硫酸亚铁的酸性溶液予以除去。芳香族多硝基化合物不宜在烘箱内干燥。乙醇和浓硝酸混合在一起，会引起极强烈的爆炸。

（2）仪器装配不正确或操作错误，有时会引起爆炸。如果在常压下进行蒸馏或加热回流，仪器必须与大气相通。在蒸馏时要注意，不要将物料蒸干。在减压操作时，不能使用不耐外压的玻璃仪器（例如平底烧瓶和锥形烧瓶等）。

（3）氢气、乙炔、环氧乙烷等气体与空气混合达到一定比例时，会生成爆炸性混合物，遇明火即会爆炸。因此，使用上述物质时必须严禁明火。

对于放热量很大的合成反应，要小心地慢慢滴加物料，并注意冷却，同时要防止因滴液漏斗的活塞漏液而造成事故。

1.2.3　实验室中毒事故的预防与处理

实验中的许多试剂都是有毒的。有毒物质往往通过呼吸吸入、皮肤渗入、误食等方式导致中毒。使用或反应过程中有氯、溴、氮氧化物、卤化物等有毒气体或液体产生的实验，都应该在通风橱内进行，有时也可用气体吸收装置吸收产生的有毒气体。实验中应避免手直接接触化学药品，尤其严禁手直接接触剧毒品。沾在皮肤上的有机物应当立即用大量清水和肥皂洗去，切莫用有机溶剂洗，否则只会增加化学药品渗入皮肤的速度。溅落在桌面或地面的有机物应及时清扫除去。如不慎损坏汞温度计，洒落在地上的汞应尽量收集起来，并用硫黄粉盖在洒落的地方。实验中所用剧毒物质应由专人负责收发，实验后的有毒残渣必须进行妥善而有效的处理，不准乱丢。

1.2.4　实验室触电事故的预防与处理

实验中常使用电炉、电热套、电动搅拌机等，使用电器时，应防止人体与电器导电部分直接接触及石棉网金属丝与电炉电阻丝接触；不能用湿的手或手握湿的物体接触电插头；电热套内严禁滴入水等溶剂，以防止电器短路。

为了防止触电，装置和设备的金属外壳等应连接地线，实验后应先关仪器开关，再将连接电源的插头拔下。

触电后应立即切断电源，必要时进行人工呼吸并送医院救治。

1.2.5　实验室化学灼伤的预防与处理

化学灼伤在化学实验过程中也是经常出现的安全事故。眼睛灼伤是眼内溅入碱金属、溴、磷、浓酸、浓碱等化学药品和其他具有刺激性的物质对眼睛造成的灼伤。皮肤灼伤有酸灼伤，如氢氟酸能腐烂指甲、骨头，滴在皮肤上，会形成痛苦的、难以治愈的烧伤；碱灼伤，如溴灼伤，这是很危险的，被溴灼伤后的伤口一般不易愈合，必须严加防范。

1.2.5.1　化学灼伤事故的预防

(1) 最重要的是保护好眼睛！在化学实验室里应该一直配戴护目镜（平光玻璃或有机玻璃眼镜），防止眼睛受刺激性气体熏染，防止任何化学药品（特别是强酸、强碱）、玻璃屑等异物进入眼内。

(2) 禁止用手直接取用任何化学药品，使用有毒试剂时除用药匙、量器外必须配戴橡皮手套，实验后马上清洗仪器用具，立即用肥皂洗手。

(3) 尽量避免吸入任何药品和溶剂蒸气。处理具有刺激性、恶臭和有毒的化学药品时，如 H_2S、NO_2、Cl_2、Br_2、CO、SO_2、SO_3、HCl、HF、浓硝酸、发烟硫酸、浓盐酸、乙酰氯等，必须在通风橱中进行。通风橱开启后，不要把头伸入橱内，并保持实验室通风良好。

(4) 严禁在酸性介质中使用氰化物。

(5) 禁止口吸吸管移取浓酸、浓碱、有毒液体，应该用洗耳球吸取。禁止冒险品尝药品试剂，不得用鼻子直接嗅气体，而是用手向鼻孔扇入少量气体。

(6) 不要用乙醇等有机溶剂擦洗溅在皮肤上的药品，这种做法反而会增加皮肤对药品的吸收速度。

(7) 实验室里禁止吸烟进食，禁止赤膊穿拖鞋。

1.2.5.2　化学灼伤的急救

(1) 眼睛灼伤。一旦眼内溅入任何化学药品，应立即用大量水缓缓彻底冲洗。实验室内应备有专用洗眼水龙头。洗眼时要保持眼皮张开，可由他人帮助翻开眼睑，持续冲洗15min。忌用稀酸中和溅入眼内的碱性物质，反之亦然。因溅入碱金属、溴、磷、浓酸、浓碱或其他刺激性物质的眼睛灼伤者，急救后必须迅速送往医院检查治疗。

(2) 皮肤灼伤。

① 酸灼伤。先用大量水冲洗，以免深度受伤，再用稀 $NaHCO_3$ 溶液或稀氨水浸洗，最后用水洗。

皮肤若被氢氟酸灼烧，应先用大量水冲洗20min以上，再用冰冷的饱和硫酸镁溶液或70%酒精浸洗30min以上；或用大量水冲洗后，用肥皂水或2%～5% $NaHCO_3$ 溶液冲洗，用 5％NaHCO₃ 溶液湿敷。局部外用可的松软膏或紫草油软膏及硫酸镁糊剂。

② 碱灼伤。先用大量水冲洗，再用 1％硼酸或 2％HAc 溶液浸洗，最后用水洗。

③ 溴灼伤。凡用溴时都必须预先配制好适量的 20％ $Na_2S_2O_3$ 溶液备用。一旦有溴沾到皮肤上，立即用 $Na_2S_2O_3$ 溶液冲洗，再用大量水冲洗干净，包上消毒纱布后就医。在受上述灼伤后，若创面起水泡，均不宜把水泡挑破。

1.2.6 实验室烫伤、割伤等外伤的预防与处理

在烧熔和加工玻璃物品时最容易被烫伤。在切割玻璃管或向木塞、橡皮塞中插入温度计、玻璃管等物品时最容易发生割伤。玻璃质脆易碎，对任何玻璃制品都不得用力挤压或造成张力。在将玻璃管、温度计插入塞中时，塞上的孔径与玻璃管的粗细要吻合。玻璃管的锋利切口必须在火中烧圆，管壁上用几滴水或甘油润湿后，用布包住用力轻轻旋入，切不可用猛力强行连接。外伤急救方法如下。

① 割伤。先取出伤口处的玻璃碎屑等异物，用水洗净伤口，挤出一点血，涂上红汞药水后用消毒纱布包扎；也可在洗净的伤口上贴上"创可贴"，可立即止血，且易愈合。严重割伤大量出血时，应先止血，让伤者平卧，抬高出血部位，压住附近动脉，或用绷带盖住伤口直接施压，若绷带被血浸透，不要换掉，再盖上一块施压，立即送医院治疗。

② 烫伤。一旦被火焰、蒸汽、红热的玻璃、铁器等烫伤，应立即将伤处用大量水冲淋或浸泡，以迅速降温避免烧伤。若起水泡不宜挑破，用纱布包扎后送医院治疗。对于轻微烫伤，可在伤处涂鱼肝油或烫伤油膏或万花油后包扎。

③ 玻璃屑进入眼睛内是比较危险的。这时要尽量保持平静，绝不可用手揉擦，也不要试图让别人取出碎屑，尽量不要转动眼球，可任其流泪，有时碎屑会随泪水流出。用纱布轻轻包住眼睛后，将伤者急送医院处理。

若为木屑、尘粒等异物，可由他人翻开眼睑，用消毒棉签轻轻取出异物，或任其流泪，待异物排出后，再滴入几滴鱼肝油。

1.3 实验预习、实验操作和实验报告

每个实验都包括实验预习、实验操作（数据记录）和实验报告三个步骤，它们之间是相互关联的，任何一步做不好，都会严重影响实验质量。

1.3.1 实验预习

实验预习是化学实验的重要环节，对实验成功与否、收获大小起着关键的作用。为了避免照方抓药，依葫芦画瓢，必须认真做好实验预习，从而积极主动、准确地完成实验。教师有义务拒绝那些未进行预习的学生进行实验。预习的具体要求如下。

(1) 将实验的目的，要求，反应式（正反应、主要副反应），主要反应物、试剂和产物的物理常数（查手册或辞典）、用量（g、mL、mol）和规格摘于实验记录本中。

(2) 写出实验的简单步骤。每个学生应根据"实验操作"上的步骤，改写出简单明了的实验步骤。步骤中的文字可用符号简化，例如试剂写分子式，克＝g，毫升＝mL，加热＝△，加＝＋，沉淀＝↓，气体逸出＝↑……仪器以示性图代之。学生在实验初期可画装置简图，步骤写得详细些，以后逐步简化。这样在实验前已形成了一个工作提纲，可使实验有条

不紊地进行。

（3）列出粗产物纯化过程及原理，明确各步操作的目的和要求。

1.3.2 实验操作

实验是培养学生科学素养的主要途径，实验中要做到操作认真、观察仔细、思考积极，并将所用物料的数量、浓度以及观察到的现象（如反应温度的变化，体系颜色的改变，结晶或沉淀的产生或消失，是否放热或有气体放出等）和测得的各种数据及时如实地记录于实验记录本中。记录要简单明了，字迹清楚。实验完毕后学生应将实验记录本和产物交给教师。产物要盛于样品瓶中（固体产物可放在硫酸纸袋中或培养皿中），贴好标签。标签格式如图1.1所示（以制备正溴丁烷为例）。

正溴丁烷
(*n*-bromobutane)

沸程：99～103℃
产量：18g
瓶重：15.8g

×××(姓名)
年 月 日

图1.1 标签格式

1.3.3 实验报告

在实验操作完成之后，必须对实验进行总结，即讨论观察到的现象、分析出现的问题、整理归纳实验数据等。这是完成整个实验的一个重要组成部分，也是把各种实验现象提高到理性认识的必要步骤。实验报告就是进行这项能力的培养和训练的。

在实验报告中还应完成指定的思考题或提出改进实验的意见等。实验报告的内容大致可分8项，以制备正溴丁烷为例。

实验×× 制备正溴丁烷

一、实验目的

1. 了解由醇制备溴代烷的原理及方法；

2. 初步掌握回流及气体吸收装置和分液漏斗的使用。

二、实验原理

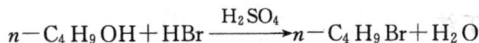

$$NaBr + H_2SO_4 \longrightarrow HBr + NaHSO_4$$

$$n-C_4H_9OH + HBr \xrightarrow{H_2SO_4} n-C_4H_9Br + H_2O$$

副反应：

$$CH_3CH_2CH_2CH_2OH \xrightarrow{H_2SO_4} CH_3CH_2CH=CH_2 + H_2O$$

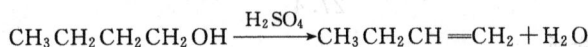

$$2n-C_4H_9OH \xrightarrow{H_2SO_4} (n-C_4H_9)_2O + H_2O$$

$$2NaBr + 3H_2SO_4 \longrightarrow Br_2 + SO_2\uparrow + 2H_2O + 2NaHSO_4$$

三、相关知识点（与本实验相关的理论和知识点）

实验试剂的部分参数列于表1.1。

表 1.1　实验试剂的部分参数

名称	相对分子质量	性状	折射率	相对密度	熔点/℃	沸点/℃	溶解度/g·(100mL溶剂)$^{-1}$		
							水	醇	醚
正丁醇	74.12	无色透明液体	1.39931	0.80978_4^{10}	$-89.2\sim-89.9$	117.71	7.920	∞	∞
正溴丁烷	137.03	无色透明液体	1.4398	1.299_4^{20}	-112.4	101.6	不溶	∞	∞

四、仪器与试剂

仪器：三口烧瓶，吸收装置，蒸馏装置。

试剂：正丁醇，浓硫酸，溴化钠，沸石。

五、实验步骤及现象记录（见表 1.2 根据实验过程及顺序写明实验步骤）

表 1.2　实验步骤及现象记录

步　骤	现　象
(1)于150mL 〔瓶〕中放置 20mL 水，+29mL 浓 H_2SO_4 振摇冷却	放热，烧瓶烫手
(2)+18.5mL $n\text{-}C_4H_9OH$ 及 25gNaBr，振摇+沸石	不分层，有许多 NaBr 未溶。瓶中已出现白雾状 HBr。沸
(3)装冷凝管、HBr 吸收装置，石棉网小火△1h	腾，瓶中白雾状 HBr 增多，并从冷凝管上升，被气体吸收装置吸收。瓶中液体由一层变成三层，上层开始极薄，中层为橙黄色，上层越来越厚，中层越来越薄，最后消失。上层颜色由淡黄→橙黄色
(4)稍冷，改成蒸馏装置，+沸石，蒸出 $n\text{-}C_4H_9Br$	馏出液浑浊，分层，瓶中上层越来越少，最后消失，消失后过片刻停止蒸馏。蒸馏瓶冷却析出无色透明结晶($NaHSO_4$)
(5)粗产物用 15mL 水洗　在干燥分液漏斗中用　10mL H_2SO_4 洗　15mL 水洗　15mL 饱和 $NaHCO_3$ 洗　15mL 水洗	产物在下层　加一滴浓 H_2SO_4 沉至下层，证明产物在上层　两层交界处有些絮状物
(6)粗产物置 50mL 〔瓶〕中，+2g $CaCl_2$ 干燥	粗产物有些浑浊，稍摇后透明
(7)产物滤入 30mL 〔瓶〕中，+沸石蒸馏收集 99～103℃馏分　产物外观，质量	99℃以前馏出液很少，长时间稳定于 101～102℃。后升至103℃，温度下降，瓶中液体很好，停止蒸馏　无色液体，瓶重 15.5g 共重 33.5g，产物重 18g

有能力学生可以选择图 1.2 所示流程图进行说明补充。

六、数据的记录与处理

因其他试剂过量，所以理论产量应按正丁醇计算。0.2mol 正丁醇能产生 0.2mol（即 $0.2\times137g=27.4g$）正溴丁烷。

$$百分产率=\frac{18}{27.4}\times100\%=66\%$$

七、实验结果与分析

醇能与硫酸生成𨦜盐，而卤代烷不溶于硫酸，故随着正丁醇转化为正溴丁烷，烧瓶中分成三层。上层为正溴丁烷，中层可能为硫酸氢正酯，中层消失即表示大部分正丁醇已转化为正溴丁烷。上、中两层液体呈橙黄色，这可能是副反应产生的溴所致（分析何种因素影响产率，也可以回答思考题）。从实验可知溴在正溴丁烷中的溶解度较硫酸中的溶解度大。

$$n\text{—}C_4H_9OH, \; NaBr, \; H_2SO_4, \; H_2O$$

↓

$$n\text{—}C_4H_9OH, \; n\text{—}C_4H_9Br, \; (n\text{—}C_4H_9)_2O, \; HBr, \; H_2SO_4, \; NaHSO_4, \; H_2O$$

↓ 蒸馏

残留物	馏出物
$H_2SO_4, \; NaHSO_4$	$n\text{—}C_4H_9OH, \; n\text{—}C_4H_9Br, \; (n\text{—}C_4H_9)_2O, \; H_2O, \; HBr$

①分离得有机层
②水洗

水层	有机层
$HBr, \; n\text{—}C_4H_9OH, \; H_2O$	$n\text{—}C_4H_9Br, \; n\text{—}C_4H_9OH, \; (n\text{—}C_4H_9)_2O$

H_2SO_4 洗

酸层	有机层
$n\text{—}C_4H_9OH, \; (n\text{—}C_4H_9)_2O, \; H_2SO_4$	$n\text{—}C_4H_9Br, \; H_2SO_4(微量)$

先用水洗　后用 $NaHCO_3$ 洗　再用水洗

水层	有机物
$NaHSO_4, \; H_2O$	$n\text{—}C_4H_9Br, \; H_2O(微量)$

$CaCl_2$ 干燥蒸馏

$$n\text{—}C_4H_9Br$$

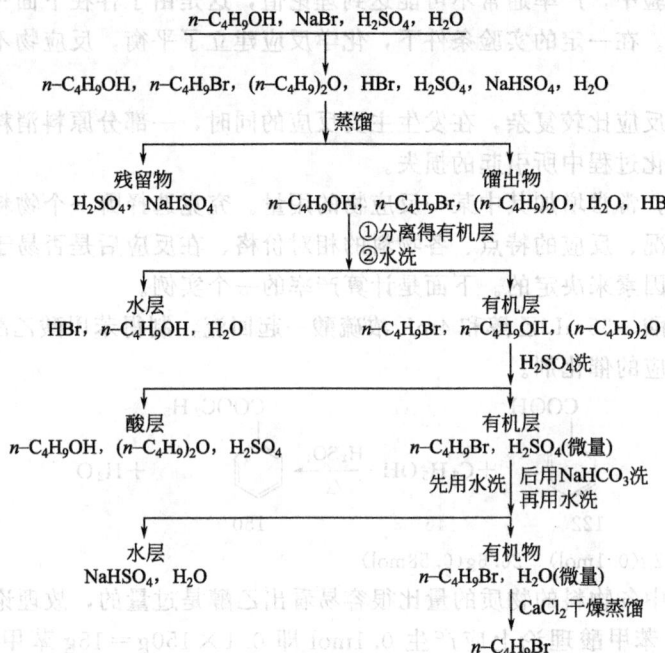

图 1.2　实验流程图

蒸去正溴丁烷后，烧瓶冷却析出的结晶是硫酸氢钠。

八、实验总结与体会

由于操作时疏忽大意，反应开始前忘加沸石，使回流不正常。停止加热稍冷后，再加沸石继续回流，致使操作时间延长。这点今后要引起注意。

1.3.4　实验产率的计算

有机化学反应中，理论产量是指根据反应方程式计算得到产物的数量，即原料全部转化成产物，同时在分离和纯化过程中没有损失的产物数量。产量（实际产量）是指实验中实际分离获得的纯粹产物的数量。百分产率是指实际得到的纯粹产物的质量和计算的理论产量的比值，即

$$百分产率 = \frac{实际产量}{理论产量} \times 100\%$$

例：用 20g 环己醇和催化剂硫酸一起加热时，可得到 12g 环己烯，试计算它的百分产率。

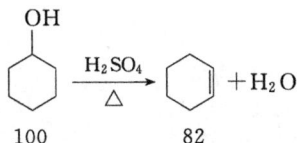

相对分子质量　　　　　100　　　　82

根据化学反应式，1mol 环己醇能生成 1mol 环己烯，今用 20g 即（20/100）mol＝0.2mol 环己醇，理论上应得 0.2mol 环己烯，理论产量为 82g×0.2＝16.4g，但实际产量为 12g，所以百分产率为

$$\frac{12}{16.4} \times 100\% = 73\%$$

在有机化学实验中，产率通常不可能达到理论值，这是由于存在下面一些因素的影响。

（1）可逆反应。在一定的实验条件下，化学反应建立了平衡，反应物不可能完全转化成产物。

（2）有机化学反应比较复杂，在发生主要反应的同时，一部分原料消耗在副反应中。

（3）分离和纯化过程中所引起的损失。

为了提高产率，常常增加其中某一反应物的用量。究竟选择哪一个物料过量要根据有机化学反应的实际情况、反应的特点、各物料的相对价格、在反应后是否易于除去以及对减少副反应是否有利等因素来决定的。下面是计算产率的一个实例。

用 12.2g 苯甲酸、35mL 乙醇和 4mL 浓硫酸一起回流，制得苯甲酸乙酯 12g。其中，浓硫酸用作该酯化反应的催化剂。

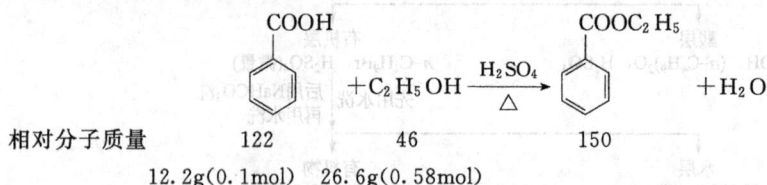

$$\underset{122}{\overset{COOH}{\underset{12.2g(0.1mol)}{\bigcirc}}} + \underset{46}{\underset{26.6g(0.58mol)}{C_2H_5OH}} \xrightarrow[\triangle]{H_2SO_4} \underset{150}{\overset{COOC_2H_5}{\bigcirc}} + H_2O$$

相对分子质量

从反应方程式中各物料的物质的量比很容易看出乙醇是过量的，故理论产量应根据苯甲酸来计算。0.1mol 苯甲酸理论上应产生 0.1mol 即 $0.1 \times 150g = 15g$ 苯甲酸乙酯。百分产率为

$$\frac{12}{15} \times 100\% = 80\%$$

第2章

化学实验基本知识

2.1 有机化学实验常用器具

进行有机化学实验时，所用的器具有玻璃仪器、金属用具、电学仪器及一些其他设备。在使用时，有的公用，有的由个人保管使用，现分别介绍如下。

2.1.1 玻璃仪器

有机实验用玻璃仪器（见图 2.1 和图 2.2），按其口塞是否标准及磨口，分为标准磨口仪器及普通仪器两类。标准磨口仪器由于可以互相连接，使用时既省时方便又严密安全，它将逐渐代替同类普通仪器。使用玻璃仪器时，皆应轻拿轻放。容易滑动的仪器（如圆底烧瓶），不要重叠放置，以免打破。

除试管等少数仪器外，玻璃仪器一般都不能直接用火加热。锥形瓶不耐压，不能作减压用。厚壁玻璃器皿（如抽滤瓶）不耐热，故不能加热。广口容器（如烧杯）不能储放易挥发的有机溶剂。带活塞的玻璃器皿用过洗净后，在活塞与磨口间应垫上纸片，以防粘住。如已粘住可在磨口四周涂上润滑剂或有机溶剂后用电吹风吹热风，或用水煮后再用木块轻敲塞子，使之松开。此外，不能将温度计当作搅拌棒用，也不能用来测量超过刻度范围的温度。温度计用后要缓慢冷却，不可立即用冷水冲洗以免炸裂。

有机化学实验，最好采用标准磨口的玻璃仪器（简称标准口玻璃仪器）。这种仪器可以和相同编号的标准磨口相互连接，既能免去配塞子及钻孔等手续，又能避免反应物或产物被软木塞（或橡皮塞）所沾污。标准磨口玻璃仪器口径的大小，通常用数字编号来表示，该数字是指磨口最大端直径的毫米整数。常用的有 10、14、19、24、29、34、40、50 等。有时也用两组数字来表示，另一组数字表示磨口的长度。例如 14/30，表示此磨口直径最大处为 14mm，磨口长度为 30mm。相同编号的磨口、磨塞可以紧密连接。有时两个玻璃仪器因磨口编号不同无法直接连接，则可借助不同编号的磨口接头（或称大小头）使之连接。

有机化学实验中常用的标准磨口仪器分述如下。

2.1.1.1 烧瓶

（1）圆底烧瓶［见图 2.3(a)］：能耐热和承受反应物（或溶液）沸腾以后所发生的冲击震动。在有机化合物的合成和蒸馏实验中最常使用，也常用作减压蒸馏的接收器。

试管	烧杯	圆底烧瓶	平底烧瓶

三颈瓶	锥形瓶	蒸馏瓶	克氏蒸馏瓶

空气冷凝管	球形冷凝管	直形冷凝管	玻璃漏斗

分液漏斗	滴液漏斗	布氏漏斗	热滤漏斗

抽滤瓶	抽滤管	干燥管	接液管

Y形管	熔点测定管 (又称提勒管)	水分分离器	量筒	蒸发皿	表面皿

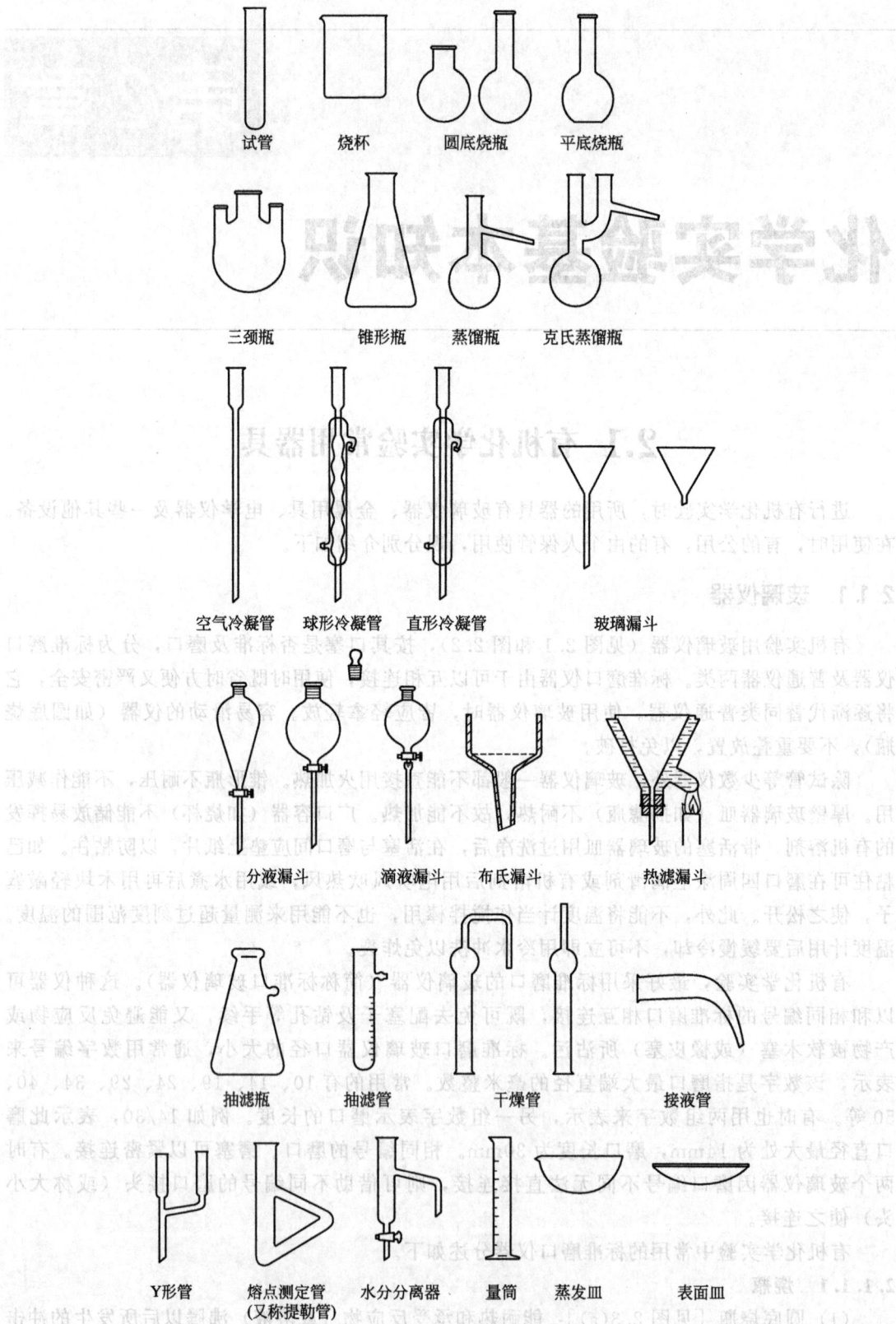

图 2.1 普通有机实验玻璃仪器

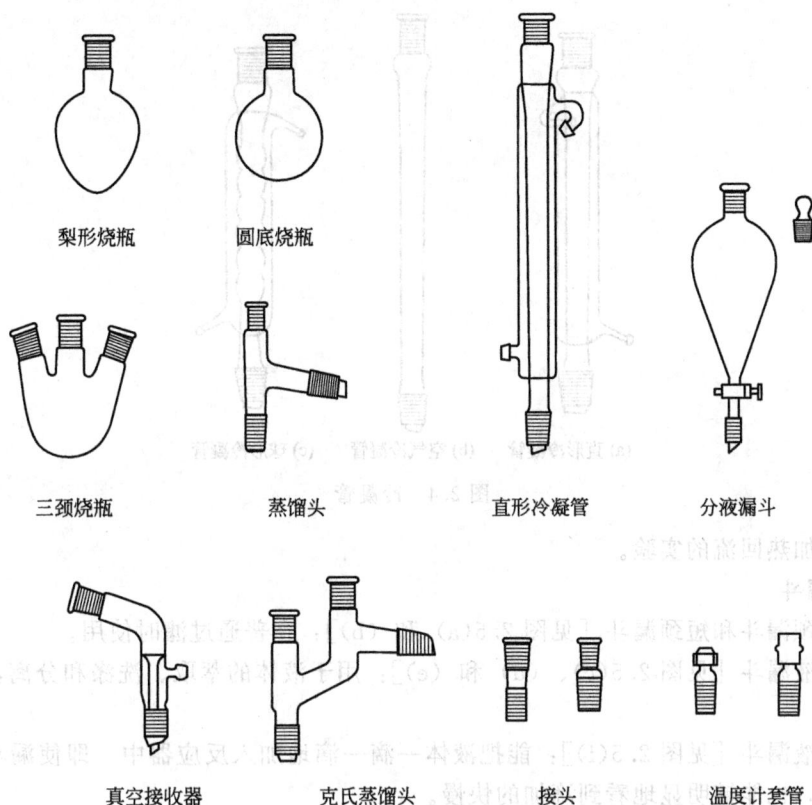

梨形烧瓶　　圆底烧瓶

三颈烧瓶　　蒸馏头　　直形冷凝管　　分液漏斗

真空接收器　　克氏蒸馏头　　接头　　温度计套管

图 2.2　标准磨口玻璃仪器

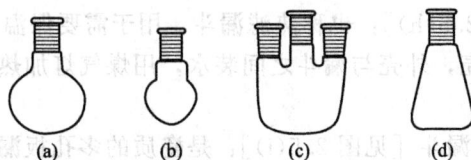

(a)　　(b)　　(c)　　(d)

图 2.3　烧瓶

(2) 梨形烧瓶 [见图 2.3(b)]：性能和用途与圆底烧瓶相似。它的特点是在合成少量有机化合物时在烧瓶内保持较高的液面，蒸馏时残留在烧瓶中的液体少。

(3) 三口烧瓶 [见图 2.3(c)]：最常用于需要进行搅拌的实验中。中间瓶口装搅拌器，两个侧口装回流冷凝管和滴液漏斗或温度计等。

(4) 锥形烧瓶 [简称锥形瓶，见图 2.3(d)]：常用于有机溶剂进行重结晶的操作，或有固体产物生成的合成实验中，因为生成的固体物容易从锥形烧瓶中取出来。通常也用作常压蒸馏实验的接收器，但不能用作减压蒸馏实验的接收器。

2.1.1.2　冷凝管

(1) 直形冷凝管 [见图 2.4(a)]：蒸馏物质的沸点在 140℃ 以下时，要在夹套内通水冷却；但超过 140℃ 时，冷凝管往往会在内管和外管的接合处炸裂。

(2) 空气冷凝管 [见图 2.4(b)]：当蒸馏物质的沸点高于 140℃ 时，常用它代替通冷却水的直形冷凝管。

(3) 球形冷凝管 [见图 2.4(c)]：其内管的冷却面积较大，对蒸气的冷凝有较好的效

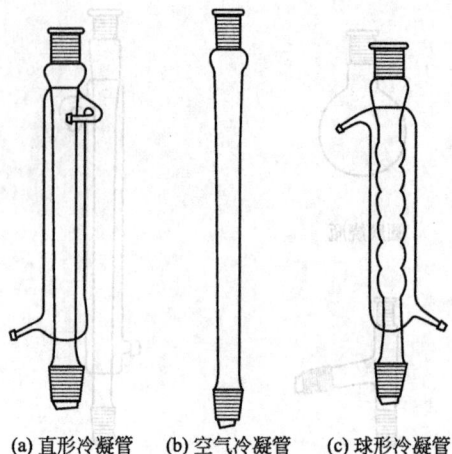

(a) 直形冷凝管　　(b) 空气冷凝管　　(c) 球形冷凝管

图 2.4　冷凝管

果，适用于加热回流的实验。

2.1.1.3　漏斗

(1) 长颈漏斗和短颈漏斗 [见图 2.5(a) 和 (b)]：在普通过滤时使用。

(2) 分液漏斗 [见图 2.5(c)、(d) 和 (e)]：用于液体的萃取、洗涤和分离，也适用于滴加试料。

(3) 滴液漏斗 [见图 2.5(f)]：能把液体一滴一滴地加入反应器中。即使漏斗的下端浸没在液面下，也能够明显地看到滴加的快慢。

(4) 恒压滴液漏斗 [见图 2.5(g)]：用于合成反应实验的液体加料操作，也用于连续萃取操作。

(5) 保温漏斗 [见图 2.5(h)]：也称热滤漏斗，用于需要保温的过滤。它是在普通漏斗的外面装上一个铜质的外壳，外壳与漏斗之间装水，用煤气灯加热侧面的支管，以保持所需要的温度。

(6) 布氏 (Buchner) 漏斗 [见图 2.5(i)]：是瓷质的多孔板漏斗，在减压过滤时使用。

(7) 小型多孔板漏斗 [见图 2.5(j)]：用于减压过滤少量物质。

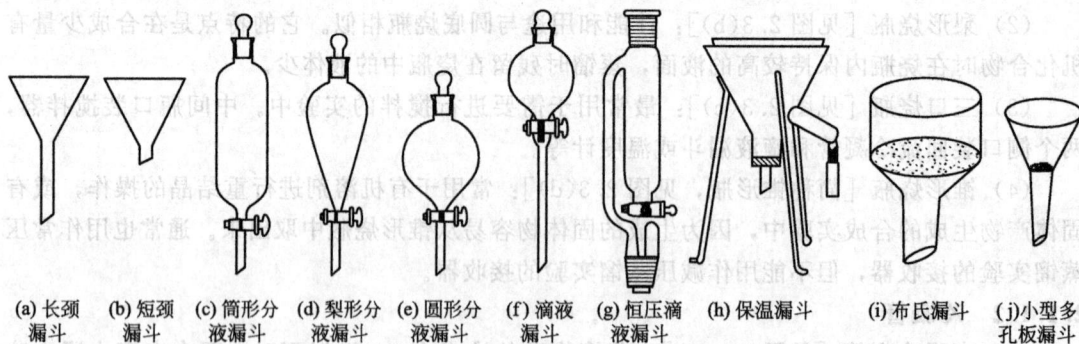

(a) 长颈漏斗　(b) 短颈漏斗　(c) 筒形分液漏斗　(d) 梨形分液漏斗　(e) 圆形分液漏斗　(f) 滴液漏斗　(g) 恒压滴液漏斗　(h) 保温漏斗　(i) 布氏漏斗　(j) 小型多孔板漏斗

图 2.5　漏斗

2.1.1.4　其他仪器

这些仪器多数用于各种仪器连接，见图 2.6。

标准磨口仪器的磨口，采用国际通用的 1/10 锥度（即磨口每长 10 个单位，小端直径比

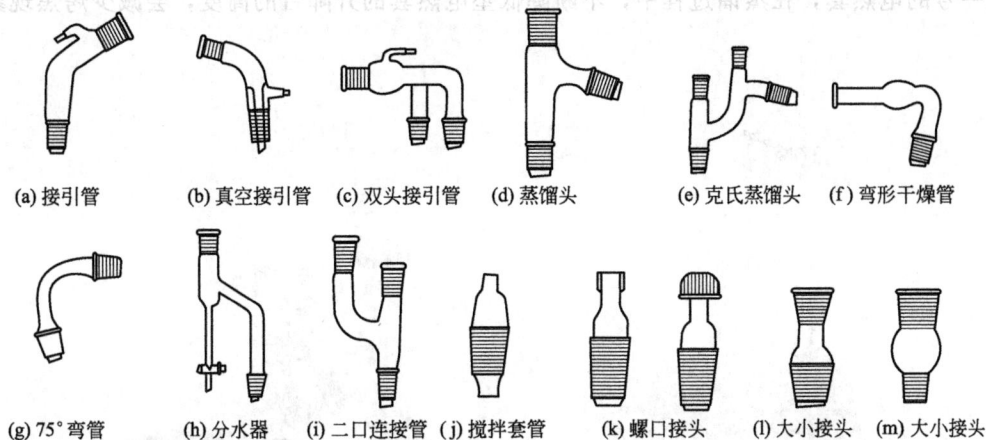

(a) 接引管　　(b) 真空接引管　(c) 双头接引管　(d) 蒸馏头　　(e) 克氏蒸馏头　(f) 弯形干燥管

(g) 75°弯管　　(h) 分水器　　(i) 二口连接管　(j) 搅拌套管　　(k) 螺口接头　　(l) 大小接头　(m) 大小接头

图 2.6　常用的配件

大端直径缩小 1 个单位），由于磨口的标准化、通用化，凡属于相同编号的接口可以任意互换，可按需要组装各类实验装置。不同编号的内外磨口则不能直接相连，但可借助于不同编号的磨口接头相互连接。

使用标准磨口玻璃仪器时须注意以下事项。

（1）磨口处必须洁净，若粘有固体杂物，则会使磨口对接不严密，导致漏气。若有硬质杂物，更会损坏磨口。

（2）用后应拆卸洗净。否则若长期放置，磨口的连接处常会粘牢，难以拆开。

（3）一般用途的磨口无须涂润滑剂，以免沾污反应物或产物。若反应中有强碱，则应涂润滑剂，以免磨口连接处因碱腐蚀粘牢而无法拆开。减压蒸馏时，磨口应涂真空脂，以免漏气。

（4）安装标准磨口玻璃仪器装置时，应注意安装正确、整齐、稳妥，使磨口连接处不受歪斜的应力，否则易将仪器折断，特别是在加热时，仪器受热，应力更大。

2.1.2　金属用具

有机实验中常用的金属用具有：铁架、铁夹、铁圈、三脚架、水浴锅、镊子、剪刀、三角锉刀、圆锉刀、压塞机、打孔器、水蒸气发生器、煤气灯、不锈钢刮刀、升降台等。

2.1.3　电学仪器及小型机电设备

2.1.3.1　电吹风

实验室中使用的电吹风可吹冷风和热风，供干燥玻璃仪器之用。宜放干燥处，防潮、防腐蚀，定期加油润滑。

2.1.3.2　电热套（或称为电热帽）

它是由玻璃纤维包裹着电热丝织成帽状的加热器（见图 2.7），加热和蒸馏易燃有机物时，由于它不使用明火，因此具有不易引起着火的优点，热效率也高。加热温度用调压变压器控制，最高加热温度可达 400℃左右，是有机实验中一种简便、安全的加热装置。电热套的容积一般与烧瓶的容积相匹配，从 50mL 起，各种规格均有。

电热套主要用作回流加热的热源。用它进行蒸馏或减压蒸馏时，随着蒸馏的进行，瓶内物质逐渐减少，这时使用电热套加热，就会使瓶壁过热，造成蒸馏物被烤焦的现象。若选用稍大一号的电热套，在蒸馏过程中，不断降低垫电热套的升降台的高度，会减少烤焦现象。

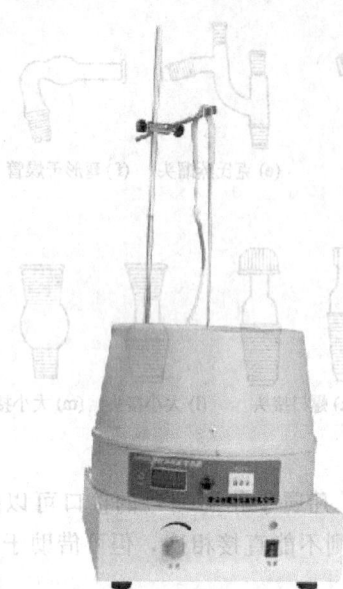

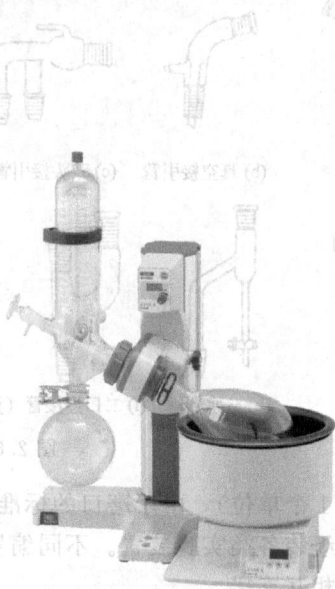

图 2.7　电热套　　　　　　　　图 2.8　旋转蒸发仪

2.1.3.3　旋转蒸发仪

旋转蒸发仪是由马达带动可旋转的蒸发器（圆底烧瓶）、冷凝器和接收器组成的（见图 2.8），可在常压或减压下操作，可一次进料，也可分批吸入蒸发料液。由于蒸发器不断旋转，因此不加沸石也不会暴沸。蒸发器旋转时，会使料液的蒸发面大大增加，加快了蒸发速度。因此，它是浓缩溶液、回收溶剂的理想装置。

2.1.3.4　调压变压器

调压变压器是调节电源电压的一种装置，常用来调节加热电炉的温度、调整电动搅拌器的转速等。使用时应注意：

（1）电源应接到注明为输入端的接线柱上，输出端的接线柱与搅拌器或电炉等的导线连接，切勿接错。同时变压器应有良好的接地；

（2）调节旋钮时应当均匀缓慢，防止因剧烈摩擦而引起火花及炭刷接触点受损。炭刷磨损较大时应予更换；

（3）不允许长期过载，以防止烧毁或缩短使用期限；

（4）炭刷及绕线组接触表面应保持清洁，经常用软布抹去灰尘；

（5）使用完毕后应将旋钮调回零位，并切断电源，放在干燥通风处，不得靠近有腐蚀性的物体。

2.1.3.5　电动搅拌器

电动搅拌器（或小马达连调压变压器）在有机实验中用于搅拌。一般适用于油水等溶液或固-液反应。不适用于过黏的胶状溶液。若超负荷使用，很易发热而烧毁。使用时必须接上地线。平时应注意保持清洁干燥，防潮防腐蚀。轴承应经常加油保持润滑。

2.1.3.6　磁力搅拌器

由一根以玻璃或塑料密封的软铁（称为磁棒）和一个可旋转的磁铁组成。将磁棒投入盛有欲搅拌的反应物的容器中，将容器置于内有旋转磁场的搅拌器托盘上，接通电源，由于内部磁铁旋转，使磁场发生变化，容器内磁棒随之旋转，达到搅拌的目的。一般的磁力搅拌器都有控制磁铁转速的旋钮及可控制温度的加热装置。

2.1.3.7　烘箱

烘箱用以干燥玻璃仪器或烘干无腐蚀性、加热时不分解的物品。挥发性易燃物或刚用酒精、丙酮淋洗过的玻璃仪器切勿放入烘箱内，以免发生爆炸。

烘箱使用说明：接上电源后，即可开启加热开关，再将控温器旋钮由 0 位顺时针旋至一定程度（视烘箱型号而定），此时烘箱内即开始升温，红色指示灯发亮。若有鼓风机，可开启鼓风机开关，使鼓风机工作。当温度计升至工作温度时（由烘箱顶上温度计读数观察得知），将控温器旋钮按逆时针方向缓慢旋回，旋至指示灯刚熄灭。指示灯明灭交替处即为恒温定点。一般干燥玻璃仪器时应先沥干，无水滴下时才放入烘箱，升温加热，将温度控制在 $100\sim120\,^{\circ}\mathrm{C}$。实验室中的烘箱是公用仪器，往烘箱里放玻璃仪器时应自上而下依次放入，以免残留的水淌流下使下层已烘热的玻璃仪器炸裂，取出烘干后的仪器时，应用干布衬手，防止烫伤。取出后不能碰水，以防炸裂。取出后的热玻璃器皿，若任其自行冷却，则器壁常会凝上水汽。可用电吹风吹入冷风助其冷却，以减少壁上凝聚的水汽。

2.1.4　其他仪器设备

2.1.4.1　电子天平

在有机化学实验室中，常用于称量物体质量的仪器是电子天平。电子天平是一种现代化高科技先进称量仪器，它利用电子装置完成电磁力补偿的调节，使物体在重力场中实现力的平衡，或通过电磁力矩的调节，使物体在重力场中实现力矩的平衡。

近年来电子天平的生产技术得到飞速发展，市场上出现了一系列从简单到复杂，从粗到精，可用于基础、标准和专业等多种级别称量任务的电子天平。例如，超微量、微量电子天平可精确称量到 $0.1\mu\mathrm{g}$；分析天平可精确称量到 $1\mu\mathrm{g}$；工业精密天平可读至 $0.1\mathrm{g}$。在有机化学实验中选择的电子天平可精确称量到 $0.01\mathrm{g}$，最大称量 $300\mathrm{g}$。

电子天平最基本的功能是：自动调零、自动校准、自动扣除空白和自动显示称量结果。它称量方便、迅速、读数稳定、准确度高。下面介绍有机化学实验室、物理化学实验室用电子天平（见图 2.9）。

图 2.9　电子天平

(1) 插上电源插头，打开尾部开关。

(2) 按 "C/ON" 键，启动显示屏，约 2s 后显示 "0.00g"。

(3) 当天平显示 "0.00g" 不变时，即可进行称量。

(4) 当天平显示称量值达到所要求的数值并不变时，表示称量完成。

(5) 称量完毕，轻按关闭键，关闭天平。

（6）拔下电源插头。

药品的称量过程中，药品不能和称量盘直接接触，多采用去皮称量，步骤如下：

（1）置容器或称量纸于秤盘上，显示出容器或称量纸的质量（皮重）；

（2）轻按键，去除皮重；

（3）取下容器或称量纸，加上被称物后再称量，显示屏显示值即为去皮后的被称物质量；

（4）再按"T"键消零。

电子天平使用完后要关闭电源，并清理干净。

2.1.4.2 钢瓶

（1）气体钢瓶的颜色标志

气体钢瓶用于储存高压气体，是实验室常用的气源。实验室中常使用容积为40L左右的气体钢瓶。为标记和区分所储存的气体，避免混淆，各类钢瓶都涂以一定的颜色，以示区别，表2.1列出了我国部分气体钢瓶常用的标记。

表2.1　气体钢瓶常用标记

气体类别	瓶身颜色	标字颜色	字样
氮气	黑	黄	氮
氧气	天蓝	黑	氧
氢气	深绿	红	氢
压缩空气	黑	白	压缩空气
二氧化碳	黑	黄	二氧化碳
氦气	棕	白	氦
液氨	黄	黑	氨
氯气	草绿	白	氯
氟氯烷	铝白	黑	氟氯烷
石油气体	灰	红	石油气
粗氩	黑	白	粗氩
纯氩	灰	绿	纯氩

（2）气体钢瓶的安全使用

① 钢瓶应存放在阴凉、干燥、远离电源及热源（如阳光、暖气、炉火等）的地方。可燃气体钢瓶必须与氧气钢瓶分开存放。

② 搬运钢瓶时要给其戴上瓶帽、橡皮腰圈。要轻拿轻放，不要在地上滚动，避免撞击。使用钢瓶时要用架子把它固定，避免突然摔倒。

③ 使用钢瓶中的气体时，一般都要装置减压阀。可燃气体钢瓶的螺纹一般是反扣的（如氢、乙炔），其余则是正扣的。各种减压阀不得混用。开启气阀时应站在减压阀的另一侧，以保证安全。

④ 氧气瓶的瓶嘴、减压阀严禁沾染油脂。

⑤ 钢瓶内的气体不能用尽，应保持0.05MPa表压以上的残留压力。

⑥ 钢瓶须定期送交检验，合格的钢瓶才能充气使用。

（3）减压阀

气体钢瓶及减压阀见图 2.10。

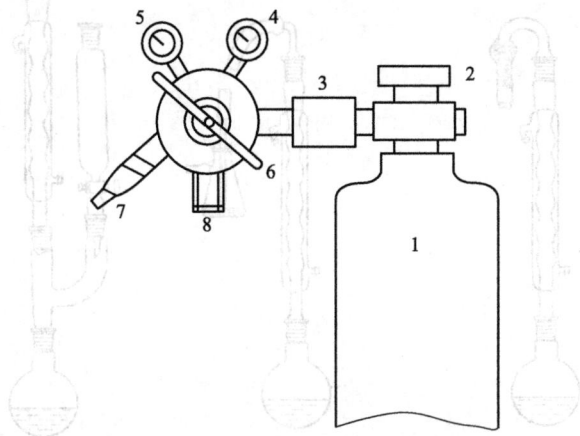

图 2.10　气体钢瓶及减压阀

1—钢瓶；2—钢瓶开关；3—钢瓶与减压阀连接螺母；4—高压表；5—低压表；
6—低压表压力调节螺杆；7—气体出口；8—安全阀

储存于高压钢瓶内的气体，在使用时要通过减压阀使其压力降至实验所需范围内，且保持稳压。当顺时针旋转螺杆 6 时，高压气体进入低压气体室，其压力由低压表 5 指示。当达到所需压力时，停止旋转螺杆。当停止用气时，逆时针旋松螺杆 6，关闭减压阀。当调节压力超过一定许用值或减压阀出现故障时，安全阀 8 会自动开启放气。

每种减压阀只能用于规定的气体物质，切勿混用。安装减压阀时应首先检查连接螺纹是否符合。用手拧满全部螺纹后再用扳手上紧。

在打开钢瓶总阀之前，应检查减压阀是否已关好（螺杆 6 松开），否则由于高压气的冲击会使减压阀失灵。打开钢瓶总阀后，再慢慢打开减压阀，直到低压表 5 达到所需压力为止。然后打开节流阀向受气系统供气。停止用气时先关钢瓶总阀，压力表下降到零时，再关减压阀。

2.2　实验常用装置

为了便于查阅和比较有机化学实验中常见的基本操作，在这一节里集中讨论回流、蒸馏、气体吸收及搅拌等操作的仪器装置。

2.2.1　回流装置

很多有机化学反应需要在反应体系的溶剂或液体反应物的沸点附近进行，这时就要用回流装置，如图 2.11 所示。图 2.11(a) 所示为可以隔绝潮气的回流装置。如不需要防潮，可以去掉球形冷凝管顶端的干燥管。若回流中无不易冷却物放出，还可把气球套在冷凝管上口，来隔绝潮气的渗入。图 2.11(b) 所示为可吸收反应中生成气体的回流装置，适用于回流时有水溶性气体（如氯化氢、溴化氢、二氧化硫等）产生的实验。图 2.11(c) 所示为回流时可以同时滴加液体的装置。回流加热前应先放入沸石，根据瓶内液体的沸腾温度，可选用水浴、油浴或石棉网直接加热等方式。在条件允许的情况下，一般不采用隔石棉网直接用明火加热的方式。回流的速率控制在液体蒸气浸润不超过两个球为宜。

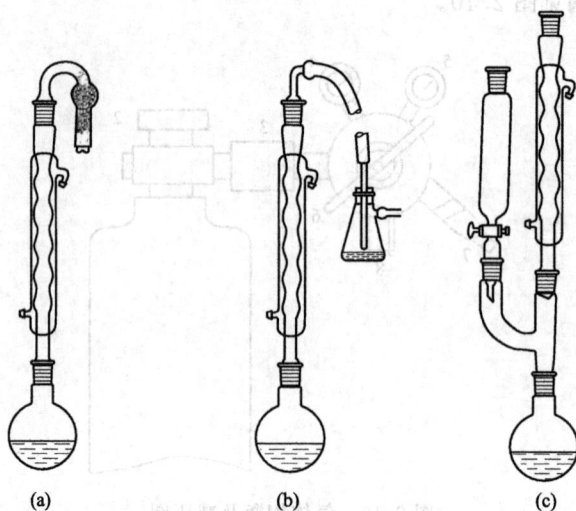

图 2.11　回流装置

2.2.2　蒸馏装置

　　蒸馏是分离两种以上沸点相差较大的液体和除去有机溶剂的常用方法。图 2.12 所示为几种常用的蒸馏装置，可用于不同要求的场合。图 2.12(a) 所示为最常用的蒸馏装置。这种装置出口处与大气相通，可能逸出馏液蒸气，蒸馏易挥发的低沸点液体时，需将接液管的支管连上橡皮管，通向水槽或室外。支管口接上干燥管，可用于防潮的蒸馏。图 2.12(b) 所示为应用空气冷凝管的蒸馏装置，常用于蒸馏沸点在 140℃ 以上的液体。若使用直形水冷凝管，则由于液体蒸气温度较高而会使冷凝管炸裂。图 2.12(c) 所示为蒸馏较大量溶剂的

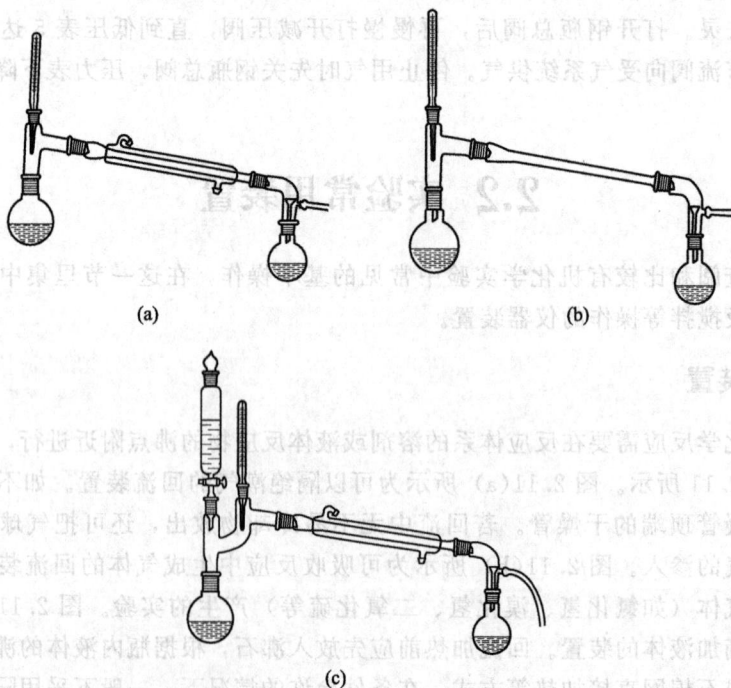

图 2.12　蒸馏装置

装置，液体可自滴液漏斗中不断地加入，既可调节滴入和蒸出的速度，又可避免使用较大的蒸馏瓶。

2.2.3　气体吸收装置

图 2.13 所示为气体吸收装置，用于吸收反应过程中生成的有刺激性和水溶性的气体（例如氯化氢、二氧化硫等）。其中图 2.13(a) 和（b）所示装置可用于少量气体的吸收。图 2.13(a) 中的玻璃漏斗应略微倾斜，使漏斗口一半在水中，一半在水面上。这样，既能防止气体逸出，又可防止水被倒吸至反应瓶中。当反应过程中有大量气体生成或气体逸出很快时，可使用图 2.13(c) 所示的装置，水自上端流入（可利用冷凝管流出的水）抽滤瓶中，在恒定的平面上溢出。粗的玻璃管恰好伸入水面，被水封住，以防止气体逸入大气中。图 2.13(c) 中的粗玻璃管也可用 Y 形管代替。

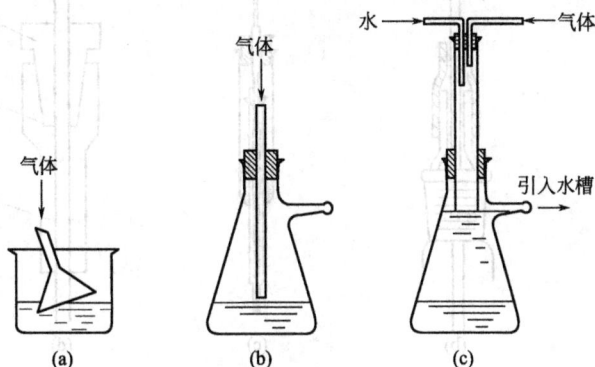

图 2.13　气体吸收装置

2.2.4　搅拌装置

当反应在均相溶液中进行时一般可以不要搅拌，因为加热时溶液存在一定程度的对流，从而保持液体各部分均匀地受热。如果是非均相间反应，或反应物之一逐渐滴加时，为了尽可能使其迅速均匀地混合，以避免因局部过浓过热而导致其他副反应发生或有机物的分解，需进行搅拌操作。有时反应产物是固体，如不搅拌将影响反应顺利进行。在许多合成实验中若使用搅拌装置不但可以较好地控制反应温度，同时也能缩短反应时间和提高产率。常用的搅拌装置见图 2.14。

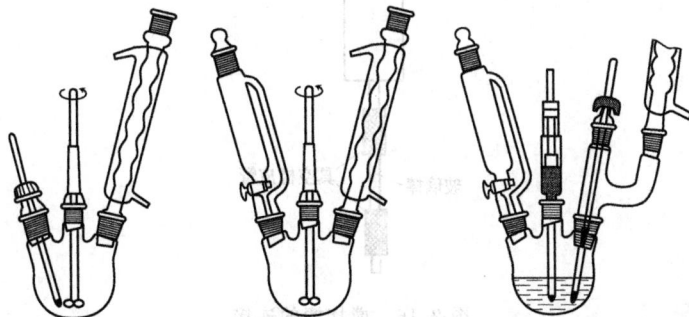

图 2.14　搅拌装置

图 2.14 中的搅拌器采用了简易密封装置，在加热回流情况下，进行搅拌可避免蒸汽或

生成的气体直接逸至大气中。根据搅拌、回流、自滴液及测量反应温度的需要，可以选择不同的装置。

简易密封搅拌装置的制作方法（以 250mL 三颈瓶为例）：在 250mL 三颈瓶的中口配置橡皮塞，打孔（孔洞必须垂直且位于橡皮塞中央），插入长 6～7cm、内径较搅拌棒略粗的玻璃管。取一段长约 2cm、内壁必须与搅拌棒紧密接触、弹性较好的橡皮管套于玻璃管上端。然后自玻璃管下端插入已制好的搅拌棒。这样，固定在玻璃管上端的橡皮管因与搅拌棒紧密接触而达到了密封的效果。在搅拌棒和橡皮管之间滴入少量甘油❶，对搅拌可起润滑和密闭作用。搅拌棒的上端用橡皮管与固定在搅拌器上的一短玻璃棒连接，下端接近三颈瓶底部，离瓶底适当距离，不可相碰，且在搅拌时要避免搅拌棒与塞中的玻璃管相碰。这种简易密封装置［见图 2.15(a)］在一般减压（1.33～1.6kPa）时也可使用。

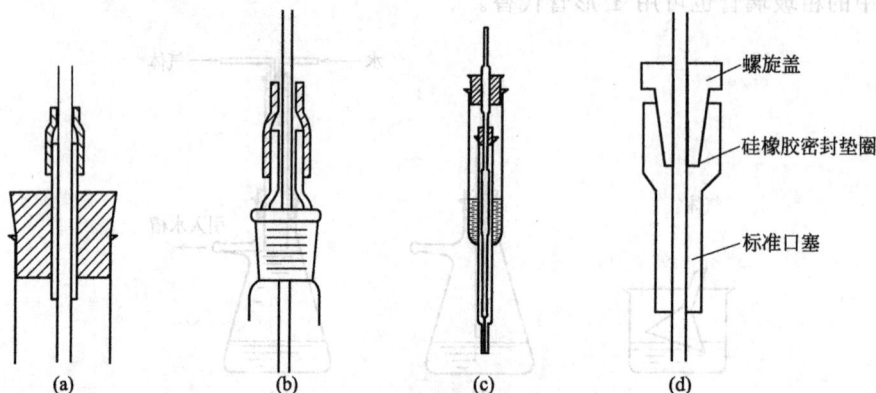

图 2.15　常用密封装置

在使用磨口仪器进行反应而密封要求又不高的情况下，可使用图 2.15(b) 所示的简易密封装置。

另一种液封装置见图 2.15(c)，可用惰性液体（如石蜡油）进行密封。图 2.15(d) 所示为由聚四氟乙烯制成的搅拌密封塞，由上面的螺旋盖、中间的硅橡胶密封垫圈和下面的标准口塞组成。使用时只需选用适当直径的搅拌棒插入标准口塞与垫圈孔中，在垫圈与搅拌棒接触处涂少许甘油润滑，旋上螺旋口至松紧合适，并把标准口塞紧在烧瓶上即可。

搅拌器的轴头和搅拌棒之间还通过两节真空橡皮管和一段玻璃棒连接，这样搅拌器导管不致磨损或折断（见图 2.16）。

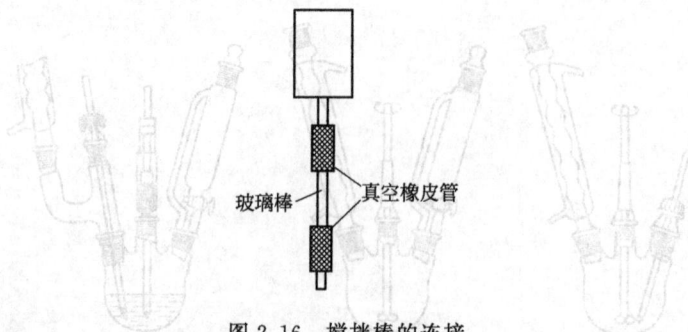

图 2.16　搅拌棒的连接

---

❶　凡质子性溶剂有影响的反应（如 Grignard 反应等），应避免用甘油或水作润滑剂。

搅拌所用的搅拌棒通常由玻璃棒制成，式样很多，常用的见图 2.17。其中（a）、（b）两种可以容易地用玻璃棒弯制。（c）、（d）较难制，其优点是可以伸入狭颈的瓶中，且搅拌效果较好。（e）为筒形搅拌棒，适用于两相不混溶的体系，其优点是搅拌平稳，搅拌效果好。

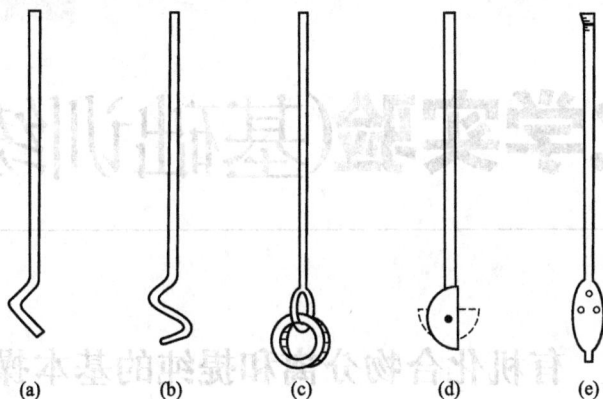

图 2.17　搅拌棒

2.2.5　仪器装配方法

有机化学实验常用的玻璃仪器装置，一般皆用铁夹依次固定于铁架上。铁夹的双钳应贴有橡皮、绒布等软性物质，或缠上石棉绳、布条等。若铁钳直接夹住玻璃仪器，则容易将仪器夹坏。

用铁夹夹玻璃器皿时，先用左手手指将双钳夹紧，再拧紧铁夹螺钉，待夹钳手指感到螺钉触到双钳时，即可停止旋动，做到夹物不松不紧。

以回流装置［见图 2.11(a)］为例，装配仪器时先根据热源高低（一般以三脚架高低为准）用铁夹夹住圆底烧瓶瓶颈，垂直固定于铁架上。铁架应正对实验台外面，不要歪斜。若铁架歪斜，则重心不一致，装置不稳。然后将球形冷凝管下端正对烧瓶口用铁夹垂直固定于烧瓶上方，再放松铁夹，将冷凝管放下，使磨口磨塞塞紧后，再将铁夹稍旋紧，固定好冷凝管，使铁夹位于冷凝管中部偏上一些。用合适的橡皮管连接冷凝水，进水口在下方，出水口在上方。最后按图 2.11(a) 在冷凝管顶端装配干燥管。

总之，仪器安装应先下后上、从左到右，做到正确、整齐、稳妥、端正，其轴线应与实验台边沿平行。

第3章

有机化学实验(基础训练)部分

3.1 有机化合物分离和提纯的基本操作

3.1.1 干燥

有机化合物在进行波谱分析或定性、定量化学分析之前以及固体有机物在测定熔点前，都必须完全干燥，否则将会影响结果的准确性。液体有机物在蒸馏前通常要先行干燥以除去水分，这样可以使液体沸点以前的馏分（前馏分）大大减少；有时也是为了破坏某些液体有机物与水生成的共沸混合物。另外，很多有机化学反应需要在"绝对"无水条件下进行，不但所用的原料及溶剂要干燥，而且还要防止空气中的潮气侵入反应容器。因此在有机化学实验中，试剂和产品的干燥具有十分重要的意义。

3.1.1.1 基本原理

干燥方法大致可分为物理法和化学法两种。物理法有吸附、分馏、利用共沸蒸馏将水分带走等方法。近年来还常用离子交换树脂和分子筛来进行脱水干燥。离子交换树脂是一种不溶于水、酸、碱和有机物的高分子聚合物。如苯磺酸钾型阳离子交换树脂是由苯乙烯和二乙烯基苯共聚后经磺化、中和等处理的细圆珠状粒子，内有很多空隙，可以吸附水分子，如果将其加热至150℃以上，被吸附的水分子又将释出。分子筛是多水硅铝酸盐的晶体，晶体内部有许多孔径大小均一的孔道和占本身体积一半左右的许多孔穴，它允许小的分子"躲"进去，从而达到将不同大小的分子"筛分"的目的。例如 4A 型分子筛是一种硅铝酸钠 $[NaAl(SiO_3)_2]$，微孔的表观直径约为 $4.2Å$（$1Å=10^{-10}m$），能吸附直径 $4Å$ 的分子。5A 型的是硅铝酸钙钠 $[Na_2SiO_3 \cdot CaSiO_3, \cdot Al_2(SiO_3)_3]$，微孔表观直径为 $5Å$，能吸附直径为 $5Å$ 的分子（水分子的直径为 $3Å$，最小的有机分子 CH_4 的直径为 $4.9Å$）。吸附水分子后的分子筛可经加热至350℃以上进行解吸后重新使用。化学法是以干燥剂来进行去水，其去水作用又可分为两类：第一类能与水可逆地结合生成水合物，如氯化钙、硫酸镁等；第二类与水发生不可逆的化学反应而生成一个新的化合物，如金属钠、五氧化二磷等。目前实验室中应用最广泛的是第一类干燥剂，下面以无水硫酸镁为例讨论这类干燥剂的作用。

若在装有压力计的真空容器中放置一定量的无水硫酸镁，保持室温25℃，缓缓加入水分，结果得到不同的水蒸气压力。这些结果可以用水蒸气压组成图（见图 3.1）来表示。A 点为起始状态，当加入水后，水蒸气压力沿 A 点呈直线上升至 B 点，此时开始有硫酸镁一水合物（$MgSO_4 \cdot H_2O$）生成。在此体系中如再加入水，压力沿 BC 可保持不变，一直到无水硫酸镁全部转变为硫酸镁一水合物为止。在 C 点开始形成硫酸镁的二水合物（$MgSO_4 \cdot 2H_2O$），此时存在着两种固相（$MgSO_4 \cdot H_2O$ 和 $MgSO_4 \cdot 2H_2O$）间的平衡，压力保持恒定，直至硫酸镁的一水合物全部转变为二水合物（E 点）为止，依此类推，压力上升至 F 点，开始形成四水合物（$MgSO_4 \cdot 4H_2O$），最后至 M 点全部形成了七水合物（$MgSO_4 \cdot 7H_2O$）。如果七水合物在恒温（25℃）下抽真空渐渐移去水分，也可获得相同的曲线。这些结果可用下面的平衡式来表示：

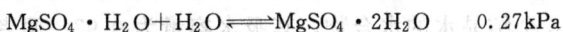

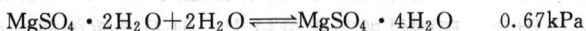

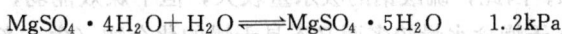

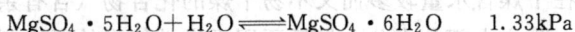

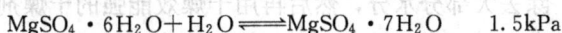

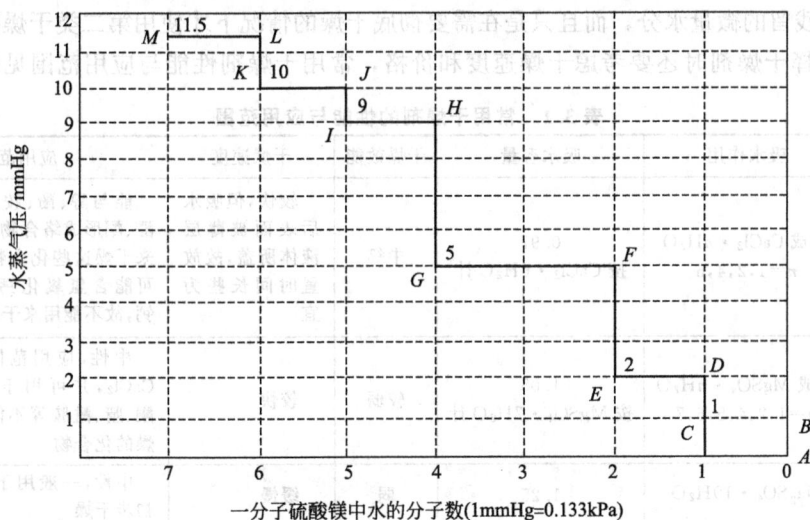

$$MgSO_4 + H_2O \Longrightarrow MgSO_4 \cdot H_2O \qquad 0.13kPa$$
$$MgSO_4 \cdot H_2O + H_2O \Longrightarrow MgSO_4 \cdot 2H_2O \qquad 0.27kPa$$
$$MgSO_4 \cdot 2H_2O + 2H_2O \Longrightarrow MgSO_4 \cdot 4H_2O \qquad 0.67kPa$$
$$MgSO_4 \cdot 4H_2O + H_2O \Longrightarrow MgSO_4 \cdot 5H_2O \qquad 1.2kPa$$
$$MgSO_4 \cdot 5H_2O + H_2O \Longrightarrow MgSO_4 \cdot 6H_2O \qquad 1.33kPa$$
$$MgSO_4 \cdot 6H_2O + H_2O \Longrightarrow MgSO_4 \cdot 7H_2O \qquad 1.5kPa$$

图 3.1　含有不同结晶水硫酸镁的蒸气压图

由上式可知，0.13kPa 的压力是指在 25℃时硫酸镁一水合物和无水硫酸镁存在平衡时的压力，它与两者的相对量没有关系，当温度在 50℃时，上述体系的平衡水蒸气压力就要上升。

从上面所述可以看出应用这类干燥剂的一些特点。例如用无水硫酸镁来干燥含水的有机液体时，无论加入多少量的无水硫酸镁，在 25℃时所能达到最低的蒸汽压力为 0.13kPa，也就是说全部除去水分是不可能的。加入的量过多，将会使有机液体的吸附损失增多；如加入的量不足，不能达到一水合物，则其蒸汽压力就要比 0.13kPa 高，这说明了在萃取时为什么一定要将水层尽可能分离除净，在蒸馏时为什么会有沸点前的馏分。通常这类干燥剂成为水合物需要一定的平衡时间，这就是液体有机物进行干燥时为什么要放置较久的原因。干燥剂吸收水分是可逆的，温度升高时蒸汽压也升高。因此为了缩短生成水合物的平衡时间，常在水浴上加热干燥，然后再在尽量低的温度放置，以提高干燥效果。这就是液体有机物在进行蒸馏以前必须将干燥剂滤去的原因。

3.1.1.2 液体有机化合物的干燥

（1）干燥剂的选择。液体有机化合物的干燥，通常是用干燥剂直接与其接触，因而所用的干燥剂必须不与该物质发生化学反应或催化作用，不溶解于该液体中。例如酸性物质不能用碱性干燥剂，而碱性物质则不能用酸性干燥剂。有的干燥剂能与某些被干燥的物质生成络合物，如氯化钙易与醇类、胺类形成络合物，因而不能用来干燥这些液体；强碱性干燥剂如氧化钙、氢氧化钠能催化某些醛类或酮类发生缩合、自动氧化等反应，也能使酯类或酰胺类发生水解反应，氢氧化钾（钠）还能显著地溶解于低级醇中。

在使用干燥剂时，还要考虑干燥剂的吸水容量和干燥效能。吸水容量是指单位质量干燥剂所吸收的水量，干燥效能是指达到平衡时液体干燥的程度。对于形成水合物的无机盐干燥剂，常用吸水后结晶水的蒸气压来表示。例如，硫酸钠形成 10 个结晶水的水合物，其吸水容量达1.25。氯化钙最多能形成 6 个结晶水的水合物，其吸水容量为 0.97。两者在 25℃时水蒸气压分别为 0.26kPa 及 0.04kPa。因此，硫酸钠的吸水量较大，但干燥效能弱，而氯化钙的吸水量较小但干燥效能强。所以在干燥含水量较多而又不易干燥的化合物（含有亲水性基团）时，常先用吸水量较大的干燥剂，除去大部分水分，然后再用干燥效能强的干燥剂干燥。通常第二类干燥剂的干燥效能较第一类高，但吸水量较小，所以都是用第一类干燥剂干燥后，再用第二类干燥剂除去残留的微量水分，而且只是在需要彻底干燥的情况下才使用第二类干燥剂。

此外选择干燥剂时还要考虑干燥速度和价格，常用干燥剂性能与应用范围见表 3.1。

表 3.1　常用干燥剂的性能与应用范围

干燥剂	吸水作用	吸水容量	干燥效能	干燥速度	应用范围
氯化钙	形成 $CaCl_2 \cdot nH_2O$ $n=1,2,4,6$	0.97 按 $CaCl_2 \cdot 6H_2O$ 计	中等	较快，但吸水后表面被薄层液体所盖，故放置时间长些为宜	能与醇、酚、胺、酰胺及某些醛、酮形成络合物，因而不能用来干燥这些化合物。工业品中可能含氢氧化钙和碱或氧化钙，故不能用来干燥酸类
硫酸镁	形成 $MgSO_4 \cdot nH_2O$ $n=1,2,4,5,6,7$	1.05 按 $MgSO_4 \cdot 7H_2O$ 计	较弱	较快	中性，应用范围广，可代替 $CaCl_2$，并可用于干燥酯、醛、酮、腈、酰胺等不能用 $CaCl_2$ 干燥的化合物
硫酸钠	$Na_2SO_4 \cdot 10H_2O$	1.25	弱	缓慢	中性，一般用于有机液体的初步干燥
硫酸钙	$2CaSO_4 \cdot H_2O$	0.06	强	快	中性，常与硫酸镁（钠）配合，用于最后干燥
碳酸钾	$K_2CO_3 \cdot \frac{1}{3}H_2O$	0.2	较弱	慢	弱碱性，用于干燥醇、酮、酯、胺及杂环等碱性化合物，不适于干燥酸、酚及其他酸性化合物
氢氧化钾（钠）	溶于水	—	中等	快	强碱性，用于干燥胺、杂环等碱性化合物，不能用于干燥醇、酯、醛、酮、酸、酚等
金属钠	$Na + H_2O \longrightarrow$ $NaOH + \frac{1}{2}H_2$	—	强	快	限于干燥醚、烃类中痕量水分。用时切成小块或压成钠丝
氧化钙	$CaO + H_2O \longrightarrow$ $Ca(OH)_2$	—	强	较快	适于干燥低级醇类
五氧化二磷	$P_2O_5 + 3H_2O \longrightarrow$ $2H_3PO_4$	—	强	快，但吸水后表面被黏浆液覆盖，操作不便	适于干燥醚、烃、卤代烃、腈等中的痕量水分。不适用于醇、酸、胺、酮等
分子筛	物理吸附	约 0.25	强	快	适用于各类有机化合物的干燥

（2）干燥剂的用量。以最常用的乙醚和苯两种溶液作为例子。水在乙醚中的溶解度在室温时为 1％～1.5％，用无水氯化钙来干燥 100mL 含水的乙醚时，假定无水氯化钙全部转变成为六水合物，这时的吸水容量是 0.97，即 1g 无水氯化钙大约可吸去 0.97g 水，因此无水氯化钙的理论用量至少要 1g。但实际用量则远多于 1g，这是因为萃取时，在乙醚层中的水分不可能完全分净，其中还有悬浮的微细水滴。另外达到高水合物需要的时间很长，往往不能达到它应有的吸水容量。因而干燥剂的实际用量是大大过量的。例如，100mL 含水乙醚常需用 7～10g 无水氯化钙。水在苯中的溶解度极小（约 0.05％），理论上只需要很少量的干燥剂，而由于上面的一些原因，实际用量还是比较多的。但可少于干燥乙醚时的用量，干燥其他液体有机物时，可从溶解度手册查出水在其中的溶解度（若不能查到水的溶解度，则可从它在水中的溶解度来推测，难溶于水者，水在它里面的溶解度也不会大），或根据它的结构（在极性有机物中水的溶解度较大，有机分子中若含有能与氧原子配位的基团，水的溶解度也大）来估计干燥剂的用量。一般含亲水性基团的化合物（如醇、醚、胺等），所用干燥剂要过量多些。由于干燥剂也能吸附一部分液体，所以干燥剂的用量应严格控制。必要时，可先加入一些干燥剂干燥，过滤后再用干燥效能较强的干燥剂。一般干燥剂的用量为每 10mL 液体 0.5～1g，但由于液体中的水分含量不等，干燥剂的质量、颗粒大小和干燥时的温度等不同以及干燥剂也可能吸收一些副产物（如氯化钙吸收醇）等诸多原因，因此很难规定具体的数量，上述数据仅供参考。在实际操作中，干燥一定时间后，观察干燥剂的形态，若大部分棱角还清楚可辨，则表明干燥剂的量已足够了。各类有机化合物常用的干燥剂见表 3.2。

表 3.2　各类有机化合物常用的干燥剂

化合物类型	干燥剂	化合物类型	干燥剂
烃	$CaCl_2$、Na、P_2O_5	酮	K_2CO_3、$CaCl_2$、$MgSO_4$、Na_2SO_4
卤代烃	$CaCl_2$、$MgSO_4$、Na_2SO_4、P_2O_5	酸、酚	$MgSO_4$、Na_2SO_4
醇	K_2CO_3、$MgSO_4$、CaO、Na_2SO_4	酯	$MgSO_4$、Na_2SO_4、K_2CO_3
醚	$CaCl_2$、Na、P_2O_5	胺	KOH、$NaOH$、K_2CO_3、CaO
醛	$MgSO_4$、Na_2SO_4	硝基化合物	$CaCl_2$、$MgSO_4$、Na_2SO_4

（3）实验操作。在干燥前应将被干燥液体中的水分尽可能分离干净，宁可损失一些有机物，也不应有任何可见的水层。将该液体置于锥形瓶中，取适量的干燥剂直接放入液体中（干燥剂颗粒大小要适宜，太大时因表面积小吸水很慢，且干燥剂内部不起作用，太小时则因表面积太大不易过滤，吸附有机物多），塞紧，振摇片刻。如果发现干燥剂附着瓶壁，互相黏结，通常是表示干燥剂不够，应继续添加。如果在有机液体中存在较多的水分，则常有可能出现少量的水层（例如在用氧化钙干燥时），这时必须将此水层分离或用吸管将水层吸去，再加入一些新的干燥剂，放置一段时间（至少半小时，最好放置过夜），并时时加以振摇。有时在干燥前，液体浑浊，经干燥后变为澄清，这并不一定说明它已不含水分，澄清与否和水在该化合物中的溶解度有关。然后将已干燥的液体过滤、蒸馏。对于某些干燥剂，如金属钠、石灰、五氧化二磷等，由于它们和水反应后生成比较稳定的产物，有时可不必过滤而直接进行蒸馏。

利用分馏或二元、三元共沸混合物来除去水分，此属于物理方法。对于不与水生成共沸混合物的液体有机物，例如甲醇，由于其与水沸点相差较大，用精密分馏柱即可完全分开。有时利用某些有机物可与水形成共沸混合物的特性，向待干燥的有机物中加入另一有机物，利用此有机物与水形成最低共沸点的性质，在蒸馏时逐渐将水带出，从而达到干燥的目的。例如，早期，工业上制备无水乙醇的方法之一就是将苯加到 95％乙醇中进行共沸蒸馏。近年来在工业生产中多应用离子交换树脂脱水以制备无水乙醇。

3.1.1.3 固体有机化合物的干燥

（1）普通干燥器（见图 3.2）。盖与缸身之间的平面经过磨砂，在磨砂处涂以润滑脂，使之密闭。缸中有多孔瓷板，瓷板下面放置干燥剂，上面放置盛有待干燥样品的表面皿等。

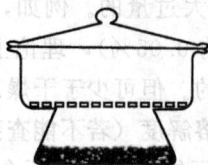

图 3.2　普通干燥器　　　　　图 3.3　真空干燥器

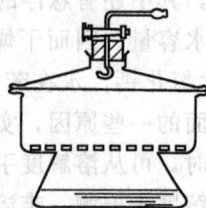

（2）真空干燥器（见图 3.3）。它的干燥效率较普通干燥器好。真空干燥器上有玻璃活塞，用以抽真空，活塞下端呈弯钩状，口向上，防止在通向大气时，因空气流入太快将固体冲散。最好另用一表面皿覆盖盛有样品的表面皿。在抽气过程中，干燥器外围最好能用金属丝（或用布）围住，以保证安全。

使用的干燥剂应按样品所含的溶剂来选择。例如，五氧化二磷可吸水；生石灰可吸水或酸；无水氯化钙可吸水或醇；氢氧化钠吸收水和酸；石蜡片可吸收乙醚、氯仿、四氯化碳和苯等。有时在干燥器中同时放置两种干燥剂，如在底部放浓硫酸（将 1L 浓硫酸中溶有 18g 硫酸钡的溶液放在干燥器底部，如已吸收了大量水分，则硫酸钡就沉淀出来，表明已不再适用于干燥而需更换），另用浅的器皿盛氢氧化钠放在磁板上，这样来吸收水和酸，效率更高。

（3）真空恒温干燥器（见图 3.4）。此设备适用于少量物质的干燥（若所需干燥物质的数量较大时，可用真空恒温干燥箱）。在 1 中放置五氧化二磷，将待干燥的样品置于 2 中，烧瓶 A 中放置有机液体，其沸点须与欲干燥温度接近，通过活塞将仪器抽真空，加热回流烧瓶 A 中的液体，利用蒸汽加热外套 3，从而使样品在恒定温度下得到干燥。

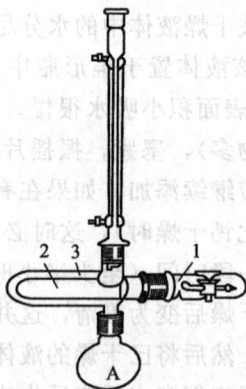

图 3.4　真空恒温干燥器

3.1.2 重结晶

从自然界获取或从有机反应中分离出的有机化合物往往是不纯的，固体有机化合物常用重结晶法进行提纯。固体物质的溶解度大部分随着温度的升高而增大。提纯时将有机物溶解在热的溶剂中制成饱和溶液，冷却后，由于溶解度减小，溶质又重新成晶体析出，故称重结晶。

杂质含量过多对重结晶极为不利，影响结晶速度，有时甚至妨碍结晶的生成，因此重结晶提纯法一般只适用于纯化杂质含量在 5% 以下的固体有机物。

重结晶的一般过程为：

① 选择溶剂；

② 将粗产品溶于适当的热溶剂中制成饱和溶液；

③ 趁热过滤除去不溶性杂质。如果溶液含有色杂质，则应加活性炭煮沸脱色后再进行过滤；

④ 将滤液冷却，使结晶慢慢析出，而杂质仍留在母液中；

⑤ 过滤，从母液中将结晶分离出来，洗涤结晶以除去吸附的母液。待结晶干燥后，测定其熔点，如果纯度不符合要求，则还需重复上述操作，直到熔点不再改变。

3.1.2.1　重结晶原理

固体有机物在溶剂中的溶解度受温度影响很大。一般来说，升高温度会使溶解度增大，而降低温度则使溶解度减小。如果将固体有机物制成热饱和溶液，然后使其冷却，这时由于溶解度下降，原来的热饱和溶液变成了冷的过饱和溶液，因而有晶体析出。对于同一种溶剂，不同的固体化合物其溶解性是不同的。重结晶操作就是利用混合物各组分在某种溶剂中的溶解度不同，或者经热过滤将溶解性差的杂质滤除；或者让溶解性好的杂质在冷却结晶过程中仍保留在母液中，而使它们互相分离。

3.1.2.2　溶剂的选择

选择适当的溶剂对于重结晶操作成功是十分重要的，一种合适的溶剂必须符合下列条件：

① 与被提纯物质不起化学反应；

② 被提纯物质在加热时溶解度大，冷却时溶解度小；

③ 被提纯物质与杂质的溶解度有显著的差别。最好是杂质易溶，使杂质留在母液中不随着被提纯物一同析出；或者杂质在热溶剂中不溶解，在热过滤时可以除去；

④ 能生成较好的结晶；

⑤ 溶剂的沸点不宜太高（也不宜太低），容易挥发，易与结晶分离除去。

此外，还应该考虑溶剂的毒性、易燃性、价格和溶剂回收等因素。常见的重结晶溶剂及其性质列于表 3.3。

表 3.3　常见的重结晶溶剂及其性质

溶剂	沸点/℃	凝固点/℃	相对密度	与水的混溶性[①]	易燃性[②]
水	100	0	1.0	+	0
甲醇	64.96	<0	0.7914[20]	+	+
95% 乙醇	78.1	<0	0.804	+	++
冰醋酸	117.9	16.7	1.05	+	+
丙酮	56.2	<0	0.79	+	+++
乙醚	34.51	<0	0.71	—	++++
石油醚	30～60	<0	0.64	—	++++
乙酸乙酯	77.06	<0	0.90	—	++
苯	80.1	5	0.88	—	++++
氯仿	61.7	<0	1.48	—	0
四氯化碳	76.54	<0	1.59	—	0

① +：可与水混溶；—：在水中部分溶解或不溶，不能与水混溶。

② 0：不可燃；+：易燃，+越多，越易燃。

在选择溶剂时还必须考虑被溶解物质的结构。因为溶质往往易溶于结构与其近似的溶剂中，即遵循相似相溶原理，当然其他因素可能会影响这一规律，所以，溶剂的最终选择还要通过实验来解决。其方法是：将约 0.1g 待提纯物质的固体粉末置于一试管中，逐滴滴加溶剂，不断振荡，待加入的溶剂约为 1mL 时，小心加热至沸（注意溶剂的可燃性），如完全溶解且冷却后能析出大量晶体，这种溶剂一般认为是可用的；如样品在冷却或加热时，都溶于 1mL 的溶剂中，则表示这种溶剂不合用。当样品不溶于 1mL 沸腾的溶剂中时，分批加入溶剂，每次加入约 0.5mL，并加热至沸，总共用 3mL 热溶剂而样品仍未溶解时，表示这种溶剂不合用。若样品溶于 3mL 以内的热溶剂中，冷却后仍无结晶析出，则表示这种溶剂不可用。

按照上述方法逐一实验不同的溶剂，如发现几种溶剂都合适，则应根据结晶的回收率，操作的难易，溶剂的毒性、易燃性和价格等来选择。

当一种物质在一些溶剂中的溶解度太大，而在另一些溶剂中的溶解度又太小，不能选择到一种合适的溶剂时，常可使用混合溶剂而得到满意的结果。所谓混合溶剂，就是把对此物质溶解度很大的和溶解度很小的而又能互溶的两种溶剂（例如水和乙醇）混合起来，这样可获得良好的溶解性能。用混合溶剂重结晶时，可先将待纯化物质在接近良溶剂的沸点时溶于良溶剂中（在此溶剂中极易溶解）。若有不溶物，则趁热滤去；若有色，则用适量（如1％～5％）活性炭煮沸脱色后趁热过滤。在此热溶液中小心地加入热的不良溶剂（物质在此溶剂中溶解度很小），直至所出现的浑浊不再消失为止，再加入少量良溶剂或稍热使溶液恰好透明。然后将混合物冷却至室温，使结晶从溶液中析出。有时也可将两种溶剂先行混合，如 1：1 的乙醇和水，则其操作和使用单一溶剂时相同。

常用的混合溶剂有：乙醇-水、乙酸-水、丙酮-水、吡啶-水、乙醚-石油醚、苯-石油醚、乙醇-氯仿、乙醇-丙酮等。一般化合物可通过查阅化学手册、化合物制备手册等找出可选择的溶剂或可供选择的溶剂的大致范围。

3.1.2.3 待纯化物的溶解

将待纯化物溶于适当的热溶剂中制成饱和溶液。溶解待纯化物时，常用锥形瓶或圆底烧瓶作容器。为避免溶剂挥发、可燃溶剂着火及有毒溶剂对人体的伤害，应在容器上装配回流用的冷凝管；如果溶剂是水，则可以不用回流装置。添加溶剂时可由冷凝管的上口加入。此外，还应根据溶剂的沸点及可燃性，选择适当的加热方式，以确保操作安全进行。

通常是将样品先装入容器，再加入计算量的溶剂，搅拌并加热至沸，直至样品全部溶解。如无法计算溶剂的量，则应先加入少量溶剂，加热至沸，如样品不全溶，再添加少量溶剂，每次加完溶剂后都需加热至沸，直至样品完全溶解。

要使重结晶得到的产品既纯、收率又高，溶剂的用量很关键。一般来说，溶剂不过量可减少样品溶解时的损失，然而在热过滤的过程中晶体却经常在滤纸上或漏斗颈内析出，造成损失和操作上的麻烦。因此，溶剂的实际用量常比制成饱和溶液时所需的溶剂量要多，多用的量往往控制在所需要量的 20％ 以下。

注意：对于装有冷凝管的装置，必须待锥形瓶或圆底烧瓶里的溶剂温度低于沸点时，才可从冷凝管上口加入溶剂。

3.1.2.4 趁热过滤

当样品全部溶解后，即可趁热过滤，以除去不溶性杂质。若溶液中含有有色杂质，则需加活性炭脱色。脱色时应停止加热，待溶液稍冷后加入活性炭（用量为被提纯物质量的 1％～5％），加入活性炭后继续煮沸 5～10min，再趁热过滤。活性炭不仅可吸附有色杂质，同时还可吸附除去树脂状杂质及高度分散的不易滤除的不溶性杂质，当然也会吸附被提纯的物质，所以活性炭的用量要适当。

为使热过滤迅速进行，采用减压抽滤，布氏漏斗和抽滤瓶放在烘箱中预热，过滤时趁热取出，漏斗中应放一滤纸。布氏漏斗中铺的圆形滤纸需比漏斗内径略小，使其紧贴于漏斗的底壁，在抽滤前用少量溶剂将滤纸润湿，然后打开水泵将滤纸吸紧，防止溶液在抽滤时自滤纸边沿吸入瓶中。用玻璃棒引流，将容器中的液体分批倒入漏斗中。关闭水泵前，先将抽滤瓶与水泵间连接的橡皮管拆开，或将安全瓶上的活塞打开接通大气，以免水倒流入吸滤瓶中。

3.1.2.5　晶体的析出

热滤液冷却后，晶体就会析出。用冷浴迅速冷却并剧烈搅拌时，得到的晶体颗粒比在室温下静置、缓缓冷却得到的晶体颗粒小得多。小晶粒内包含的杂质较少，但因总面积大，吸附的杂质就较多。因此，常将滤液在室温或保温的条件下冷却，尽量不搅拌，以期析出颗粒均匀且较大的晶体，提高产品的纯度。容易析出大晶体的有机物，用冷水冷却即可；不容易形成大晶体的有机物，应缓缓冷却。

如滤液冷却后晶体还未析出，则可用玻璃棒摩擦液面下的容器壁；也可加入准备好的晶种；若无晶种，则可用玻璃棒蘸些滤液，待溶剂挥发后，即有晶体析出在玻璃棒上，正好合用。如果以上方法都不行，加热浓缩滤液也可促使晶体析出。

3.1.2.6　减压过滤

为了把结晶从母液中分离出来，一般采用减压过滤。布氏漏斗中的晶体要用溶剂洗涤，以除去存在于晶体表面的母液，否则干燥后仍污染结晶。用重结晶的同一溶剂进行洗涤。用量应尽量少，以减少溶解损失。洗涤的过程是先将抽气暂时停止，在晶体上加少量溶剂，用刮刀或玻璃棒小心搅动（不要使滤纸松动），使所有晶体润湿。静置，待晶体被均匀地浸湿后再进行抽滤。为了使溶剂和结晶更好地分开，最好在进行抽气的同时将清洁的玻璃塞放置在结晶表面上并用力挤压，见图 3.5。一般重复洗涤 1~2 次即可。

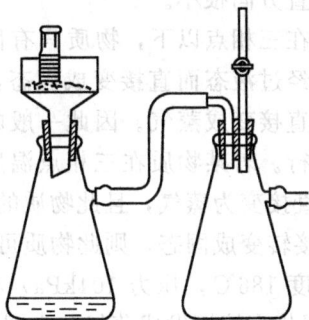

图 3.5　重结晶减压过滤装置

如重结晶溶剂的沸点较高，则在用原溶剂至少洗涤一次后，可用低沸点的溶剂洗涤，使最后的结晶产物易于干燥（要注意此溶剂必须能和第一种溶剂互溶而对晶体是不溶或微溶的）。

3.1.2.7　结晶的干燥

重结晶后的产物需要通过测定熔点来检验其纯度，在测定熔点前，晶体必须充分干燥，否则熔点会下降。固体的干燥方法很多，可根据重结晶所用的溶剂及结晶的性质来选择。常用的有在空气中晾干、（减压）烘干、用滤纸吸干和在干燥器中干燥等。可以参考 3.1.1 节中已谈到的关于固体的干燥方法。

3.1.3　升华

升华是纯化固体有机化合物的一种方法，它所需的温度一般较蒸馏时低，但是只有在其熔点温度以下具有相当高（高于 2.67kPa）蒸气压的固态物质，才可用升华来提纯。利用升华可除去不挥发性杂质，或分离不同挥发度的固体混合物。升华常可得到较高纯度的产物，但操作时间长，损失也较大，在实验室里只用于较少量（1～2g）物质的纯化。

3.1.3.1　基本原理

严格说来，升华是指物质自固态不经过液态直接转变成蒸气的现象。然而对有机化合物的提纯来说，重要的却是使物质蒸气不经过液态而直接转变成固态，因为这样能得到高纯度的物质。因此，在有机化学实验操作中，不管物质蒸气是由固态直接挥发，还是由液态蒸发而产生的，只要是物质从蒸气不经过液态而直接转变成固态的过程都称之为升华。一般说来，对称性较高的固态物质，具有较高的熔点，且在熔点温度以下具有较高的蒸气压，易于用升华来提纯。

为了了解和控制升华的条件，就必须研究固、液、气三相平衡（见图 3.6）。图中 ST 曲线表示固相与气相平衡时固体的蒸气压曲线，TW 曲线是液相与气相平衡时液体的蒸气压曲线，两曲线在 T 处相交，此点即为三相点。在此点，固、液、气三相可并存。TV 曲线表示固、液两相平衡时的温度和压力，由该曲线可见压力对熔点的影响并不太大。这一曲线和其他两曲线在 T 处相交。

一个物质的正常熔点是固、液两相在大气压下平衡时的温度。在三相点时的压力是固、液、气三相的平衡蒸气压，所以三相点时的温度和正常的熔点有些差别。然而，这种差别非常小，通常只有几分之一度。因此在一定压力范围内，TV 曲线偏离垂直方向很小。

在三相点以下，物质只有固、气两相。若降低温度，蒸气就不经过液态而直接变成固态，若升高温度，固态也不经过液态而直接变成蒸气。因此一般的升华操作皆应在三相点温度以下进行。若某物质在三相点温度以下的蒸气压很高，因而挥发速率很大，就可以容易地从固态直接变为蒸气，且此物质的蒸气压随温度降低而下降得非常显著，稍降低温度即能由蒸气直接转变成固态，则此物质可容易地在常压下用升华的方法来提纯。例如六氯乙烷（三相点温度 186℃，压力 104kPa）在 185℃时蒸气压已达 0.1MPa，因而在低于 186℃时就可完全由固相直接挥发成蒸气，中间不经过液态阶段。樟脑（三相点温度 179℃，压力 49.3kPa）在 160℃时蒸气压为 29.1kPa，即未达到熔点前，已有相当高的蒸气压，只要缓缓加热，使温度维持在 179℃以下，它就可不经熔化而直接挥发，蒸气遇到冷的表面就凝结成为固体，这样蒸气压可始终维持在 49.3kPa 以下，直至挥发完毕。

像樟脑这样的固态物质，它的三相点平衡蒸气压低于 0.1MPa，如果加热很快，使蒸气压超过了三相点平衡的蒸气压，则固体就会熔化成为液体。继续加热至蒸气压达到 0.1MPa 时，液体就开始沸腾。

有些物质在三相点时的平衡蒸气压比较低（为了方便，可以认为三相点时的温度及平衡蒸气压与熔点的温度及蒸气压相差不多），例如苯甲酸熔点为 122℃，蒸气压为 0.8kPa；萘

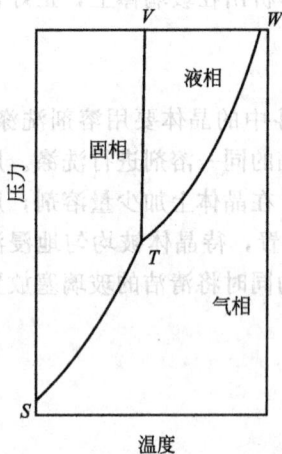

图 3.6　物质三相平衡图

熔点为80℃，蒸气压为0.93kPa。这时如果也用上述升华樟脑的办法，就不能得到满意产率的升华产物。萘加热到80℃时要熔化，而其相应的蒸气压很低，当蒸气压达到0.1MPa时（218℃）开始沸腾。若要使大量萘全部转变成为气态，就必须使它保持在218℃左右，但这时萘的蒸气冷却后要转变为液态。达到三相点（此时的蒸气压为0.93kPa）时，才转变为固态。在三相点温度时，萘的蒸气压很低（萘的分压∶空气分压＝7∶753），因此升华的产率很低。为了提高升华的产率，对于萘及其他类似情况的化合物，除可在减压下进行升华外，也可以采用一个简单有效的方法：将化合物加热至熔点以上，使其具有较高的蒸气压，同时通入空气或惰性气体带出蒸气，促使蒸发速度加快，并可降低被纯化物质的分压，使蒸气不经过液化阶段而直接成为固体。

3.1.3.2 实验操作

（1）常压升华。最简单的常压升华装置如图3.7(a)所示。在蒸发皿中放置粗产物，上面覆盖一张刺有许多小孔的滤纸（最好在蒸发皿的边缘先放置大小合适的用石棉纸做成的窄圈，用以支持此滤纸）。然后将大小合适的玻璃漏斗倒盖在上面，漏斗的颈部塞有玻璃毛或脱脂棉花团，以减少蒸气逃逸。在石棉网上渐渐加热蒸发皿（最好能用砂浴或其他热浴），小心调节火焰，控制温度低于被升华物质的熔点，使其慢慢升华。蒸气通过滤纸小孔上升，冷却后凝结在滤纸上或漏斗壁上。必要时外壁可用湿布冷却。

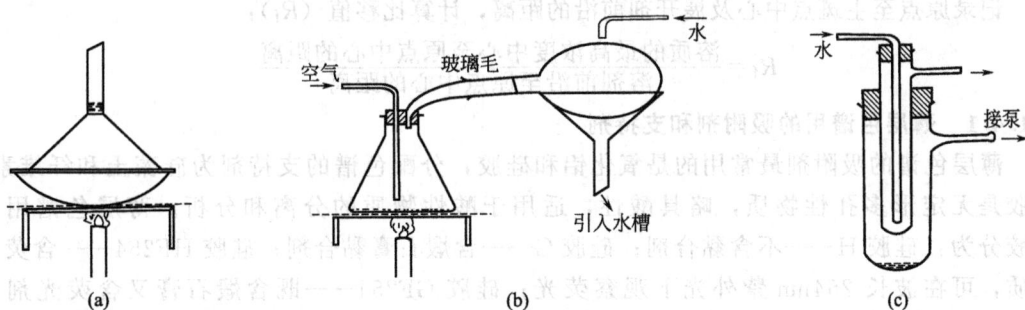

图 3.7　几种升华装置

在空气或惰性气体流中进行升华的装置见图3.7(b)，在锥形瓶上配有两孔塞，一孔插入玻璃管以导入空气或惰性气体，另一孔插入接液管，接液管的另一端伸入圆底烧瓶中，烧瓶口塞一些棉花或玻璃毛。当物质开始升华时，通入空气或惰性气体，带出的升华物质遇到冷水冷却的烧瓶壁就凝结在壁上。

（2）减压升华。减压升华装置如图3.7(c)所示，将固态物质放在吸滤管中，然后用装有"冷凝指"的橡皮塞紧密塞住管口，利用水泵或油泵减压，接通冷凝水流，将吸滤管浸在水浴或油浴中加热，使之升华。

3.1.4 色谱法

色谱法是分离、纯化和鉴定有机化合物的重要方法之一，具有极其广泛的用途。早期用此法来分离有色物质时，往往得到颜色不同的色层，色谱一词由此得名。但现在被分离的物质不管有色与否，都能适用。因此，色谱一词早已超出原来的含义了。

色谱法的基本原理是利用混合物中各组分在某一物质中吸附或溶解性能（即分配）的不同，或其他亲和作用性能的差异，使混合物的溶液流经该种物质，进行反复的吸附或分配等作用，从而将各组分分开。流动的混合物溶液称为流动相；固定的物质称为固定相（可以是固体或液体）。根据组分在固定相中的作用原理不同，可分为吸附色谱、分配色谱、离子交换色谱、排阻色谱等；根据操作条件的不同，又可分为柱色谱、纸色谱、薄层色谱、气相色谱及高效液相色谱等类型。下面以薄层色谱为例介绍色谱法。

薄层色谱（thin layer chromatography）常用 TLC 表示，是近年来发展起来的一种微量、快速而简单的色谱法。它兼备了柱色谱和纸色谱的优点，一方面适用于小量样品（几到几十微克，甚至 $0.01\mu g$）的分离；另一方面在制作薄层板时，若把吸附层加厚，将样品点成一条线，则可分离多达 500mg 的样品，因此又可用来精制样品。此法特别适用于挥发性较小或在较高温度易发生变化而不能用气相色谱分析的物质。

薄层色谱常用的有吸附色谱和分配色谱两类。一般能用硅胶或氧化铝薄层色谱分开的物质，也能用硅胶或氧化铝柱色谱分开，凡能用硅藻土和纤维素作支持剂的分配柱色谱分开的物质，也可分别用硅藻土和纤维素薄层色谱分开，因此薄层色谱常用作柱色谱的先导。

薄层色谱是在洗涤干净的玻璃板（10cm×3cm）上均匀地涂一层吸附剂或支持剂，待干燥、活化后将样品溶液用管口平整的毛细管滴加于离薄层板一端约 1cm 处的起点线上，晾干或吹干后置薄层板于盛有展开剂的展开槽内，浸入深度为 0.5cm。待展开剂前沿离顶端约 1cm 时，将色谱板取出，干燥后喷以显色剂，或在紫外灯下显色。

记录原点至主斑点中心及展开剂前沿的距离，计算比移值（R_f）：

$$R_f = \frac{溶质的最高浓度中心至原点中心的距离}{溶剂前沿至原点中心的距离}$$

3.1.4.1 薄层色谱用的吸附剂和支持剂

薄层色谱的吸附剂最常用的是氧化铝和硅胶，分配色谱的支持剂为硅藻土和纤维素。硅胶是无定形多孔性物质，略具酸性，适用于酸性物质的分离和分析。薄层色谱用的硅胶分为：硅胶 H——不含黏合剂；硅胶 G——含煅石膏黏合剂；硅胶 HF254——含荧光物质，可在波长 254nm 紫外光下观察荧光；硅胶 GF254——既含煅石膏又含荧光剂等类型。

与硅胶相似，氧化铝也因含黏合剂或荧光剂而分为氧化铝 GF254 及氧化铝 HF254。

黏合剂除上述的煅石膏（$2CaSO_4 \cdot H_2O$）外，还可用淀粉、羧甲基纤维素钠。通常将薄层板按加黏合剂和不加黏合剂分为两种，加黏合剂的薄层板称为硬板，不加黏合剂的称为软板。

薄层吸附色谱和柱吸附色谱一样，化合物的吸附能力与它们的极性成正比，具有较大极性的化合物吸附能力较强，因而比移值较小。因此利用化合物极性的不同，用硅胶或氧化铝薄层色谱可将一些结构相近或顺、反异构体分开。

3.1.4.2 薄层板的制备

薄层板制备得好坏直接影响色谱的结果。薄层应尽量均匀而且厚度（0.25～1mm）要固定。否则，在展开时溶剂前沿不齐，色谱结果也不易重复。薄层板分为干板和湿板。湿板的制法有以下两种。

（1）平铺法。用商品或自制的薄层涂布器（见图 3.8）进行制板，它能够满足科研工作中数量较大、要求较高的需要。如无涂布器，可将调好的吸附剂平铺在玻璃板上，这样也可得到厚度均匀的薄层板。

（2）浸渍法。把两块干净的玻璃片背靠背贴紧。浸入调制好的吸附剂中，取出后分开、晾干。这是一种适用于教学实验的简易平铺法。取 3g 硅胶 G 与 6～7mL 0.5％～1％的羧甲

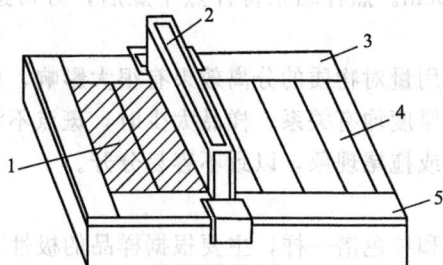

图 3.8　薄层涂布器

1—吸附剂薄层；2—涂布器；3,5—夹玻板；4—玻璃板（10cm×3cm）

基纤维素的水溶液在烧杯中调成糊状物，铺在清洁干燥的载玻片上，用手轻轻在玻璃板上来回摇振，使表面均匀平滑，室温晾干后进行活化。3g 硅胶大约可铺 7.5cm×2.5cm 载玻片 5～6 块。

3.1.4.3　薄层板的活化

把涂好的薄层板置于室温晾干后，放在烘箱内加热活化，活化条件根据需要而定。硅胶板一般在烘箱中渐渐升温，维持 105～110℃ 活化 30min。氧化铝板在 200℃ 烘 4h 可得活性 II 级的薄层，150～160℃ 烘 4h 可得活性 III～V 级的薄层。薄层板的活性与含水量有关，其活性随含水量的增加而下降。

氧化铝板活性的测定：将偶氮苯 30mg 以及对甲氧基偶氮苯、苏丹黄、苏丹红和对氨基偶氮苯各 20mg，溶于 50mL 无水四氯化碳中，取 0.02mL 此溶液滴加于氧化铝薄层板上，用无水四氯化碳展开，测定各染料的位置，算出比移值，根据表 3.4 中所列的各染料的比移值确定其活性。

表 3.4　氧化铝活性与各偶氮染料比移值的关系

偶氮染料 ＼ 活性级别	II	III	IV	V
偶氮苯	0.59	0.74	0.85	0.95
对甲氧基偶氮苯	0.16	0.49	0.69	0.89
苏丹黄	0.01	0.25	0.57	0.78
苏丹红	0.00	0.10	0.33	0.56
对氨基偶氮苯	0.00	0.03	0.08	0.19

硅胶板活性的测定：取对二甲氨基偶氮苯、靛酚蓝和苏丹红三种染料各 10mg，溶于 1mL 氯仿中，将此混合液点于薄层上，用正己烷-乙酸乙酯（体积比 9∶1）展开。若能将三种染料分开，并且比移值顺序为对二甲氨基偶氮苯＞靛酚蓝＞苏丹红，则与 II 级氧化铝的活性相当。

3.1.4.4　点样

通常将样品溶于低沸点溶剂（丙酮、甲醇、乙醇、氯仿、苯、乙醚和四氯化碳）配成 1% 溶液，用内径小于 1mm、管口平整的毛细管点样。点样前，先用铅笔在薄层板上距一端 1cm 处轻轻划一横线作为起始线，然后用毛细管吸取样品，在起始线上小心点样，斑点直径一般不超过 2mm。因溶液太稀，一次点样往往不够，如需重复点样，则应待前次点样的溶剂挥发后重点，以防样点过大，造成拖尾、扩散等现象，影响分离效果。若在同一板上点几个样，样点间距应为 1～1.5cm。点样结束待样点干燥后，方可进行展开。点样要轻，不可刺破薄层。

在薄层色谱中，样品的用量对物质的分离效果有很大影响，所需样品的量与显色剂的灵敏度、吸附剂的种类、薄层厚度均有关系。样品太少时，斑点不清楚，难以观察，但是样品量太多时往往出现斑点太大或拖尾现象，以致不容易分开。

3.1.4.5 展开

薄层色谱展开剂的选择和柱色谱一样，主要根据样品的极性、溶解度和吸附剂的活性等因素来考虑。溶剂的极性越大，对一化合物的洗脱力也越大，也就是说 R_f 值也越大（如果样品在溶剂中有一定的溶解度）。薄层色谱用的展开剂绝大多数是有机溶剂，各种溶剂的极性参见附录。薄层色谱的展开需要在密闭容器中进行。为使溶剂蒸气迅速达到平衡，可在展开槽内衬一滤纸。常用的展开槽有：长方形盒式展开槽和广口瓶式展开槽。展开方式有下列几种：

(1) 上升法。用于含黏合剂的色谱板，将色谱板垂直放置于盛有展开剂的容器中。

(2) 倾斜上行法。色谱板倾斜 15°角［见图 3.9(a)］，适用于无黏合剂的软板。含有黏合剂的色谱板可以倾斜 45°～60°角［见图 3.9(b)］。

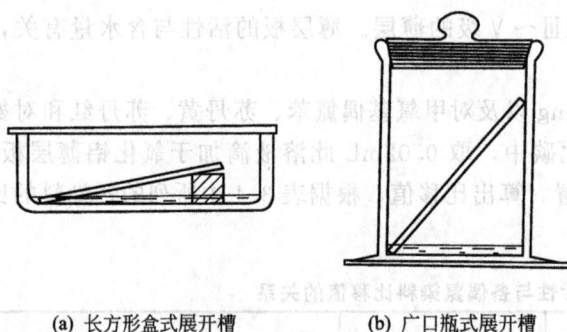

(a) 长方形盒式展开槽　　　(b) 广口瓶式展开槽

图 3.9　倾斜上行法展开

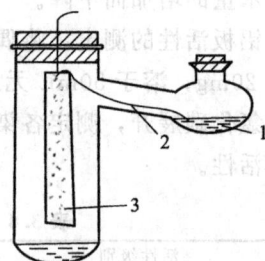

图 3.10　下降法展开

1—展开剂；2—滤纸条；3—薄层板

(3) 下降法（见图 3.10）。展开剂放在圆底烧瓶中，用滤纸或纱布等将展开剂吸到薄层板的上端，使展开剂沿板下行，这种连续展开的方法适用于 R_f 值小的化合物。

(4) 双向色谱法。使用方形玻璃板铺制薄层，样品点在角上，先向一个方向展开。然后转动 90°角，再换另一种展开剂展开。这样，成分复杂的混合物可以得到较好的分离效果。

3.1.4.6 显色

凡可用于纸色谱的显色剂都可用于薄层色谱。薄层色谱还可使用腐蚀性的显色剂，如浓硫酸、浓盐酸和浓磷酸等。对于含有荧光剂（硫化锌镉、硅酸锌、荧光黄）的薄层板，在紫外光下观察时，展开后的有机化合物在亮的荧光背景上呈暗色斑点。另外也可用卤素斑点实验法来使薄层色谱斑点显色，这种方法是将几粒碘置于密闭容器中，待容器充满碘的蒸气后，将展开后的色谱板放入，碘与展开后的有机化合物可逆地结合，在数秒钟内化合物斑点的位置呈黄棕色。但是当色谱板上仍含有溶剂时，由于碘蒸气也能与溶剂结合，因此色谱板显淡棕色，而展开后的有机化合物则呈现较暗的斑点。色谱板自容器内取出后，呈现的斑点一般在 2～3s 消失，因此必须立即用铅笔标出化合物的位置。

3.2 基础实验

实验一　熔点的测定

一、实验目的

1. 了解熔点测定的意义。
2. 掌握测定熔点的操作技术。

二、预习要求

理解熔点的定义；了解熔点测定的意义；了解毛细管现象；了解尿素的物理性质；了解浓硫酸烧伤的急救办法；思考在本实验中如何防止、救治浓硫酸烧伤、烫伤、火灾等实验事故。

三、实验原理

固、液两相在大气压力下达到平衡状态时的温度，称为熔点。也可以简单理解为固体化合物受热达到一定的温度时，即由固态转变为液态，此时的温度就是该化合物的熔点。一般说来，纯有机物有固定的熔点。即在一定压力下，固、液两相之间的变化都是非常灵敏的，固体开始熔化（即初熔）至固体全部熔化（即全熔）的温度差不超过 $0.5 \sim 1\,^{\circ}\!C$，这个温度差称为熔点范围（或称为熔距、熔程）。如果混有杂质则其熔点下降，熔距也较长，由此可以鉴定纯净的固体有机化合物。由于根据熔距的长短还可以定性地估计出该化合物的纯度，所以此法具有很大的实用价值。

在一定的温度和压力下，若某一化合物的固、液两相处于同一容器中，这时可能发生三种情况：①固体熔化即固相迅速转化为液相；②液体固化即液相迅速转化为固相；③固液共存即固液两相同时存在。可以从该化合物的蒸气压与温度的曲线图（见图 3.11）来理解某一温度时哪一种情况占优势。

图 3.11(a) 中曲线 SM 表示的是固态物质的蒸气压随温度升高而增大的曲线。图 3.11(b) 中曲线 $L'L$ 表示的是液态物质的蒸气压随温度升高而增大的曲线。如将图 3.11(a) 和(b) 中的曲线加合，即得图 3.11(c) 曲线。

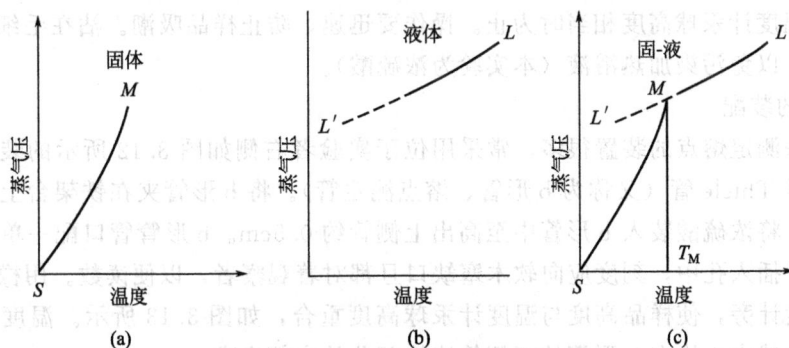

图 3.11　化合物的蒸气压与温度曲线

由图 3.11(c) 可以看出：固相的蒸气压随温度的变化速率比相应的液相大，两曲线相交于 M 处，说明此时固、液两相的蒸气压是一致的。此时对应的温度 T_M 即为该化合物的熔点。当温度高于 T_M 时，固相的蒸气压比液相的蒸气压大，使得所有的固相全部转化为液相；反之，若低于 T_M，则由液相转变为固相；只有当温度为 T_M 时，固、液两相才能同时存在（即两相动态平衡，也就是说此时固相熔化的量等于液相固化的量）。这就是纯净的有机化合物有固定而又灵敏熔点的原因。

当温度超过熔点 T_M 时（即使是极小的变化），如果有足够的时间，固体也可以全部转变为液体。所以在精确测定熔点时，接近熔点时的加热速度一定要尽量的慢，每分钟升高的温度不能超过 $1\sim2℃$，只有这样才能使整个熔化过程尽可能接近两相平衡的条件。

四、仪器与试剂

仪器：铁架台（带铁夹），Thiele 管，毛细管，缺口橡皮塞，温度计，橡皮圈，研钵，干燥器，长玻璃管，酒精灯，火柴。

试剂：尿素，浓硫酸，工业酒精。

五、实验操作

熔点测定对有机化合物的性质研究具有很大的实用价值，如何准确地测出熔点是一个重要问题。目前测定熔点的方法，以毛细管法较为简便、原始。放大镜式的显微熔点测定在加热过程中可观察到晶形变化的情况，且适用于测定高熔点微量化合物，现已广泛应用。

(一) 毛细管法

1. 毛细管的熔封

用大拇指和食指拿着一根洁净干燥的毛细管（通常内径为 1mm，长 60～70mm）的一端，使毛细管与酒精灯的火焰约呈 45°，把另一端放在酒精灯的外焰边缘上（不要放进去太多）灼烧，边烧边转动，烧到毛细管端口封合就立即移出火焰。毛细管既要封严，又不能扭成块，且不能弯曲。放在石棉网上冷却待用。

2. 样品的填装

将待测样品从干燥器中取出，在研钵中迅速研磨成很细的粉末，堆积在一起。将毛细管开口端向下插入粉末中，反复 2～3 次，然后将毛细管开口端朝上，封口端轻轻在桌面上敲击，使样品聚集于管内封口端。或取一支长 30～40cm 的干净长玻璃管，垂直于桌面上，使毛细管开口端朝上从玻璃管上端自由落下，以便使粉末样品装填紧密结实，这样受热时才均匀。装入的样品如有空隙则传热不均匀，会影响测定结果。上述操作要重复数次，直至样品高度与所用温度计汞球高度相当时为止。操作要迅速，防止样品吸潮。沾在毛细管外的粉末必须擦干净，以免污染加热浴液（本实验为浓硫酸）。

3. 仪器的装配

毛细管法测定熔点的装置很多，常采用位于实验者右侧如图 3.12 所示的装置。此装置的主要仪器是 Thiele 管（又称为 b 形管、熔点测定管）。将 b 形管夹在铁架台上，侧管位于实验者右侧。将浓硫酸装入 b 形管中至高出上侧管约 0.5cm。b 形管管口配一单孔缺口软木塞，将温度计插入孔中，刻度应向软木塞缺口且都对着观察者，以便读数。用橡皮圈把毛细管固定在温度计旁，使样品高度与温度计汞球高度重合，如图 3.13 所示。温度计在 b 形管中的位置以汞球中心恰在 b 形管的两侧管连接部分的中部为准。

这种装置测定熔点的优点是管内液体因温度差而发生对流作用，省去人工搅拌的麻烦；缺点是温度计的位置和加热的部位都会影响测定的准确度。

4. 熔点的测定

当上述准备工作完成之后，把装置放在光线充足的地方即可进行下述操作。

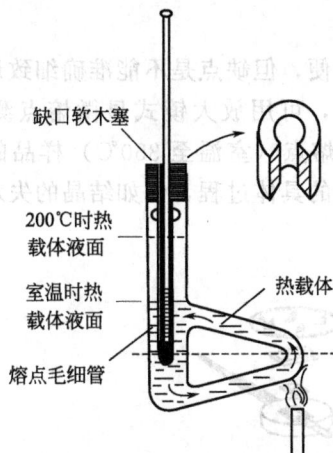

图 3.12　Thiele 管熔点测定装置　　　　图 3.13　样品毛细管的位置

加热时，先用小火缓缓预热，再使火焰固定在 b 形管的侧管尖端部分加热。开始时升温速度可以快些，每分钟上升 3～4℃，直至比所预料的熔点低 10～15℃ 时，减弱加热火焰（方法是使用间断热源，即时而撤去酒精灯，时而加热），温度上升速度每分钟约 1℃ 为宜。此时应特别注意温度的上升和毛细管中样品的情况。越接近熔点，升温速度应越缓慢。至比所预料的熔点低 2～3℃ 时，控制温度每分钟上升 0.2～0.3℃。

5. 读数与记录

当毛细管中样品开始塌落和有湿润现象时，记下塌落温度；随后很快就会出现小滴液体，表示样品开始熔化即始熔，记下始熔温度；继续微热至样品微量的固体消失成为透明液体即是全熔，记下全熔温度，此即为样品的熔点。始熔和全熔的温度读数差，即为该化合物的熔距。要注意在加热过程中样品是否有萎缩、变色、发泡、升华、炭化等现象，这些现象均应如实记录。

例如：某一化合物在 112℃ 时开始萎缩塌落，113℃ 时有液滴出现，在 114℃ 时全部成为透明液体，应记录为：

塌落	始熔	全熔	熔距
112℃	113℃	114℃	1℃
实验过程中无其他明显现象,均为无色透明状			

熔点测定至少要进行两次平行实验（注意两次测定间温度计上浓硫酸的处理）。每一次测定必须用新的毛细管另装样品，不能将已经测过熔点的毛细管冷却，使其中样品固化后再进行第二次测定。因为加热过程中样品可能会部分分解、吸收杂质，有些经加热、冷却后会转变为具有不同熔点的其他结晶形式而导致熔点发生改变。

测定未知物的熔点时，应先粗测一次，加热可以稍快，知道大致的熔点和熔距，待浴温冷至熔点以下 30℃ 后，另取一根毛细管进行准确的测定。

6. 后处理

将温度计从浴液中拿出，冷却至接近室温后，用纸快速擦去浓硫酸（慢了容易使纸被浓硫酸炭化而破损）后，方可用水冲洗，以免浓硫酸遇水发热，使温度计汞球破裂。待浴液冷却后，方可将浓硫酸倒回瓶中回收，否则热的浓硫酸很容易导致烧伤。最后拆除实验装置，将结果送交指导老师检查。

（二）微量熔点测定法

用毛细管测定熔点的优点是仪器简单、方法简便，但缺点是不能准确细致地观察晶体在加热过程中的具体变化过程。为了克服这一缺点，可用放大镜式显微熔点测定装置（见图 3.14）。这种熔点测定装置的优点是可以测量高熔点（室温至 350℃）样品的熔点，用量少。通过目镜可以观察样品在整个加热过程中变化的具体过程，例如结晶的失水、多晶的变化及分解等。

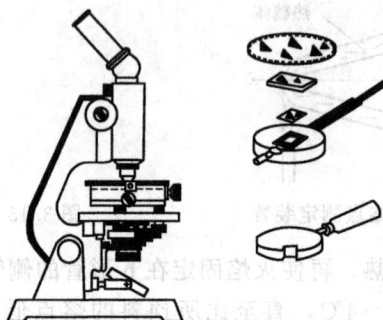

图 3.14　放大镜式显微熔点测定装置

使用该法测定熔点时，先将载玻片洗净、擦干，放在一个可移动的支持器内，将微量样品研细平铺在载玻片上（注意不可堆积），就可以从镜孔看到一个个晶体外形。然后使载玻片上的样品位于电热板的中心空洞上，用另一载玻片盖住样品。调节镜头，使显微镜焦点对准样品，然后开启加热器给样品加热，用变压器调节加热速度。如前所述，温度越接近熔点加热速度应该越慢。当温度接近样品熔点时，控制温度上升的速度为每分钟 0.2～0.3℃。样品的结晶棱角开始变圆，说明样品开始熔化（始熔），结晶形状完全消失说明固态结晶全部熔化（全熔）。

记录相关数据后停止加热，待冷却后用镊子拿走载玻片，将一厚铝片放在电热板上以加快其冷却速度，然后清洗载玻片，以备再用。

（三）混合熔点实验

如前所述，如果有机物中混有杂质则其熔点下降，熔距也较长，由此可以鉴定纯净的固体有机化合物。

实验证明，即使将两种熔点相同有机物（例如肉桂酸和尿素的熔点均为 133℃）等量混合再测定其熔点，测得值也要比它们各自的熔点低很多，而且熔距大。这种现象称为混合熔点下降，这种实验称为混合熔点实验，是用来检验几种熔点相同或相近的有机物是否为同一物质的最简便的物理方法。

通常将熔点相同的两个化合物混合后测定混合物熔点，如果实测值与混合物中某一个相同，则说明两化合物相同（形成固熔体除外）。一般采用三种不同比例 1∶9、1∶1、9∶1 将两样品分别混合，与原来未混合的两样品分别装入 5 支熔点管中同时测定熔点，将测得的结果进行比较。两种熔点相同的不同化合物混合后熔点并不降低反而升高的情况很少出现。

六、注意事项

1. 浓硫酸具有强腐蚀性，实验时应特别小心，既要防止灼伤皮肤和眼睛（可戴护目镜），又要注意勿使样品或其他有机物触及浓硫酸。所以填装样品时，沾在管外的样品必须擦去，否则浴液会变成棕色或黑色妨碍观察。如果浴液变黑，可加少许硝酸钠（或硝酸钾）晶体，加热后便可使黑色褪去。也可以用液体石蜡作浴液。

2. 从合用的橡皮管上切下一小段制成橡皮圈。注意橡皮圈应尽量靠近毛细管的开口端，否则，易被浓硫酸腐蚀而引起浓硫酸变色。

3. 特殊试样熔点的测定方法如下：

① 易升华物质。利用压力对熔点影响不大的原理来测定。填装好样品后将毛细管的两端都封闭起来，再将毛细管全部浸入浴液中，其余步骤同上。

② 易吸潮物质。为了避免在测定过程中样品吸潮使熔点降低，要求装样快，装好后立即将毛细管开口端在小火上熔封。

③ 易分解物质。易分解样品的熔点测定值与加热快慢有关。为了准确测得熔点，测定这类物质熔点时常需要进行较详细的说明，用括号注明"分解"。

七、思考题

1. 下列情况对熔点测定值有什么影响？

①毛细管没有封严；②毛细管不洁净；③样品研磨得不够细；④样品填装得不紧；⑤加热速度太快。

2. 在什么情况下可以加热快一些而在什么情况下要加热慢一些？

3. 毛细管与温度计的相对位置如何？温度计与 b 形管的相对位置如何？

实验二　折射率的测定

一、实验目的

1. 掌握折射率的概念及测定折射率的意义。

2. 了解阿贝折射仪的工作原理和使用方法。

二、实验原理

折射率：光在不同介质中传播的速度不同。光从一种介质进入到另一种介质时，由于传播速度改变，传播方向也发生改变，这种现象称为光的折射，图 3.15 光折射示意图。

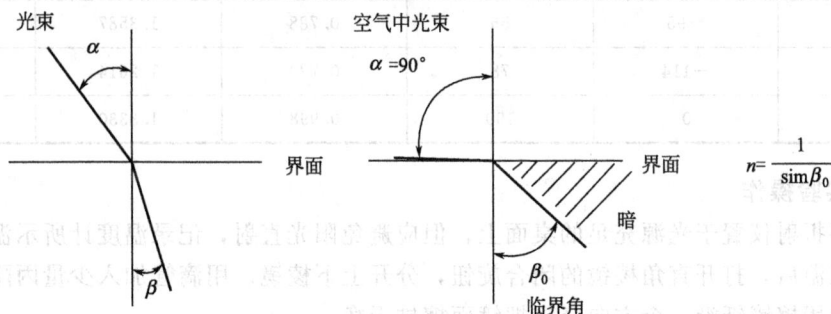

图 3.15　光折射示意

折射定律：
$$n = \frac{v_1}{v_2} = \frac{\sin\alpha}{\sin\beta}$$

式中　n——折射率，$n > 1$；

α——入射角；

β——折射角，$\alpha > \beta$。

测定折射率作用：判断有机化合物的纯度和鉴定未知物。

折射率的影响因素：测定时的温度和入射光波长。

折射率随温度升高而降低。

D 钠光源，$\lambda = 589.3\text{nm}$，有：

$$n_D^{20} = n_D^t + 4.5 \times 10^{-4}(t - 20)$$

阿贝折射仪的结构如图 3.16 所示，目镜观察视野如图 3.17 所示。

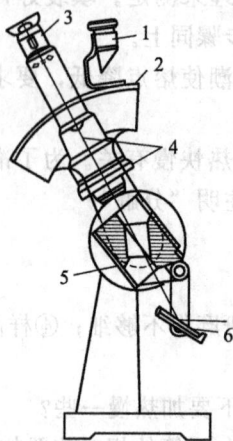

图 3.16　阿贝折射仪的结构
1—指针连放大镜；2—刻度尺；3—望远镜；
4—消色散镜；5—直角棱镜；6—反射镜

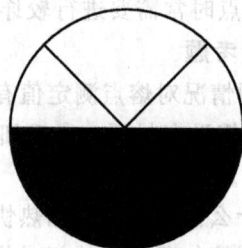

图 3.17　目镜观察视野

三、仪器与试剂

仪器：擦镜纸，滴管，阿贝折射仪。

试剂：丙酮，乙醇，水（参数列于表 3.5）。

表 3.5　实验试剂部分参数

试剂	熔点/℃	沸点/℃	d_4^{20}	n_D^{20}	ε
丙酮	−95	56	0.788	1.3587	20.7
乙醇	−114	78	0.789	1.2614	32.7
水	0	100	0.998	1.3330	80.1

四、实验操作

（1）将折射仪置于光源充足的桌面上，但应避免阳光直射，记录温度计所示温度。

（2）恒温后，打开直角棱镜的闭合旋钮，分开上下棱镜。用滴管加入少量丙酮清洗上下镜面，然后用擦镜纸沿一个方向轻轻把镜面擦拭干净。

（3）镜面干燥后，滴加 2～3 滴样品于磨砂镜面上，使磨砂镜面铺一薄层液体，然后合上棱镜，锁紧旋钮。

（4）转动反光镜使光线射入棱镜，视场最亮。然后转动调节旋钮，由 1.3000 开始向前转动，直到在目镜中找到明暗分界线。若出现彩色光带，则再转动消色散旋钮，直到看到清晰的明暗分界线。

（5）继续转动调节旋钮，使分界线对准"×"中心，并读出折射率。

（6）仪器用毕后，用醮有少量乙醚或丙酮的擦镜纸擦干净，晾干两镜面，然后合紧镜面。

五、注意事项

1. 阿贝折射仪可以和恒温水浴相连，调节所需温度，通常为 20℃。

2. 操作时要特别小心，严禁滴管的末端触及磨砂镜面，以免造成刻痕。

3. 样品液体应充满间隙。测定易挥发液体时应尽量缩短测定时间，或者及时补加样品。

4. 大多数有机物液体的折射率在 1.3000～1.7000 之间，若不在此范围内，就看不到明暗分界线，所以不能用阿贝折射仪测定。

5. 读数时，若在目镜中看不到半明半暗分界线而呈畸形，则可能是棱镜间未充满液体；若出现弧形光环，则可能是光线未经过棱镜而直接照射到聚光镜上。

6. 仪器长期使用，须对刻度盘的标尺零点进行校正。方法是按上述方法测定纯水的折射率，其标准值与测定位之差即为校正值。

实验三　蒸馏

一、实验目的

1. 理解蒸馏的基本原理和适用条件。

2. 掌握蒸馏仪器的安装和操作方法。

二、实验原理

蒸馏是利用有机物沸点不同，在蒸馏过程中将低沸点的组分先蒸出，高沸点的组分后蒸出，从而达到分离提纯的目的。蒸馏时混合液体中各组分的沸点要相差 30℃ 以上，才可以进行分离，而要彻底分离沸点要相差 110℃ 以上。

液体的分子由于分子运动有从表面逸出的倾向，这种倾向随着温度的升高而增大，进而在液面上部形成蒸气。当分子由液体逸出的速度与分子由蒸气回到液体中的速度相等时，液面上的蒸气达到饱和，称为饱和蒸气。它对液面所施加的压力称为饱和蒸气压。实验证明，液体的蒸气压只与温度有关，即液体在一定温度下具有一定的蒸气压。液态物质受热时蒸气压增大，当与外界施于液面的总压力（通常是大气压力）相等时，就有大量气泡从液体内部逸出，即液体沸腾，这时的温度称为液体的沸点。

蒸馏是将液态物质加热到沸腾变为蒸气、将蒸气冷却为液体这两个过程的联合操作。

纯液体有机化合物在一定的压力下具有一定的沸点（沸程 0.5～1.5℃）。利用这一点，可以测定纯液体有机物的沸点，又称常量法。但是具有固定沸点的液体不一定都是纯化合物，因为某些有机化合物常和其他组分形成二元或三元共沸混合物，它们也有一定的沸点。

通过蒸馏可除去不挥发性杂质，可分离沸点差大于 30℃ 的液体混合物，还可以测定纯液体有机物的沸点及定性检验液体有机物的纯度。

本实验采用的蒸馏装置主要由汽化、冷凝和接收三部分组成（见图 3.18）。

1. 蒸馏瓶

蒸馏瓶的选用与被蒸液体量的多少有关，通常装入液体的体积应为蒸馏瓶容积的 1/3～2/3，液体量过多或过少都不宜。（为什么?）在蒸馏低沸点液体时，选用长颈蒸馏瓶；而蒸馏高沸点液体时，选用短颈蒸馏瓶。

2. 温度计

温度计应根据被蒸馏液体的沸点来选，低于 100℃，可选用 100℃ 温度计；高于 100℃，应选用 250～300℃ 汞温度计。

图 3.18 中的标注：
温度计
橡皮塞
出水
冷凝管
蒸馏头
蒸馏瓶
夹子
进水
接引管
接收瓶

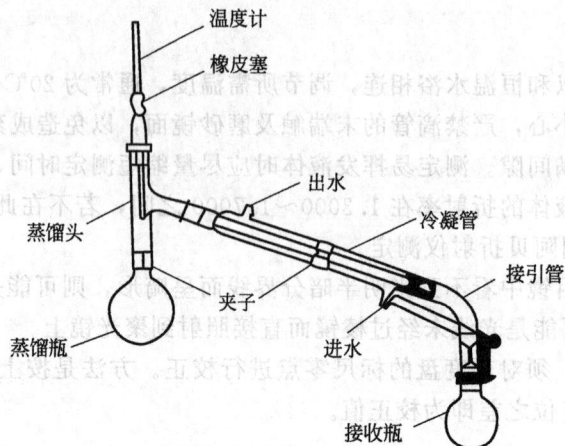

图 3.18 蒸馏装置

3. 冷凝管

冷凝管可分为水冷凝管和空气冷凝管两类，水冷凝管用于被蒸液体沸点低于 140℃ 的情况；空气冷凝管用于被蒸液体沸点高于 140℃ 的情况。（为什么?）

4. 接引管及接收瓶

接引管将冷凝液导入接收瓶中。常压蒸馏选用锥形瓶为接收瓶，减压蒸馏选用圆底烧瓶为接收瓶。

仪器安装顺序为：先下后上，先左后右。拆卸仪器时与其顺序相反。

三、仪器与试剂

仪器：电热套，圆底烧瓶，蒸馏头，温度计（带橡皮塞），冷凝管，接引管，锥形瓶（接收瓶）。

试剂：乙醇-水混合液，沸石。

四、实验操作

1. 加料

将待蒸液 40mL 小心倒入蒸馏瓶中，不要使液体从支管流出。加入一粒沸石（为什么），塞好带温度计的塞子，注意温度计的位置。再检查一次装置是否稳妥与密封。

2. 加热

先打开冷凝水龙头，缓缓通入冷水，然后开始加热。注意冷水自上而下，蒸气自下而上，两者逆流冷却效果好。当液体沸腾，蒸气到达汞球部位时，温度计读数急剧上升，调节热源，让汞球上液滴和蒸气温度达到平衡，蒸馏速度以每秒 1~2 滴为宜。此时温度计读数就是馏出液的沸点。

蒸馏时若热源温度太高，使蒸气成为过热蒸气，则会造成温度计所显示的沸点偏高；若热源温度太低，馏出物蒸气不能充分浸润温度计汞球，则会造成温度计所显示的沸点偏低或不规则。

3. 收集馏液

准备两个接收瓶，一个接收前馏分或称馏头，另一个（需称重）接收所需馏分，并记下该馏分的沸程，即该馏分第一滴和最后一滴时温度计的读数。

在所需馏分蒸出后，温度计读数会突然下降，此时应停止蒸馏。即使杂质很少，也不要蒸干，以免蒸馏瓶破裂及发生其他意外事故。

4. 拆除蒸馏装置

蒸馏完毕，先应撤出热源，然后停止通水，最后拆除蒸馏装置（与安装顺序相反）。

五、注意事项

1. 进行蒸馏操作时，有时馏出物的沸点低于（或高于）该化合物的沸点，有时馏出物的温度一直在上升，这可能是因为混合液体组成比较复杂，沸点又比较接近，简单蒸馏难以将它们分开，可考虑用分馏。

2. 为了避免蒸馏过程中的过热现象和保证沸腾的平稳状态，常加沸石，或一端封口的毛细管，因为它们都能防止加热时的暴沸现象，把它们称为止暴剂或助沸剂。值得注意的是，不能在液体沸腾时，加入止暴剂，不能用已使用过的止暴剂。

3. 蒸馏及分馏效果的好坏与操作条件有直接关系，其中最主要的是控制馏出液流出速度，以 1～2 滴/s 为宜（1mL/min），不能太快，否则达不到分离要求。

4. 当蒸馏沸点高于 140℃ 的物质时，应该使用空气冷凝管。

5. 如果维持原来的加热程度，不再有馏出液蒸出，温度突然下降时，就应停止蒸馏，即使杂质量很少也不能蒸干，特别是蒸馏低沸点液体时更要注意不能蒸干，否则易发生意外事故。蒸馏完毕，先停止加热，后停止通冷却水。拆卸仪器，其顺序和安装时相反。

6. 蒸馏低沸点、易燃、吸潮的液体时，在接引管的支管处，连一干燥管，再从后者出口处接胶管通入水槽或室外，并将接收瓶在冰浴中冷却。

六、思考题

1. 什么叫沸点？液体的沸点和大气压有何关系？文献记载的某物质沸点是否即为所测沸点？

2. 蒸馏时加入沸石的作用是什么？如果蒸馏前忘记加沸石，能否立即将沸石加至接近沸腾的液体中？当重新蒸馏时，用过的沸石能否继续使用？

3. 为什么蒸馏时最好控制馏出液的速度为 1～2 滴/s？

4. 如果液体具有恒定的沸点，那么能否认为它是单纯物质？

实验四　减压蒸馏

一、实验目的

1. 学习减压蒸馏的原理及其应用。

2. 认识减压蒸馏的主要仪器设备。

3. 掌握减压蒸馏仪器的安装和减压蒸馏的操作方法。

二、实验原理

某些沸点较高的有机化合物在加热还未达到沸点时往往发生分解或氧化的现象，所以不能用常压蒸馏，使用减压蒸馏可避免这种现象的发生。因为当蒸馏系统内的压力降低后，当压力降低到 1.3～2.0kPa（10～15mmHg）时，其沸点便降低，许多有机化合物的沸点可以比其常压下的沸点降低 80～100℃。因此，减压蒸馏对于分离或提纯沸点较高或性质比较不稳定的液态有机化合物具有特别重要的意义。所以，减压蒸馏也是分离提纯液态有机物常用的方法。

一般把压力范围划分为几个等级："粗"真空（10～760mmHg），一般可用水泵获得；"次高"真空（0.001～1mmHg），可用油泵获得；"高"真空（10^{-3} mmHg），可用扩散泵获得。

本实验采用的减压蒸馏装置是由蒸馏瓶、克氏蒸馏头（或用 Y 形管与蒸馏头组成）、直形冷凝管、真空接引管（双股接引管或多股接引管）、接收器、安全瓶、压力计和油泵（或循环水泵）组成的，见图 3.19(a)。微量减压蒸馏装置如图 3.19(b) 所示。

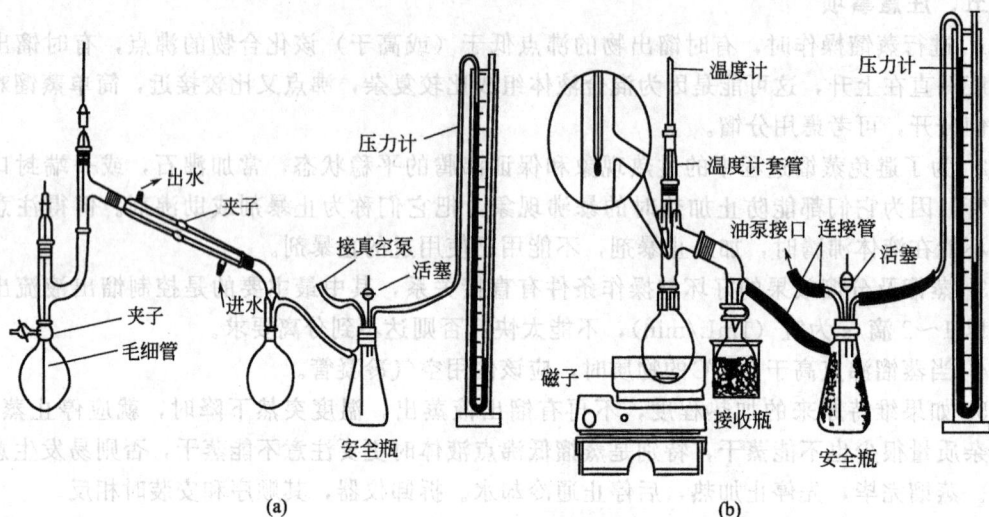

图 3.19 减压蒸馏装置图

1. 蒸馏部分

在克氏蒸馏头的直口处插一根毛细管，直至蒸馏瓶底部，距底部距离越小越好，但又要保证毛细管有一定的出气量。毛细管的作用是在抽真空时，将微量气体抽进反应体系中，起到搅拌和汽化中心的作用，防止液体暴沸。因为在减压条件下沸石已不能起汽化中心的作用。毛细管口距瓶底 1~2mm。毛细管口要很细，检查毛细管口的方法是：将毛细管插入小试管的乙醚内，在毛细管口轻轻吹气，若毛细管能冒出一连串的细小气泡，仿如一条细线，即为合用。如果不通气，表示毛细管闭塞了，不能用。在毛细管上端加一节乳胶管并插入一根细铜丝，用螺旋夹夹住，可以调节进气量。进行半微量和微量减压蒸馏时，用电磁搅拌搅动液体可以防止液体暴沸。常量减压蒸馏时，因为被蒸馏液体较多，用此方法不太妥当。

2. 接收器

蒸馏少量物质或沸点在 150℃ 以上的物质时，可用蒸馏烧瓶作接收器；蒸馏沸点在 150℃ 以下的物质时，接收器前应连接冷凝管冷却。如果蒸馏不能中断或要分段接收馏出液时，则要采用多头接液管。

3. 安全瓶

一般用吸滤瓶，因其壁厚耐压。安全瓶与减压泵和压力计相连，活塞用来调节压力及放气，还可防止水压下降时，水泵中的水倒吸至蒸馏装置内。

4. 压力计

实验室通常采用汞压力计来测量系统的压力。开口式汞压力计装配方便，比较准确，所用玻璃管的长度需超过 760mm。U 形管两臂汞柱高度之差即为大气压力与系统中压力之差。因此，蒸馏系统内的实际压力（真空度）应为大气压力（以 mmHg 表示）减去这一汞柱之差。封闭式汞压力计的优点是轻巧方便，两臂液面高度之差即为蒸馏系统中的真空度。使用时应避免水或脏物侵入压力计内，汞柱中也不得有残留的空气，否则将影响测定的准确性。

5. 减压泵（抽气泵）

在化学实验室通常使用的减压泵有水泵和油泵两种，不需要很低的压力时可用水泵。如果水泵的构造好，且水压又高，其抽空效率可以达到 $1067\sim3333Pa$（$8\sim25mmHg$）。水泵所能抽到的最低压力，理论上相当于室温下的水蒸气压力。例如，水温在 $25℃$、$20℃$、$10℃$ 时，水蒸气压力分别为 $3200Pa$、$2400Pa$、$1203Pa$（$24mmHg$、$18mmHg$、$9mmHg$）。用水泵抽气时，应在水泵前装上安全瓶，以防水压下降时，水流倒吸。停止蒸馏时要先放气，然后关水泵。

若要达到较低的压力，那就要用油泵，好的油泵应能抽到 $133.3Pa$（$1mmHg$）以下。油泵的好坏取决于其机械结构和油的质量，使用油泵时必须保护好，如果蒸馏挥发性较大的有机溶剂，有机溶剂会被油吸收，结果增大了蒸气压从而降低了抽空效能；如果是酸性蒸气，则会腐蚀油泵；如果是水蒸气就会使油转变成乳浊液损坏真空油。因此，使用油泵时必须注意下列几点：

① 在蒸馏系统和油泵之间，必须装有吸收装置。吸收装置的作用是吸收对真空泵有损害的各种气体或蒸气，借以保护减压设备。吸收装置一般由下述几部分组成：a. 捕集管——用来冷凝水蒸气和一些挥发性物质，捕集管外用冰-盐混合物冷却；b. 氢氧化钠吸收塔——用来吸收酸性蒸气；c. 硅胶（或用无水氯化钙）干燥塔——用来吸收经捕集管和氢氧化钠吸收塔后还未除净的残余水蒸气。若蒸气中含有碱性蒸气或有机溶剂蒸气，则要增加碱性蒸气吸收塔和有机溶剂蒸气吸收塔等。

② 蒸馏前必须先用水泵彻底抽去系统中的有机溶剂蒸气。

③ 能用水泵抽气的，则尽量使用水泵。如蒸馏物中含有挥发性杂质，则可先用水泵减压抽除，然后改用油泵。

减压系统必须保持密封不漏气，所有橡皮塞的大小和孔道都要十分合适，要用厚壁真空用橡皮管。磨口玻塞涂上真空脂。

三、仪器与试剂

仪器：蒸馏烧瓶，克氏蒸馏头，毛细管（起泡管），螺旋夹，直形冷凝管，带支管的接引管，安全瓶，压力计，耐压橡皮管及普通橡皮管，铁支架，蒸馏烧瓶，电热套，真空泵。

试剂：粗乙酰乙酸乙酯或粗异戊醇。

四、实验操作

（1）按图 3.19(a) 安装好仪器（注意安装顺序），检查蒸馏系统是否漏气，方法是：旋紧毛细管上的螺旋夹，打开安全瓶上的二通活塞，旋开汞压力计的活塞，然后开泵抽气（如用水泵，这时应开至最大流量）。逐渐关闭安全瓶上的二通活塞，从压力计上观察系统所能达到的压力，若压力变动不大，则应检查装置中各部分的塞子和橡皮管的连接是否紧密，必要时可用熔融的石蜡密封，磨口仪器可在磨口接头的上部涂少量真空油脂进行密封（密封应在解除真空后进行）。检查完毕后，缓慢打开安全瓶的活塞，使系统与大气相通，压力计缓慢复原，关闭真空泵停止抽气。

（2）将粗乙酰乙酸乙酯装入克氏蒸馏瓶中，以不超过其容积的 1/2 为宜。当被蒸馏物质中含有低沸点物质时，在进行减压蒸馏前，应先进行常压蒸馏，尽可能除去低沸点物质。

（3）按（1）所述操作方法开泵减压，通过小心调节安全瓶上的二通活塞达到实验所需真空度。调节毛细管上的螺旋夹，使液体中有连续平稳的小气泡通过。

（4）当调节到所需真空度时，将蒸馏烧瓶浸入水浴或油浴中，通入冷凝水，开始加热蒸馏。加热时，蒸馏烧瓶的圆球部分至少应有 2/3 浸入热浴中。待液体开始沸腾时，调节热源的温度，控制馏出的速度为每秒 1～2 滴。

乙酰乙酸乙酯沸点与压力的关系列于表 3.6。

表 3.6 乙酰乙酸乙酯沸点与压力的关系

压力/mmHg	760	80	60	40	30	20	18	14	12
沸点/℃	181	100	97	92	88	82	78	74	71

注：1mmHg=133.322Pa。

根据此表，可收集纯的乙酰乙酸乙酯。

(5) 蒸馏完毕时，应先移去热源，待稍冷后，稍松毛细管上的螺旋夹，缓慢打开安全瓶上的活塞解除真空，待系统内外压力平衡后方可关闭真空泵。

五、注意事项

1. 一定要缓慢地旋开安全瓶上的活塞，使压力计中的水银柱缓缓地恢复原状，否则，水银柱急速上升，有冲破压力计的危险。

2. 不能直接用火加热，应按照实际情况选用各种热浴，本实验用电热套。

六、思考题

1. 减压蒸馏的原理是什么？在什么情况下才用减压蒸馏？

2. 减压蒸馏装置应注意什么问题？操作中应注意哪些事项？

3. 在进行减压蒸馏时，为什么必须用热浴加热而不能直接用火加热？

实验五 分馏

一、实验目的

1. 理解分馏的基本原理和适用条件。

2. 熟练掌握分馏装置的安装和使用方法。

二、实验原理

蒸馏和分馏都是利用有机物沸点不同，在蒸馏过程中将低沸点的组分先蒸出，高沸点的组分后蒸出，从而达到分离提纯的目的。不同的是，分馏是借助于分馏柱使一系列的蒸馏不需多次重复，一次得以完成的蒸馏（分馏就是多次蒸馏）。应用范围也不同，蒸馏时混合液体中各组分的沸点要相差 30℃ 以上，才可以进行分离，而要彻底分离沸点要相差 110℃ 以上。分馏可使沸点相近的互溶液体混合物（甚至沸点仅相差 1～2℃）得到分离和纯化。

如果将两种挥发性液体混合物进行蒸馏，在沸腾温度下，其气相与液相达到平衡，出来的蒸气中含有较多量易挥发物质的组分，将此蒸气冷凝成液体，其组成与气相组成等同（含有较多的易挥发组分），而残留物中却含有较多量的高沸点组分（难挥发组分），这就是进行了一次简单的蒸馏。

如果将蒸气凝成的液体重新蒸馏，即又进行一次气液平衡，再度产生的蒸气中，所含的易挥发物质组分又有增高，同样，将此蒸气再经冷凝而得到的液体中，易挥发物质的组成当然更高，这样可以利用一连串的、有系统的重复蒸馏，得到接近纯组分的两种液体。

应用这样反复多次的简单蒸馏，虽然可以得到接近纯组分的两种液体，但是这样做既浪费时间，在重复多次蒸馏操作中的损失又很大，设备复杂，所以通常是利用分馏柱进行多次汽化和冷凝，这就是分馏。

在分馏柱内，当上升的蒸气与下降的冷液互相接触时，上升的蒸气部分冷凝放出热量使下降的冷凝液部分汽化，两者之间发生了热量交换，其结果是上升蒸气中易挥发组分增加，而下降的冷凝液中高沸点组分（难挥发组分）增加，如果重复多次，就等于进行了多次气液平衡，即达到了多次蒸馏的效果。这样靠近分馏柱顶部易挥发物质的组分比率高，而在烧瓶里高沸点组分（难挥发组分）的比率高。这样只要分馏柱足够高，就可将两种组分彻底分开。工业上的精馏塔就相当于分馏柱。

常见的分馏柱见图 3.20，常见的两种分馏装置见图 3.21 和图 3.22。本实验采用简单分馏装置。

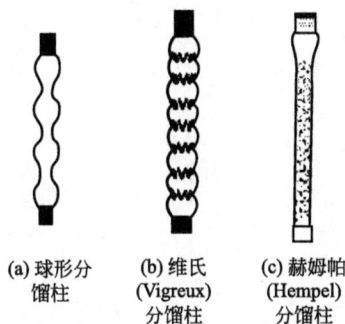

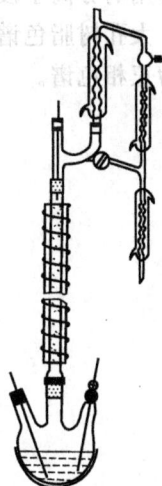

(a) 球形分馏柱　(b) 维氏 (Vigreux) 分馏柱　(c) 赫姆帕 (Hempel) 分馏柱

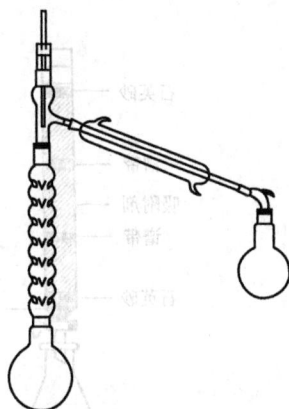

图 3.20　分馏柱　　　　图 3.21　简单分馏装置　　　图 3.22　精密分馏装置

三、仪器与试剂

仪器：电热套，圆底烧瓶，刺形分馏柱，蒸馏头，温度计（带橡皮塞），冷凝管，接引管，锥形瓶。

试剂：乙醇-水混合液，沸石。

四、实验操作

同蒸馏。

五、注意事项

同蒸馏。

六、思考题

1. 分馏和蒸馏在原理及装置上有哪些异同？如果是两种沸点很接近的液体组成的混合物能否用分馏来提纯呢？

2. 若加热太快，馏出液滴出速度大于 1～2 滴/s（每秒钟的滴数超过要求量），用分馏分离两种液体的能力会显著下降，为什么？

3. 用分馏柱提纯液体时，为了取得较好的分离效果，为什么分馏柱必须保持回流液？

4. 在分离两种沸点相近的液体时，为什么装有填料的分馏柱比不装填料的效率高？

5. 什么叫共沸物？为什么不能用分馏法分离共沸混合物？

6. 在分馏时通常用水浴或油浴加热，与直接火加热相比它有什么优点？

实验六　柱色谱

一、实验目的

1. 理解色谱法的基本原理及柱色谱的一般操作方法。
2. 掌握用色谱分离法分离色素混合物的操作方法。

二、实验原理

柱色谱法是通过色谱柱来实现分离的，方法是在色谱柱中装入固定相，然后将样品加在柱顶，从柱顶加入有机溶剂（称为洗脱剂）洗脱，并在柱下分段收集洗脱液，从而达到对样品分离的目的（见图3.23）。由于色谱柱内填充剂量较大，所以往往分离样品量较大，是一种常用的分离手段。柱色谱的分离原理有多种，如吸附色谱、凝胶过滤色谱、离子交换色谱、大孔树脂色谱、分配色谱等。在实验室最常用的吸附色谱是硅胶吸附色谱，硅胶吸附色谱为正相色谱。

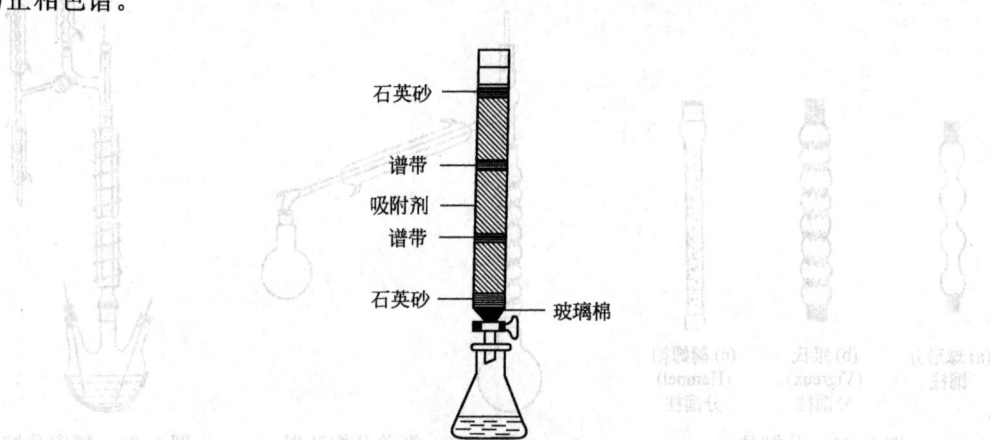

图 3.23　柱色谱

一些实验室中常用洗脱剂的极性及在硅胶正相色谱中的洗脱能力按以下次序递增：己烷、石油醚＜环己烷＜四氯化碳＜甲苯＜苯＜二氯甲烷＜氯仿＜乙醚＜乙酸乙酯＜丙酮＜乙醇＜甲醇＜水。为达到良好的分离效果，常可以使用混合溶剂作洗脱剂，还可以用逐步提高溶剂极性梯度洗脱的方法达到逐级分离的效果。

三、仪器与试剂

仪器：层析柱，锥形瓶，玻璃棒，三角漏斗。

试剂：硅胶（200～300目），甲基橙，亚甲基蓝，95％乙醇溶液，水。

四、实验操作

1. 装柱

有湿法装柱和干法装柱两种方法，可自行选择其中一种方法。

（1）湿法装柱：将备用的溶剂装入柱内至柱高的3/4，然后将吸附剂和溶剂调成糊状，慢慢地倒入管中，此时应将管的下端打开。控制流出速度为每秒1滴。用木棒或套有橡皮管的玻璃棒轻轻敲击柱身，使装填紧密。当装入量约为柱身的3/4时，再在上面盖上一小块圆形滤纸或脱脂棉，以保证吸附剂顶端平整，不受流入溶剂的干扰。操作时应保持流速不变，注意不能使液面低于滤纸面。整个装填过程中不能使吸附剂有裂缝或气泡，否则影响分离效果。

（2）干法装柱：在色谱柱的上端放入干燥漏斗，使吸附剂均匀地经干燥漏斗成一细流慢慢装入管中，不能间断，填装时应不断轻敲柱身，使填装均匀。全部吸附剂加入后，再加入溶剂，并打开下端活塞，使溶剂流经吸附剂将其全部润湿，同时也将气泡赶出柱外。

2. 加样

把要分离的样品配制成适当浓度的溶液。将吸附剂上多余的溶剂放出，直到柱内液体表面达到吸附剂表面时，停止放出溶剂，沿管壁加入样品溶液。注意不要使溶液将吸附剂冲松浮起。样品溶液加完后，开启下端活塞，使液体渐渐放出。

3. 洗脱

溶剂液面和吸附剂表面相平齐时，加入溶剂使其从上到下流经吸附剂以达到分离化合物的目的。在此过程中应连续不断地加入洗脱剂，使其保持一定高度的液面，切忌使吸附剂表面上的溶液流干。

收集洗脱液时，如样品各组分有颜色，则可在色谱柱上直接观察，洗脱后分别收集各个组分。在多数情况下，化合物没有颜色，收集洗脱液时，多采用等量分份收集的方法，每份洗脱液的体积随所用吸附剂的量及样品的分离情况而定。若使用 50g 吸附剂，每份洗脱液的体积常为 50mL。如洗脱液极性较大或样品中各组分结构相近似，则每份收集量应减小。

4. 实验样品及洗脱方法

1mg 甲基橙和 5mg 亚甲基蓝混合样品配制成 2mL 乙醇溶液。

先用 95％乙醇溶液将亚甲基蓝全部洗脱下来，待洗脱液呈无色时，换水作洗脱剂，更换收集容器，收集甲基橙。

五、注意事项

1. 装柱时，吸附剂顶端要平，如顶端不平，将易产生不规则的色带。

2. 在整个操作过程中，都要控制溶剂不能流干，吸附剂不能露出液面，否则易使色谱柱产生气泡或裂缝，影响分离效果。

3. 在洗脱过程中，应控制洗脱液的流出速度。太快往往交换来不及达到平衡，影响分离效果；太慢则时间太长，有时吸附剂可能促使某些成分分解破坏，而使样品发生变化。

六、思考题

1. 实验中先用极性小的洗脱剂再用极性大的洗脱剂洗脱，能否反过来？

2. 为什么在加样品前要把液面调到与吸附剂表面相平，吸附剂又不能超出液面，而且加洗脱剂洗脱前又有同样的要求？

实验七　萃取与洗涤

一、实验目的

1. 了解萃取和洗涤操作的基本原理。

2. 掌握分液漏斗的使用方法。

二、实验原理

萃取是利用物质在两种不互溶（或微溶）溶剂中溶解度或分配比的不同来达到分离，以提取或纯化为目的的一种操作。萃取是有机化学实验中用来提取或纯化有机化合物的常用方法之一。萃取可以从固体或液体混合物中提取出所需物质，也可以用来洗去混合物中的少量杂质。通常称前者为抽取或萃取，后者为洗涤。液体萃取最常用的仪器是分液漏斗，一般选择容积较被萃取液大 1～2 倍的分液漏斗。

萃取溶剂的选择应根据被萃取化合物的溶解度而定，同时要易于和溶质分开，所以最好用低沸点溶剂。一般难溶于水的物质用石油醚等萃取；较易溶者，用苯或乙醚萃取；易溶于水的物质用乙酸乙酯等萃取。每次使用萃取溶剂的体积一般是被萃取液体的 1/5～1/3，两者的总体积不应超过分液漏斗总体积的 2/3。

通常用分液漏斗来进行液体的萃取。使用分液漏斗时，需要在旋塞上涂凡士林或硅脂，向一个方向旋转，使旋塞内凡士林或硅脂透明均匀为止，再用水检验分液漏斗的盖子和旋塞是否严密，以防分液漏斗在使用过程中发生泄漏。

三、实验操作

在萃取或洗涤时，先将液体或萃取用的溶剂由分液漏斗的上口倒入，盖好盖子，振荡漏斗，使两液层充分接触。振荡的操作方法一般是先将分液漏斗倾斜，使漏斗上口略朝下，右手捏住漏斗上口颈部，并用食指根部压紧盖子，以免盖子松开，左手握住旋塞，既要能防止振荡时旋塞转动或滑落，又要便于灵活的旋开旋塞。振荡后，让漏斗仍处于倾斜状态，旋开活塞，放出蒸气或产生的气体，使内外压力平衡。振荡数次后，将分液漏斗放在铁环上，静置，使乳浊液分层。有时有机溶剂和某些物质的溶液一起振荡会形成稳定的乳浊液，在这种情况下，应避免急剧振荡。如果已形成稳定的乳浊液且一时又不易分层，则可以加入食盐等电解质，使溶液饱和以降低乳浊液的稳定性；轻轻地旋转漏斗，可使其加速分层。在一般情况下，长时间静置分液漏斗，可达到使乳浊液分层的目的。

分液漏斗中液体分层清晰后，可以进行分离。分离时下层液体经旋塞放出，上层液体应从上口倒出。不要把上层液体由旋塞放出，这样会污染上层液体。操作时先把顶上的玻璃塞子打开或旋转玻璃塞子，使玻璃塞子上的凹缝或小孔对准漏斗上口颈部的小孔，以便和大气相连，把分液漏斗下端靠在接收器的壁上。旋开旋塞，让液体缓慢流下，当液体间界限接近旋塞时关闭旋塞。静置片刻，这时下层液体往往会增多一些，再把下层液体仔细地放出，然后把剩下的上层液体从上口倒入另一个容器中。

在萃取和洗涤时，上下两层液体都应保留到实验完毕，以免中间操作发生错误，而又无法检查和补救。一般用少量多次的萃取方法，其效果比一次萃取好。

四、注意事项

乳化现象解决的方法：

① 较长时间静置。

② 若是因碱性而产生乳化，则可加入少量酸破坏或采用过滤方法除去。

③ 若是由于两种溶剂（水与有机溶剂）能部分互溶而发生乳化，则可加入少量电解质（如氯化钠等），利用盐析作用加以破坏。另外，加入氯化钠可增大水相的密度，有利于两相密度相差很小时的分离。

④ 加热以破坏乳状液，或滴加几滴乙醇、磺化蓖麻油等以降低表面张力。

使用低沸点易燃溶剂进行萃取操作时，应熄灭附近的明火。

五、思考题

1. 萃取和洗涤最后都能够纯化化合物，试分析其纯化原理的联系与区别。

2. 萃取过程中，不同的振荡程度会造成截然不同的分层现象，试从化学的角度解释。

实验八 环己烯的制备

一、实验目的

1. 学习、掌握由环己醇制备环己烯的原理及方法。

2. 复习分馏的原理及实验操作。

3. 练习并掌握蒸馏、分液、干燥等实验操作方法。

二、实验原理

主反应：

环己醇 $\rightleftharpoons$ 环己烯 $+ H_2O$

副反应：2 环己醇 $\rightleftharpoons$ 二环己醚 $+ H_2O$

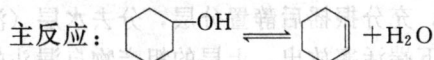

主反应为可逆反应，本实验采用的措施是：边反应边蒸出反应生成的环己烯和水形成的二元共沸物（沸点 70.8℃，含水 10%）。但是原料环己醇也能和水形成二元共沸物（沸点 97.8℃，含水 80%）。为了使产物以共沸物的形式蒸出反应体系，而又不夹带原料环己醇，本实验采用分馏装置，并控制柱顶温度不超过 90℃。

分馏的原理就是让上升的蒸气和下降的冷凝液在分馏柱中进行多次热交换，相当于在分馏柱中进行多次蒸馏，从而使低沸点的物质不断上升、被蒸出，高沸点的物质不断冷凝、下降、流回加热容器中，结果将沸点不同的物质分离。本实验中，分馏装置可以有效地分离出产物，而保留原料。

三、仪器与试剂

仪器：电热套，圆底烧瓶，刺形蒸馏柱，蒸馏头，温度计（带橡皮塞），冷凝管，接引管，锥形瓶，分液漏斗（装置见图 3.24）。

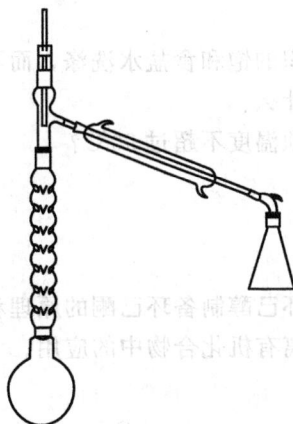

图 3.24　环己烯制备装置

试剂：环己醇，环己烯，饱和食盐水，无水氯化钙（物性参数列于表 3.7）

表 3.7　实验试剂及物理常数

试剂名称	分子量	用量/mL、g、mol	熔点/℃	沸点/℃	相对密度(d_4^{20})	水溶解度
环己醇	100.16	10mL(0.096mol)	25.2	161	0.9624	稍溶于水
环己烯	82.14			83.19	0.8098	不溶于水
其他试剂	饱和食盐水、无水氯化钙					

四、实验操作

在 100mL 干燥的圆底烧瓶中，放入 10mL 环己醇（9.6g，0.096mol）、1mL 浓硫酸，充分振摇、混合均匀。投入一粒沸石，按图 3.24 所示安装反应装置，用锥形瓶作接收器。

将烧瓶在电热帽上用小火慢慢加热，控制加热速度使分馏柱上端的温度不超过 90℃，馏出液为带水的混合物。当烧瓶中只剩下很少量的残液并出现阵阵白雾时，即可停止蒸馏。全部蒸馏时间约为 40min。

将蒸馏液分去水层，加入等体积的饱和食盐水，充分振摇后静置分层，分去水层（洗涤微量的酸，产品在哪一层？）。将下层水溶液自漏斗下端活塞放出，上层的粗产物自漏斗的上口倒入干燥的小锥形瓶中，加入 1~2g 无水氯化钙干燥。

将干燥后的产物滤入干燥的梨形蒸馏瓶中，加入一粒沸石，用水浴加热蒸馏。收集80~85℃的馏分于一已称重的干燥小锥形瓶中。产量 4~5g。

本实验约需 4h。

五、注意事项

1. 环己醇与硫酸应充分混合，否则在加热过程中可能会局部炭化，使溶液变黑。

2. 由于反应中环己烯与水形成共沸物（沸点 70.8℃，含水 10%）；环己醇也能与水形成共沸物（沸点 97.8℃，含水 80%）。因比在加热时温度不可过高，蒸馏速度不宜太快，以减少未作用的环己醇蒸出。文献要求柱顶控制在 73℃ 左右，但反应速度太慢。本实验为了加快蒸出的速度，可控制在 90℃ 以下。

3. 反应终点的判断可参考以下几个参数：①反应进行 40min 左右；②分馏出的环己烯和水的共沸物达到理论计算量；③反应烧瓶中出现白雾；④柱顶温度下降后又升到 85℃ 以上。

六、思考题

1. 在纯化环己烯时，用等体积的饱和食盐水洗涤，而不用水洗涤，目的何在？

2. 本实验提高产率的措施是什么？

3. 实验中，为什么要控制柱顶温度不超过 90℃？

实验九　环己酮的制备

一、实验目的

1. 学习用重铬酸盐氧化法由环己醇制备环己酮的原理和方法。

2. 进一步了解盐析效应在分离有机化合物中的应用。

二、实验原理

$$3 \underset{}{\text{OH}}\underset{}{\bigcirc} + Na_2Cr_2O_7 + 5H_2SO_4 \longrightarrow 3 \underset{}{\overset{O}{\bigcirc}} + Cr_2(SO_4)_3 + 2NaHSO_4 + 7H_2O$$

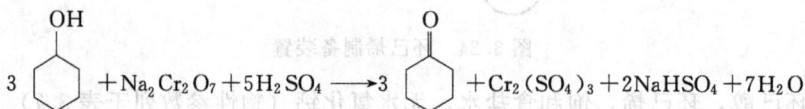

三、仪器与试剂

仪器：机械搅拌装置，蒸馏装置。

试剂：环己醇，重铬酸钠，浓硫酸，乙醚，精盐，无水硫酸镁。

四、实验操作

(1) 配制铬酸溶液：在 200mL 烧杯中加入 60mL 水和 10.5g 重铬酸钠，搅拌使之全部溶解。然后在搅拌下慢慢加入 9mL 浓硫酸，将所得橙红色溶液冷却到 30℃ 以下备用。

(2) 在 250mL 三口瓶上安装电动搅拌器、温度计和回流冷凝管。加入 12.4mL 环己醇，然后加入上述制备好的铬酸溶液，搅拌使其充分混合。观察温度变化情况，当温度上升至55℃时，立即用水浴冷却，保持反应温度在 55~60℃。约 0.5h 后，温度开始出现下降趋势。移去水浴在搅拌下再放置 0.5h 以上，令反应完全，反应后呈墨绿色。

(3) 在反应瓶中加入 60mL 水和一粒沸石，改成蒸馏装置。将环己酮与水一起蒸出来，至馏出液不再混浊后再蒸 15～20mL，约收集 50mL 馏出液，馏出液用精盐饱和后，转入分液漏斗，静置后分出有机层。水层用 15mL 乙醚萃取一次，合并有机层与萃取液，用无水碳酸钾干燥，在水浴上蒸去乙醚，蒸馏收集 151～155℃馏分，产量 6～7g。

环己酮的沸点为 155.7℃，折射率为 1.4507。

五、思考题

1. 反应温度为什么要控制在 55～60℃，温度过高或过低有什么不好？

2. 能否用铬酸氧化法把 2-丁醇和 2-甲基-2-丙醇区别开来？说明原因，并写出有关的反应式。

3. 如何鉴别环己醇和环己酮。

实验十　溴乙烷的制备

一、实验目的

1. 掌握由醇制备卤代烃的方法、原理。

2. 熟练掌握磁力搅拌器的使用。

3. 学习低沸点蒸馏的基本操作。

4. 巩固分液漏斗的使用方法。

二、实验原理

主反应：

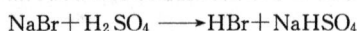
$$NaBr + H_2SO_4 \longrightarrow HBr + NaHSO_4$$

$$C_2H_5OH + HBr \Longleftrightarrow C_2H_5Br + H_2O$$

副反应：

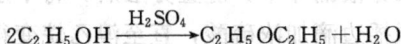
$$2C_2H_5OH \xrightarrow{H_2SO_4} C_2H_5OC_2H_5 + H_2O$$

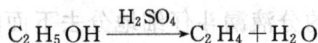
$$C_2H_5OH \xrightarrow{H_2SO_4} C_2H_4 + H_2O$$

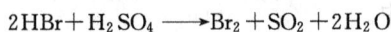
$$2HBr + H_2SO_4 \longrightarrow Br_2 + SO_2 + 2H_2O$$

三、仪器与试剂

仪器：烧瓶，锥形瓶，烧杯，蒸馏头，直形冷凝管，温度计，分液漏斗，电热套（实验装置见图 3.25）。

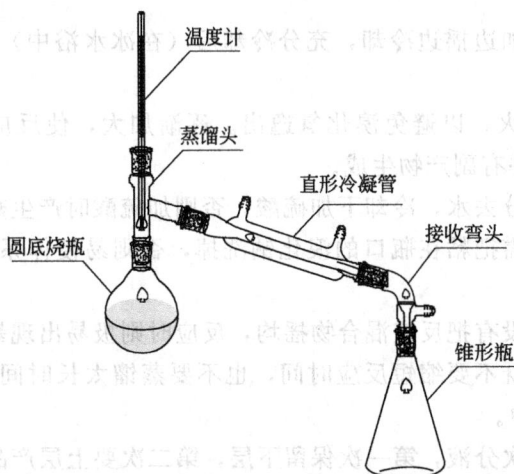

图 3.25　实验装置图

试剂：95％乙醇，浓硫酸，无水溴化钠固体，饱和亚硫酸氢钠（试剂部分参数见表 3.8）。

表 3.8 试剂部分参数

名称	分子量	沸点/℃	d_4^{20}	水中溶解度
95％EtOH	46	78.4	0.7893	∞
NaBr	103	1390	3.203	∞
EtBr	109	38.4	1.4239	难溶
Et₂O	74.12	34.5	0.71378	微溶
C₂H₄	28.05	−103.71	0.384	不溶
浓 H₂SO₄	98	338	1.384	∞

四、实验操作

在 100mL 圆底烧瓶中加入 13g 研细的溴化钠，然后加入 9mL 水，振荡使之溶解，再加入 10mL 95％乙醇，在冷却和不断振荡下，慢慢地加入 19mL 浓硫酸，同时用冰水浴冷却烧瓶，再加入 1 粒沸石。将烧瓶用蒸馏头与直形冷凝管相连，冷凝管下端连尾接管，安装成常压蒸馏装置。溴乙烷的沸点很低，极易挥发，接收器内外均应放入冰水混合物中。为了防止产品的挥发损失，在接收器中加冷水及 5mL 饱和亚硫酸氢钠溶液，放在冰水浴中冷却，并使接引管的末端刚浸没在接收器的水溶液中。

用电热套控制在较低的温度下加热烧瓶，瓶中物质开始发泡。控制升温速度，使油状物质逐渐蒸馏出去，约 30min 后慢慢加快升温速度到无油滴蒸出为止。馏出物为乳白色油状物，沉于瓶底。

将接收器中的馏出液倒入分液漏斗中，静置分层后，将下层的粗制溴乙烷放入干燥的小锥形瓶中，在冰水浴中，边振摇边滴加浓硫酸，直至溴乙烷变得清澈透明，而且瓶底有液层分出（约需 4mL 浓硫酸）。用干燥的分液漏斗仔细地分去下面的硫酸层，将溴乙烷层从分液漏斗的上口倒入 30mL 蒸馏瓶中。

装配蒸馏装置时，加入 2～3 粒沸石，用电热套加热，蒸馏溴乙烷。收集 37～40℃的馏分。收集产物的接收器要用冰水浴冷却。

五、注意事项

1．装置要严密。

2．加浓硫酸时要边加边摇边冷却，充分冷却后（在冰水浴中）再加溴化钠，以防反应放热冲出。

3．加热时要先用小火，以避免溴化氢逸出。逐渐加大，使反应平稳发生。避免大火，否则易造成产物损失，并有副产物生成。

4．精制时要先彻底分去水，冷却下加硫酸，否则加硫酸时产生热量使产物挥发损失。

5．在加入乙醇时不需把粘在瓶口的溴化钠洗掉，否则易使体系漏气，导致溴乙烷产率降低。

6．如果在加热之前没有把反应混合物摇均，反应时则极易出现暴沸使反应失败。

7．在反应过程中，既不要缩短反应时间，也不要蒸馏太长时间，否则水分过多蒸出会导致硫酸钠凝固在烧瓶中。

8．实验过程采用两次分液，第一次保留下层，第二次要上层产品，需先理解清楚。

9．当洗涤或干燥不完全时，馏分中仍可能含有极少量水及乙醇，它们与溴乙烷分别形成共沸物（溴乙烷-水，沸点 37℃，含水约 1％；溴乙烷-乙醇，沸点 37℃，含醇 3％）。

10．检验产物质量或体积及折射率。

六、思考题

1. 在制备溴乙烷时，反应混合物中如果不加水，会有什么结果？
2. 粗产物中会有什么杂质？是如何除去的？
3. 试分析实验产率不高的原因。
4. 本实验中硫酸起什么作用？
5. 粗产品溴乙烷呈棕红色是什么原因？应该如何处理？

实验十一　苯甲酸甲酯的制备

一、实验目的

1. 熟悉回流反应装置的安装及蒸馏操作。
2. 验证酯化反应。
3. 巩固回流、蒸馏、洗涤以及干燥等基本操作。
4. 了解物质的量比、反应时间对可逆反应产率的影响。

二、实验原理

$$\text{C}_6\text{H}_5\text{COOH} + \text{CH}_3\text{OH} \xrightarrow[\triangle]{\text{H}_2\text{SO}_4} \text{C}_6\text{H}_5\text{COOCH}_3 + \text{H}_2\text{O}$$

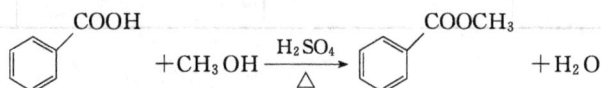

三、仪器与试剂

仪器：回流反应装置，蒸馏装置，分液漏斗，空气冷凝管。

试剂：苯甲酸，甲醇，浓硫酸，碳酸钠，无水硫酸镁。

实验装置见图 3.26。

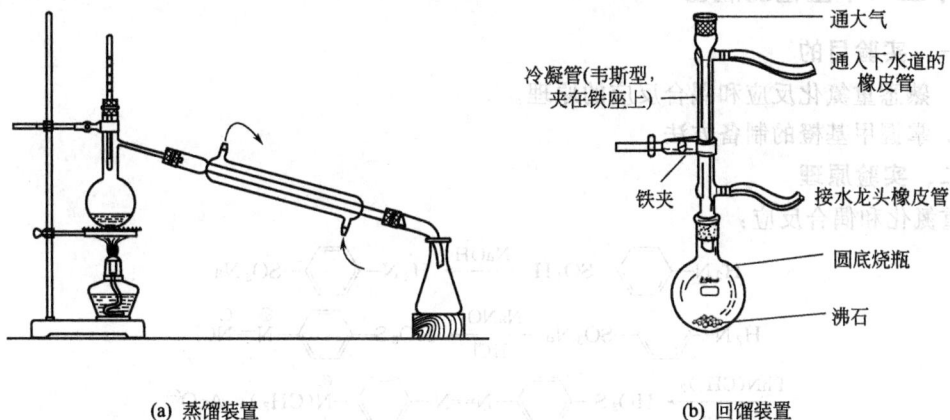

(a) 蒸馏装置　　　　　　　　　　　　　　(b) 回馏装置

图 3.26　实验装置图

四、实验操作

在 100mL 干燥的圆底烧瓶中放入 12.2g 苯甲酸和 14.1mL、10.1mL、6.1mL 甲醇（苯甲酸/甲醇的物质的量比为 1∶3.5、1∶2.5、1∶1.5），在摇动下加入 3mL 浓硫酸，加入一粒沸石。装配上回流冷凝管，用电热套缓慢加热回流 60min。反应结束后，将回流装置改为蒸馏装置，用电热套加热蒸馏出尽可能多的甲醇。残留液冷却后倒入分液漏斗中，用少量水和稀碳酸钠溶液（10%）分别洗涤两次，选择适当的干燥剂干燥粗品，然后进行蒸馏，收集产品。

为了解反应物质的量比及反应时间对产率的影响（见表 3.9 及表 3.10），将同学们分为五大组，各大组反应产率的平均值即为相应条件下的反应产率。

表 3.9　物质的量比对产率的影响

组别	I	II	III
甲醇/苯甲酸/(物质的量比)	3.5	2.5	1.5
硫酸用量/mL	3	3	3
反应时间/min	75	75	75
产率/%			

表 3.10　反应时间对产率的影响

组别	I	IV	V
甲醇/苯甲酸/(物质的量比)	3.5	3.5	3.5
硫酸用量/mL	3	3	3
反应时间/min	75	50	90
产率/%			

五、思考题

1. 酯化反应有什么特点？本实验如何创造条件促使酯化反应向生成物方向进行？

2. 为什么要从反应液中蒸出尽可能多的甲醇以后，再倒入分液漏斗中进行洗涤？

3. 浓硫酸在反应过程中起什么作用？还可用什么物质作为催化剂？

4. 在本实验中可选用何种干燥剂干燥苯甲酸甲酯？

实验十二　甲基橙的制备

一、实验目的

1. 熟悉重氮化反应和偶合反应的原理。

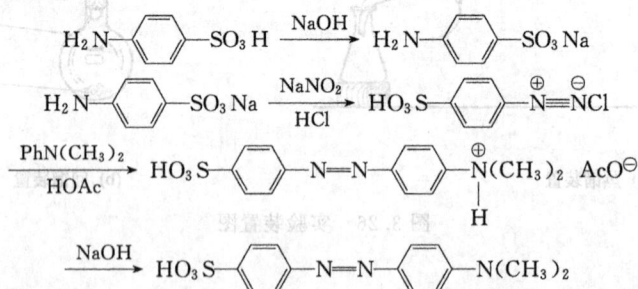

2. 掌握甲基橙的制备方法。

二、实验原理

重氮化和偶合反应：

$$H_2N\!-\!\!\diagup\!\!\!\diagdown\!\!-\!SO_3H \xrightarrow{NaOH} H_2N\!-\!\!\diagup\!\!\!\diagdown\!\!-\!SO_3Na$$

$$H_2N\!-\!\!\diagup\!\!\!\diagdown\!\!-\!SO_3Na \xrightarrow[HCl]{NaNO_2} HO_3S\!-\!\!\diagup\!\!\!\diagdown\!\!-\!\overset{\oplus}{N}\!\!\equiv\!\!N \, \overset{\ominus}{Cl}$$

$$\xrightarrow[HOAc]{PhN(CH_3)_2} HO_3S\!-\!\!\diagup\!\!\!\diagdown\!\!-\!N\!=\!N\!-\!\!\diagup\!\!\!\diagdown\!\!-\!\overset{\oplus}{N}\!(CH_3)_2 \, AcO^{\ominus}$$

$$\xrightarrow{NaOH} HO_3S\!-\!\!\diagup\!\!\!\diagdown\!\!-\!N\!=\!N\!-\!\!\diagup\!\!\!\diagdown\!\!-\!N(CH_3)_2$$

三、仪器和试剂

仪器：烧杯，温度计，表面皿，抽滤装置。

试剂：对氨基苯磺酸，氢氧化钠，亚硝酸钠，浓盐酸，冰乙酸，N,N-二甲基苯胺，乙醇，乙醚，淀粉-碘化钾试纸。

四、实验操作

1. 重氮盐的制备

在 100mL 烧杯中加入 2.1g 对氨基苯磺酸结晶和 10mL 5％氢氧化钠（0.013mol）溶液，温热使结晶溶解，用冰水浴冷却至 0℃ 以下。另在一试管中配制 0.8g 亚硝酸钠（约 0.011mol）和 6mL 水的溶液，将此配制液也加入上述烧杯中。维持温度 0～5℃，在不断搅拌下，慢慢加入由 3mL 浓盐酸和 10mL 水配成的溶液，并控制反应温度在 5℃ 以下，直至用淀粉-碘化钾试纸检测呈现蓝色为止。继续在冰水浴中放置 15min，使反应完全，这时往往有白色细小晶体析出。

2. 甲基橙的制备

在试管中加入 1.2mL N,N-二甲基苯胺（0.01mol）和 1mL 冰乙酸，并混匀。在搅拌下将此混合液缓慢加到上述冷却的重氮盐溶液中，加完后继续搅拌 10min。缓缓加入约 25mL 5％氢氧化钠溶液，直至反应物变为橙色（此时反应液为碱性）。甲基橙粗品呈细粒状沉淀析出。

将反应物置沸水浴中加热 5min，冷却至室温后，再放置在冰浴中冷却，使甲基橙晶体析出完全。抽滤，依次用少量水、乙醇和乙醚洗涤，压紧抽干。

将少许甲基橙溶于水中，加几滴稀盐酸，然后再用稀碱中和，观察颜色变化。本实验需 4～6h。

五、注意事项

1. 对氨基苯磺酸为两性化合物，酸性强于碱性，它能与碱作用成盐而不能与酸作用成盐。

2. 重氮化过程中，应严格控制温度，反应温度若高于 5℃，生成的重氮盐易水解而降低产率。

3. 若试纸不显色，则需补充亚硝酸钠溶液。

4. 重结晶操作要迅速，否则由于产物呈碱性，在温度高时易变质，颜色变深。用乙醇和乙醚洗涤的目的是使其迅速干燥。

六、思考题

1. 在重氮盐制备前为什么还要加入氢氧化钠？如果直接将对氨基苯磺酸与盐酸混合后，再加入亚硝酸钠溶液进行重氮化操作可以吗？为什么？

2. 制备重氮盐为什么要维持 0～5℃ 的低温？温度高有何不良影响？

3. 重氮化为什么要在强酸条件下进行？偶合反应为什么要在弱酸条件下进行？

4. 为什么要"将反应物在沸水浴上加热 5min 使沉淀溶解"，而不直接冷却抽滤？

5. 为什么说溶液 pH 值是偶联反应的重要条件？

实验十三　乙酸乙酯的制备

一、实验目的

1. 熟悉和掌握酯化反应的基本原理和制备方法。

2. 掌握液体有机化合物的精制方法（分馏）。

二、实验原理

酯化反应是在少量酸（H_2SO_4 或 HCl）催化下，羧酸和醇反应脱水生成酯。通过加成-消去过程，质子活化的羰基被亲核的醇进攻发生加成，在酸作用下脱水成酯。该反应为可逆反应，为了完成反应一般采用大量过量的反应试剂（根据反应物的价格，过量酸或过量醇）。有时可以加入与水恒沸的物质不断从反应体系中带出水移动平衡（减小产物的浓度）。在实验室中也可以采用分水器来完成。

酯化反应的可能历程为：

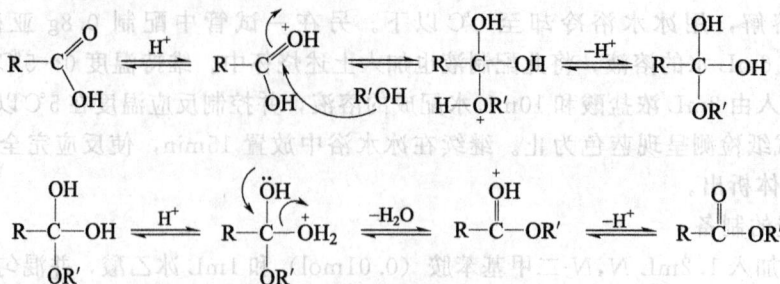

$$R-\overset{O}{\underset{}{C}}-OH \xrightarrow{H^+} R-\overset{\overset{+}{O}H}{\underset{OH}{C}} \rightleftharpoons R-\overset{OH}{\underset{OH}{C}} \xrightarrow[R'OH]{} R-\overset{OH}{\underset{H-OR'}{C}-OH} \xrightarrow{-H^+} R-\overset{OH}{\underset{OR'}{C}-OH}$$

$$R-\overset{OH}{\underset{OR'}{C}-OH} \xrightarrow{H^+} R-\overset{\overset{..}{O}H}{\underset{OR'}{C}-OH_2} \xrightarrow{-H_2O} R-\overset{\overset{+}{O}H}{\underset{OR'}{C}} \xrightarrow{-H^+} R-\overset{O}{\underset{OR'}{C}}$$

在本实验中，利用冰乙酸和乙醇反应，得到乙酸乙酯。反应式如下：

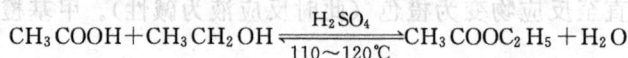

$$CH_3COOH + CH_3CH_2OH \xrightarrow[110\sim120℃]{H_2SO_4} CH_3COOC_2H_5 + H_2O$$

三、仪器与试剂

仪器：恒压漏斗，三口圆底烧瓶，温度计，刺形分馏柱，蒸馏头，直形冷凝管，接引管和锥形瓶。

试剂：冰乙酸，95％乙醇，浓硫酸，饱和碳酸钠溶液，饱和食盐水，饱和氯化钙溶液，无水碳酸钾。

乙酸乙酯制备装置见图3.27。

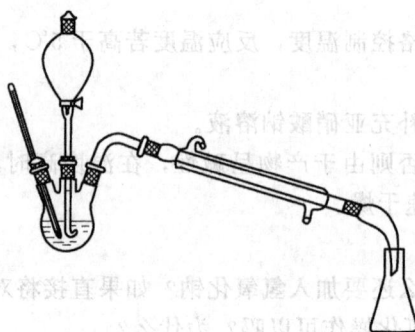

图3.27 乙酸乙酯制备装置

四、实验操作

1. 反应

在一锥形瓶内放入3mL冰乙酸，一边摇动一边慢慢加入3mL浓硫酸，将此溶液倒入三口烧瓶中。配制15.5mL乙醇和14.3mL冰乙酸的混合液，倒入滴液漏斗中。加热至混合物的温度为120℃左右。将滴液漏斗中乙醇和冰乙酸的混合液慢慢滴入三口烧瓶中。调节加料速度，使其与酯蒸出的速度大致相等，加料约需90min。这时保持反应混合液的温度为120～125℃。滴加完毕后，继续加热约10min，直到不再有液体馏出为至，得粗乙酸乙酯。

2. 纯化

先用饱和$NaCO_3$溶液中和馏出液中的酸，直到无CO_2气体溢出为止；之后在分液漏斗中依次用等体积的饱和NaCl溶液（洗涤碳酸钠溶液）、饱和$CaCl_2$溶液（洗涤醇，$CaCl_2$可与醇生成络合物）洗涤馏出液；最后将上层的乙酸乙酯倒入干燥的小锥形瓶中，加入无水K_2CO_3干燥30min。

五、注意事项

1. 由于乙酸乙酯可以与水、醇形成二元、三元共沸物，因此在馏出液中还有水、乙醇。

2. 在此用饱和溶液的目的是降低乙酸乙酯在水中的溶解度。

3. 将干燥好的粗乙酸乙酯转移置 50mL 的单口烧瓶中，水浴加热，常压蒸馏，收集 74～84℃馏分，称重并计算产率。

4. 控制反应温度在 120～125℃，温度过高会增加副产物乙醚的含量。

5. 控制浓硫酸滴加速度，若太快，则会因局部放出大量的热量而引起爆沸。

6. 洗涤时注意放气，有机层用饱和 NaCl 洗涤后，尽量将水相分干净。

六、思考题

1. 酯化反应有什么特点？本实验如何创造条件使酯化反应尽量向生成物方向进行？

2. 本实验有哪些可能的副反应？

3. 采用乙酸过量是否可以？为什么？

实验十四　苯甲醇和苯甲酸的制备

一、实验目的

1. 学习由苯甲醛制备苯甲醇和苯甲酸的原理和方法。

2. 加深对 Cannizzaro 反应的认识。

3. 进一步掌握萃取和重结晶等操作技能。

二、实验原理

$$2 \bigcirc\!\!-CHO + NaOH \longrightarrow \bigcirc\!\!-CH_2OH + \bigcirc\!\!-COONa$$

$$\bigcirc\!\!-COONa + HCl \longrightarrow \bigcirc\!\!-COOH + NaCl$$

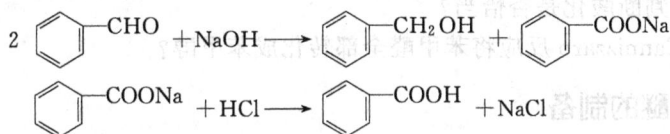

三、仪器与试剂

仪器：100mL 锥形瓶，分液漏斗，100mL 圆底烧瓶，冷凝管，电热套，抽滤装置。

试剂：苯甲醛，氢氧化钠，浓盐酸，乙醚，饱和亚硫酸氢钠溶液，10％碳酸钠溶液，无水硫酸镁或无水碳酸钾。

四、实验操作

在 100mL 锥形瓶中加入 11g 氢氧化钠和 11mL 水配制成溶液，冷却至室温。然后边摇动边慢慢加入 12.6mL 新蒸馏过的苯甲醛，加完后用橡皮塞塞紧瓶口，用力振摇使反应物充分混合，最后成为白色糊状物，放置过夜或留作下一次实验用。

1. 苯甲醇的制备

向反应混合物中加入 40～45mL 水，不断振摇使其中的苯甲酸盐全部溶解。然后将溶液倒入分液漏斗中，用 30mL 乙醚分三次萃取苯甲醇。合并乙醚萃取液，依次用 5mL 饱和亚硫酸氢钠溶液、10mL10％碳酸钠溶液及 10mL 水洗涤，分离出的乙醚溶液用无水硫酸镁或无水碳酸钾干燥。

将干燥后的乙醚溶液倒入 100mL 圆底烧瓶中，用热水浴蒸出乙醚。然后改用空气冷凝管，在石棉网上加热蒸馏苯甲醇，收集 202～206℃馏分，产量约 4.0g。

纯苯甲醇为无色液体，沸点为 205.35℃，d_4^{20} 为 1.043，n_D^{20} 为 1.5396。

2. 苯甲酸的制备

将乙醚萃取后的水溶液用浓盐酸酸化至强酸性，充分冷却使苯甲酸沉淀析出完全。抽滤沉淀，用少量冷水洗涤，挤压除去水分，晾干。粗产物用水进行重结晶，得苯甲酸约 6g。

纯苯甲酸为无色针状晶体，熔点为 122.4℃。

五、注意事项

1. 也可改用 10.5g 氢氧化钾和 10mL 水。

2. 苯甲醛容易被空气中的氧所氧化，所以使用前应重新蒸馏，收集 179℃ 的馏分。最好采用减压蒸馏，收集 60℃ [10×133.322Pa(10mmHg)] 或 90.1℃ [40×133.322Pa(40mmHg)] 的馏分。

3. 也可用下述方法来进行实验：在 100mL 圆底烧瓶中将 7.59g 氢氧化钠溶于 30mL 水中，稍冷后加入 10mL 新蒸馏过的苯甲醛，加入几粒沸石，装上回流冷凝管，在石棉网上加热回流 1h，间歇振摇。当苯甲醛油层消失、反应物变成透明的溶液时，表明反应已达到终点。冷却后，反应液用 40mL 苯分三次萃取，合并苯的萃取液，在沸水浴上把苯蒸出。以后的操作步骤与本实验采用的方法相同。

4. 用乙醚萃取后的水溶液必须保存好，因为还要用它来制备苯甲酸。

5. 使刚果红试纸变蓝色。

六、思考题

1. 能发生 Cannizzaro 反应的醛与能进行醇醛缩合反应的醛在构造上有何不同？

2. 本实验根据什么原理来分离提纯苯甲酸和苯甲醇这两种产物？

3. 用饱和亚硫酸氢钠及 10% 碳酸钠溶液洗去何种杂质？

4. 用浓盐酸将乙醚萃取后的苯甲酸钠水溶液酸化至中性是否适当？为什么？若不用刚果红试纸，将如何判断酸化是否恰当？

5. 怎样利用 Cannizzaro 反应将苯甲醛全部转化成苯甲醇？

实验十五 正丁醚的制备

一、实验目的

1. 掌握由丁醇分子间脱水制备正丁醚的原理和方法。

2. 学习使用分水器。

二、实验原理

醇分子间脱水是制备简单醚的常用方法，催化剂通常是硫酸、氧化铝、苯磺酸等。本实验用硫酸作催化剂，丁醇分子间脱水制备丁醚。由于温度对反应影响很大，因先必须严格控制反应温度，减少副反应的发生。

主反应：

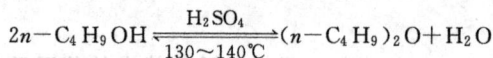

$$2n-C_4H_9OH \xrightarrow[130\sim140℃]{H_2SO_4} (n-C_4H_9)_2O + H_2O$$

副反应：

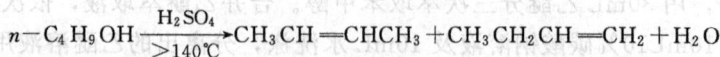

$$n-C_4H_9OH \xrightarrow[>140℃]{H_2SO_4} CH_3CH=CHCH_3 + CH_3CH_2CH=CH_2 + H_2O$$

为了提高可逆反应的产率，可将反应产物（醚或水）蒸出。由于原料丁醇（沸点 117.7℃）和产物丁醚（沸点 142℃）的沸点都较高，因此反应在装有分水器的回流装置（见图 3.28）中进行，使生成的水或水的共沸物不断蒸出。虽然蒸出的水中会带有丁醇等有机物，但是它们在水中的溶解度较小且相对密度比水小，所以浮在水层上面。因此借分水器可使大部分丁醇自动连续地返回反应瓶中继续反应，而水则沉于分水器的下部，根据蒸出水的体积，可以估计反应进行的程度。

三、试剂与仪器

仪器：分水器，三口烧瓶，分液漏斗。

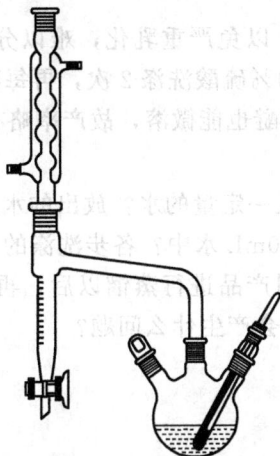

图 3.28　正丁醚反应装置

试剂：正丁醇，浓硫酸，沸石，5%氢氧化钠溶液，饱和氯化钙溶液，无水氯化钙。

四、实验操作

（1）在 100mL 三口烧瓶中加入 31mL 正丁醇（25.19g，0.34moL），将 4.5mL 浓硫酸分数批加入，每加入一批即充分摇振

（2）加完后再用力充分摇匀，然后放入数粒沸石，按照图 3.28 安装实验装置。分水器内预先加水至支管口后，放出 3.5mL。

（3）加热使瓶内液体微沸，回流分水。反应液沸腾后蒸气进入冷凝管，冷凝后滴入分水器内，水层下沉，有机层浮于水面上，待有机层液面升至支管口时即流回三口烧瓶中。平稳回流直至水面上升至与支管口下沿相齐时，即可停止反应，历时约 1.5h，反应液温度约 135℃。

（4）待反应液冷却后，倒入盛有 50mL 水的分液漏斗中，充分摇振，静置分层，弃去下层液体。上层粗产物依次用 25mL 水、15mL 5%氢氧化钠溶液洗涤。

（5）15mL 水和 15mL 饱和氯化钙溶液洗涤。

（6）然后用 1～2g 无水氯化钙干燥。将干燥好的粗产物倾析到蒸馏瓶中，蒸馏收集 140～144℃的馏分，产量为 7～8g。

纯的正丁醚为无色透明液体，沸点为 142.4℃，折射率 $n_D^{20}=1.3992$。

五、注意事项

1. 如不充分摇匀，则在酸与醇的界面处会局部过热，使部分正丁醇炭化，反应液很快变为红色甚至棕色。

2. 本实验理论出水量为 3.0mL；正丁醇及浓硫酸中含有少量水，副反应产生少量水，经验出水量为 3.5mL。

3. 制备正丁醚的适宜温度为 130～140℃，但在本反应条件下会形成下列共沸物：醚-水共沸物（沸点 94.1℃，含水 33.4%）、醇-水共沸物（沸点 93.0℃，含水 44.5%）、醇-水-醚三元共沸物（沸点 90.6℃，含水 29.9%及醇 34.6%）。所以在反应开始阶段，温度计的实际读数约在 100℃。随着反应的进行，出水速率逐渐减慢，温度也缓缓上升，至反应结束时一般可升至 135℃或稍高。如果反应液温度已经升至 140℃而分水量仍未达到理论值，则还可再放宽 1～2℃；但若温度升至 142℃而分水量仍未达到 3.5mL，则应停止反应，否则会

有较多副产物生成。

4. 碱洗时振摇不宜过于剧烈,以免严重乳化,难以分层。上层粗产物的洗涤也可采用下法进行:先每次用 12mL 冷的 50％硫酸洗涤 2 次,再每次用 12mL 水洗涤 2 次。50％硫酸可洗去粗产物中的正丁醇,但正丁醚也能微溶,故产率略有降低。

六、思考题

1. 为什么分水器中预先要加入一定量的水?放出的水过多或过少对实验有何影响?

2. 反应物冷却后为何要倒入 50mL 水中?各步洗涤的目的何在?

3. 某同学在回流结束时,将粗产品进行蒸馏以后,再进行洗涤分液。你认为这样做有何优点?本实验略去这一步,可能会产生什么问题?

实验十六 己二酸的制备

一、实验目的

1. 掌握采用氧化法制备己二酸的原理。

2. 掌握固体有机物的精制方法。

二、实验原理

氧化反应是制备羧酸的常用方法,由环己醇或环己酮氧化制备己二酸,氧化剧烈时还产生一些碳数较少的二元羧酸。制备羧酸采取的都是比较强烈的氧化条件,而氧化反应一般都是放热反应,所以控制反应条件是非常重要的。如果反应失控,不但会破坏产物,使产率降低,有时还会发生爆炸。

己二酸是合成尼龙-66 的主要原料之一,实验室可用硝酸或高锰酸钾氧化环己醇而得。

实验方法一:硝酸氧化

$$3 \bigcirc\!\!-\!OH + 8HNO_3 \longrightarrow 3HOOC(CH_2)_4COOH + 8NO + 7H_2O$$
$$\xrightarrow{4O_2} 8NO_2$$

实验方法二:高锰酸钾氧化

$$3 \bigcirc\!\!-\!OH + 8KMnO_4 + H_2O \longrightarrow 3HOOC(CH_2)_4COOH + 8MnO_2 + 8KOH$$

三、仪器与试剂

仪器:100mL 圆底烧瓶,电热套,100℃温度计,吸量管,毛细滴管,分液漏斗,微型抽滤瓶,吸耳球,三颈瓶,烧杯。

实验一试剂:环己醇,硝酸,钒酸铵,氢氧化钠。

实验二试剂:环己醇,高锰酸钾,氢氧化钠溶液,亚硫酸氢钠,浓盐酸。

四、实验操作

1. 实验一

(1) 在 100mL 的圆底烧瓶中,加入 4mL 50％的硝酸(约 0.043mol)和 0.05g 钒酸铵。

(2) 先量取 1.4mL 环己醇,再将圆底烧瓶预热到 50℃左右,移去电热套,滴入 2~3 滴环己醇,并加以摇振。

(3) 反应开始后,瓶内反应物温度升高并有红棕色气体放出。慢慢滴入其余的环己醇,调节滴加速度,使瓶内温度维持在 50~60℃,并不断加以摇振。温度过高或过低时,可用冷水浴或电热套加以调节。

(4) 滴加完毕后(约需 15min),用电热套继续加热 10min 左右,直到没有红棕色气体放出为止。然后在圆底烧瓶中加入 10mL 左右蒸馏水,冷却、抽滤析出的晶体。用少量水洗涤，粗产物干燥后约 1~1.3g，熔点 149~155℃。用水重结晶后熔点 151~152℃，产量约 1g。

纯己二酸为白色棱状晶体，熔点 153℃。

2. 实验二

在 250mL 烧杯中安装机械搅拌或电磁搅拌。烧杯中加入 5mL 10％氢氧化钠溶液和 50mL 水，搅拌下加入 6g 高锰酸钾。待高锰酸钾溶解后，用滴管慢慢加入 2.1mL 环己醇，控制滴加速度，维持反应温度在 45℃左右。滴加完毕反应温度开始下降时，在沸水浴中将混合物加热 5min，使氧化反应完全并使二氧化锰沉淀凝结。用玻璃棒蘸一滴反应混合物点到滤纸上进行点滴实验。如有高锰酸盐存在，则在二氧化锰点的周围出现紫色的环，可加少量固体亚硫酸氢钠直到点滴实验呈负性为止。

趁热抽滤混合物，滤渣二氧化锰用少量热水洗涤 3 次。合并滤液与洗涤液，用约 4mL 浓盐酸酸化，使溶液呈强酸性。在石棉网上加热浓缩使溶液体积减少至约 10mL，加少量活性炭脱色后放置结晶，得到白色己二酸晶体，熔点为 151~152℃，产量为 1.5~2g。

本实验需 3~4h。

五、注意事项

1. 环己醇与浓硝酸切勿用同一量筒量取，二者相遇发生剧烈反应，甚至发生意外。

2. 本实验最好在通风橱中进行，因产生的氧化氮是有毒气体，不可逸散在实验室内。仪器装置要求严密不漏，如发现漏气现象，应立即暂停实验，改正后再继续进行。

3. 环己醇熔点为 24℃，熔融时为黏稠液体。为减少转移时的损失，可用少量水冲洗量筒，并加入滴液漏斗中。在室温较低时，这样做还可降低其熔点，以免堵住漏斗。

4. 此反应为强烈放热反应，切不可大量加入，以避免反应过剧，引起爆炸。

5. 不同温度下己二酸的溶解度见表 3.11。粗产物须用冰水洗涤，浓缩母液可回收少量产物。

表 3.11　己二酸的部分溶解度

温度/℃	15	34	50	70	87	100
溶解度/(g·100g 水⁻¹)	1.44	3.08	8.46	34.1	94.8	100

六、思考题

1. 本实验中为什么必须控制反应温度和环己醇的滴加速度？

2. 为什么有些实验在加入最后一个反应物前应预先加热（如本实验中先预热到 50℃）？为什么一些反应剧烈的实验，开始时的加料速度放得较慢，等反应开始后反而可以适当加快加料速度？

3. 粗产物为什么必须干燥后称重，并最好进行熔点测定？

4. 从给出的溶解度数据，计算己二酸粗产物经一次重结晶后损失了多少？与实际损失是否有差别？为什么？

实验十七　硝基苯的制备

一、实验目的

1. 学习芳香烃硝化反应的原理及硝基苯的制备方法。

2. 进一步熟悉蒸馏操作及液体有机物的洗涤原理和方法。

二、实验原理

硝基苯是最简单易得的芳香硝基化合物。无论是实验室制备还是工业生产，都是用苯与混合酸（浓硫酸和浓硝酸）作用，在 50℃ 左右进行硝化。

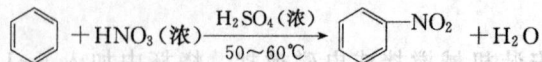

$$\text{苯} + HNO_3(\text{浓}) \xrightarrow[50\sim60℃]{H_2SO_4(\text{浓})} \text{苯} - NO_2 + H_2O$$

若反应时温度过高，则易生成间二硝基苯。

硝基苯非常稳定，常用作 Friedel-Crafts 反应及其他反应的溶剂。但要注意，硝基苯毒性很大，进入人体内可造成慢性中毒。

硝基苯的最大用途是制备苯胺。

三、仪器与试剂

仪器：50mL、250mL 圆底烧瓶，球形冷凝管，蒸馏装置，100mL 分液漏斗，50mL 锥形瓶。

试剂：浓硫酸，浓硝酸，苯，$1.0mol \cdot L^{-1}$ 的 NaOH 溶液。

四、实验操作

在 250mL 的圆底烧瓶中加入 30mL 浓硫酸，将其置于冰水浴中。然后量取 25mL 浓硝酸，小心加入到浓硫酸中，边加边旋摇。加完后使混合酸冷却至室温。

量取 22mL（约 0.24mol）苯，分批加入混合酸中（每次加入 4～5mL），旋摇反应瓶。整个加入过程应控制反应温度在 50～60℃，若温度升高，可用冰水冷却。当苯加完且强烈的放热反应已经减弱时，在烧瓶上接上冷凝管并用水浴加热，维持 50～60℃ 的温度约 20min，在此期间要不断振摇反应瓶。

反应完成后，使混合物冷却至室温，然后将其移入分液漏斗，分出酸层。有机层依次用水、$1.0mol \cdot L^{-1}$ 的 NaOH 溶液、水各 15mL 洗涤。将洗涤过的粗产物放入干燥的 50mL 锥形瓶中，用无水氯化钙（约 2g）干燥，直至混浊液变澄清。

把粗产物滤入 50mL 蒸馏瓶中，在石棉网上直接用火加热蒸馏，用 50mL 锥形瓶接收，收集 205～215℃ 的馏分，得到纯硝基苯，称量，计算产率。

纯硝基苯的沸点为 210℃，n_D^{20} 为 1.556 2。

五、注意事项

1. 硝化反应为放热反应，若温度超过 60℃，则将有较多的间二硝基苯生成. 同时还有部分硝酸和苯挥发出去。

2. 必须洗净硝基苯中夹杂的硝酸，否则最后蒸馏时硝酸将分解，产生红棕色的 NO_2 气体，同时硝基苯也可能被进一步硝化。

3. 硝基化合物有毒，如不慎触及皮肤，应立刻用乙醇擦洗，然后再用肥皂及温水清洗。

六、思考题

1. 写出用混合酸作硝化试剂制备硝基苯的反应机理。

2. 简述依次用水、$1.0mol \cdot L^{-1}$ 的 NaOH 溶液、水洗涤硝基苯粗产物的目的。

第4章

物理化学实验(基础训练)部分

4.1 物理化学实验基本要求

4.1.1 物理化学实验教学的目的和任务

化学是建立在实验基础上的科学。物理化学实验是化学实验的重要分支，也是研究化学基本理论和问题的重要手段和方法。物理化学实验的特点是利用物理方法研究化学系统变化规律，通过实验的手段，研究物质的物理化学性质及这些性质与化学反应之间的关系，从而得出有益的结论。物理化学实验教学的主要目的是使学生初步了解物理化学的研究方法，掌握物理化学的基本实验技术和技能，会使用一些基本仪器设备，学会重要的物理化学性能测定，熟悉物理化学实验现象的观察和记录、实验条件的判断和选择、实验数据的测量和处理、实验结果的分析和归纳等一套严谨的实验方法。通过实验加深学生对物理化学原理的认识和理解；培养学生理论联系实际的能力；培养学生查阅文献资料的能力；使学生受到初步的实验研究训练，提高学生的实验操作技能和培养学生初步进行科学研究的能力。

4.1.2 预习、实验操作和实验报告要求

每个实验都包括实验的预习、实验操作和实验报告三个步骤，它们之间是相互关联的，任何一步做不好，都会严重影响实验教学质量。

4.1.2.1 预习及预习报告

仔细阅读实验项目的有关内容，查阅相关资料，了解实验的目的和要求、原理和仪器、设备的正确使用方法，结合实验项目和有关参考资料写出预习报告。预习报告的内容包括实验目的、实验原理、操作步骤和注意事项以及原始数据记录表格。要用自己的语言简明扼要地写出预习报告，重点是实验目的、操作步骤和注意事项。实验前，教师要检查每个学生的预习报告，必要时进行提问，并解答疑难问题。未预习和未达到预习要求的学生，必须首先预习，而后经教师同意，方可进行实验。

4.1.2.2 实验操作

学生要严格遵守实验室的规章制度，注意安全，爱护仪器设备，节约实验用品，保持实验室的清洁和安静，尊重教师的指导。不准无故迟到、早退、旷课，病假要持医院证明申请

补做，否则该实验记零分。

学生进入实验室后，应首先检查测量仪器和试剂是否齐全，做好实验前的准备工作。仪器设备安装完毕或连接好线路后，须经教师检查合格才能接通电源开始实验。实验操作时，要严格控制实验条件，仔细观察实验现象，详细记录原始数据，积极思考，善于发现问题和解决实验中出现的各种问题。未经教师允许不得擅自改变操作方法或开始实验。实验中仪器出现故障要及时报告，在教师指导下进行处理，仪器损坏要立即报告，进行登记，按有关规定处理，实验数据必须达到要求，经教师检查合格后才能拆实验装置。进行实验时要严肃认真，一丝不苟，不串位，不喧哗，不穿拖鞋背心等，不将不文明行为带进实验室。实验完毕后，要将用过的玻璃仪器清洗干净，仪器和试剂要整理好，实验台和地面清理干净。经教师检查后，方可离开实验室。

4.1.2.3　实验报告

实验后，每个学生必须独立把自己的测量数据进行正确处理，写出实验报告，按时交给教师。实验报告内容除了预习报告中的四项内容外，还包括数据处理、结果分析讨论与回答思考题，这几条是实验报告的重点。其中结果分析讨论主要是对实验结果进行误差分析、实验现象解释，写出实验体会，提出改进意见。实验报告是教师评定实验成绩的重要依据之一。

4.1.3　物理化学实验中的误差

在任何一种测量中，无论所用的测量仪器多么精密，方法多么完善，实验多么细心，所得结果常常不能重复，而且测量值之间总有一个差值，因此，对于一项科学测量，仅仅得出实验结果是远远不够的，必须同时指出测量误差的大小。下面介绍误差的起因及计算方法。

4.1.3.1　误差的起因及分类

（1）系统误差。这种误差是由仪器误差、试剂误差、环境误差、方法误差、人为误差等原因引起的。其特点是：假如在相同条件下多次测量同一个物理量，测量误差的绝对值和符号保持不变。它的起因大致可分为以下几方面。

① 仪器误差。这是由仪器结构上的缺点或校正与调节不适当引起的，如天平的不等臂等。它可以用一定的检验方法来检出和校正。

② 试剂误差。化学实验中试剂的纯度会给实验结果带来严重影响，因此试剂的提纯是科学测量中一件十分重要的工作。

③ 环境误差。由于仪器使用环境不当，或外界条件（如温度、大气压、湿度等）发生单一方向变化而引起的误差。

④ 方法误差。测量方法所依据的理论不完善或引用了近似公式所造成的。

⑤ 人为误差。它产生于测量者的感觉器官不完善，或个人不恰当的视读习惯及偏好。所以，只有不同的实验者用不同的实验方法和不同仪器所得的数据相符合时，才可以认为系统误差已基本消除。

（2）偶然误差。即使系统误差已被改正，在相同条件下多次重复测量同一物理量时，每次测量结果也有所不同，它们围绕着某一数值上下无规则地变化，其误差符号时正时负，误差绝对值时大时小。造成偶然误差的原因大致有以下几方面。

① 实验者对仪器最小分度以下的估读每次很难严格相同。

② 测量仪器的某些活动部件所指示的测量结果很难每次完全相同。

③ 影响测量结果的某些实验条件，例如温度，不可能在每次实验中都控制得绝对一样。

偶然误差是不可能避免的，它的产生是由一些偶然因素造成的。它的数据分布一般服从正态分布规律，如果用多次测量的数值作图，以横坐标表示偶然误差，以纵坐标表示各个偶然误差出现的次数 n，则可得到图 4.1 中的曲线。

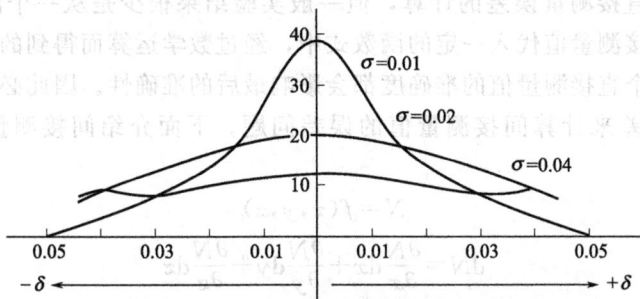

图 4.1　偶然误差的正态分布曲线

图 4.1 中的 δ 称为均方根误差或标准误差。δ 越小，误差分布曲线越尖锐，即较小的偶然误差出现的概率大，表明测量的精密度较高。

对于偶然误差，δ 随测量次数 n 的无限增加而趋于零。因此，为了减小偶然误差，在实际测量中，常常进行多次测量以提高测量的精度。

（3）过失误差。这是由于实验者犯了某种不应犯的错误所引起的，如看错标尺刻度、写错记录等。

4.1.3.2　测量的准确度与测量的精密度

准确度是指测量结果的准确性，具体说，就是指测量结果偏离真值的程度。所谓真值就是指用已消除系统误差的实验手段和方法进行足够多次的测量所得的算术平均值或者文献手册中的公认值。

精密度则是指测量结果的可重复性及测量值有效数字的位数，所以测量的准确和测量的精密是有区别的。可以用射手打靶情况作一比喻，图 4.2(a) 表示准确度和精密度都很好；图 4.2(b) 因能密集射中一个区域，所以精密度很高，但准确度不高；图 4.2(c) 准确度、精密度都不高。因此，可以这样说：高精密度不一定能保证有高准确度，但高准确度必须由高精密度来保证。

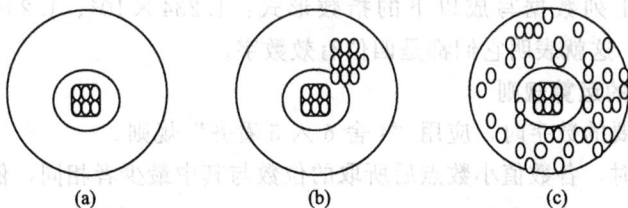

图 4.2　准确度和精密度示意图

4.1.3.3　误差的表示方法

测量误差与测量偏差是有区别的，即：

$$绝对误差 \ \delta_i = 测量值 \ X_i - 真值 \ X_{真}$$

$$绝对偏差 \ d_i = 测量值 \ X_i - 平均值 \ \overline{X}$$

$$相对误差 = (\delta_i / X_{真}) \times 100\%$$

$$相对偏差 = (d_i/\overline{X}) \times 100\%$$

但由于在实际测量中，很难确切知道真值，所以在运算中往往用 d_i 代替 δ_i。

4.1.4 间接测量结果的误差计算

前面所述的是直接测量误差的计算，但一般实验结果很少是从一个测量结果直接得到的，而是把一些直接测量值代入一定的函数式中，经过数学运算而得到的，这就称为间接测量结果。显然，每个直接测量值的准确度都会影响最后的准确性。因此必须进一步讨论如何从直接测量值的误差来计算间接测量值的误差问题。下面介绍间接测量结果的平均误差计算。

函数式：
$$N = f(x,y,z)$$

全微分：
$$dN = \frac{\partial N}{\partial x}dx + \frac{\partial N}{\partial y}dy + \frac{\partial N}{\partial z}dz$$

则
$$\frac{dN}{N} = \frac{1}{f(x,y,z)}\left(\frac{\partial N}{\partial x}dx + \frac{\partial N}{\partial y}dy + \frac{\partial N}{\partial z}dz\right)$$

4.1.5 测量结果的正确记录与有效数字

实验中测定的物理量值 N 的结果应表示为 $N \pm \Delta N$，例如称量某物质量，得结果为 (1.2345 ± 0.0004)g，则说明其中的 1.234 是完全准确的，末位数字 5 则不确定，它只告诉一个范围（1～9）。把所有正确的数字（不包括表示小数点位置的 "0"）和这位有疑问的数字一起称为有效数字，记录和计算时，仅记下有效数字，多余的数字都不必记。

由于间接测量结果需要运算，涉及运算过程中有效数字的位数确定问题，下面扼要介绍一些有关规则。

4.1.5.1 有效数字的表示方法

① 误差一般只有一位有效数字，至多不超过两位。

② 任何一个物理量的数据，其有效数字的最后一位应和误差的最后一位一致，例如记成 1.35 ± 0.01 是正确的，记成 1.351 ± 0.01 或 1.3 ± 0.01，意义就不清楚了。

③ 为了明确地表明有效数字，一般常用科学记数法，因为表示小数位的 "0" 不是有效数字，例如下列数据：1234、0.1234、0.0001234。

都是四位有效数字，但遇到 1234000 时，它的有效位数很模糊，通常不讨论，为了避免这种问题，通常将上列数据写成以下的指数形式：1.234×10^3、1.234×10^{-1}、1.234×10^{-4}、1.234×10^6，这就表明它们都是四位有效数字。

4.1.5.2 有效数字的运算规则

① 在舍弃不必要的数字时，应用 "4 舍 6 入 5 看齐" 规则。

② 在加减运算时，各数值小数点后所取的位数与其中最少者相同，例如

0.12		0.12
12.232	舍去多余数字后	12.23
1.5683		+) 1.57
		13.92

③ 当数值的首位大于或等于 8 时，就可多算一位有效数字，如 9.12 在运算时可看成四位有效数字。

④ 在乘除法运算中，保留各数的有效位数不多于其中有效数字位数最少者。

例如 $1.58 \times 0.0182/81$，其中 81 的有效数字位数最少，但是由于首位是 8，就可以看成三位有效数字，其余各数都可以保留三位有效数字，这时上式变为：$1.58 \times 0.0182/81 = 3.56 \times 10^{-3}$，最后结果也保留三位有效数字。

对于复杂的计算，应先加减，后乘除。在计算未达到最后结果之前的中间各步，可多保留一位有效数字，以免多次弃舍造成误差积累，但最后结果仍只保留应有的位数。

⑤ 在整理最后结果时，应使被测值的末位数与误差的末位数对应。注意，误差的有效位数最多用两位，一般只需一位。

实验结果	化整结果
$N_1 = 1001.77 \pm 0.033$	$N_1 = 1001.77 \pm 0.03$
$N_2 = 147.15 \pm 0.127$	$N_2 = 147.15 \pm 0.12$
$N_3 = 178953 \pm 759$	$N_3 = (1.790 \pm 0.008) \times 10^5$

⑥ 计算式中的常数，如 π、e 和一些取自手册的常数，可以按需要取有效数字。

⑦ 在对数计算中所取的对数位数（对数首数除外）应与真数的有效数字相同。

4.1.6 数据的表达方法

物理化学实验结果的表示方法主要有三种：列表法、作图法、数学方程法。这里主要介绍后两种方法中的一些关键问题。

4.1.6.1 作图法

用作图法表示实验数据能清楚地显示出实验变化规律，如极大值、极小值、转折点、周期性、变化速率等重要性质。同时也便于数据的分析对比，如果曲线足够光滑，则可用于图解微分和图解积分。有时还可以用作图外推求得实验中难以获得的量。作图法要点简述如下。

① 坐标标值的选择应便于从坐标上读出任一点坐标值，通常应使单位坐标所代表的变量为简单的整数，最好选 1、2、5 的倍数，不宜选 4、8 的倍数，不可选 3、6、7、9 的倍数。除特殊需要（如直线外推求截距）外，不一定以坐标原点作标值起点，可从略小于最小测量值的整数开始，这样才能充分利用坐标纸，使图位于纵、横坐标轴的中心位置，同时，读数精度也得到提高。

坐标标值的设置还应使变量的绝对误差值大约相当于坐标最小分度的 $0.5 \sim 1$ 格，这样才能反映出原始数据的有效数字。

坐标选好后，就要在坐标轴外面标上标值，应当力求整齐划一，标记上的数字应该与原数据的有效数据位数相同，坐标轴上必须注明变量名称和单位。

② 作图时，曲线应尽可能贯穿大多数的点，使处于光滑曲线两边的点数约各占一半，这样的曲线就能近似地代表测量的平均值。注意个别实验坏点连线时是可以不考虑的。绘制曲线时可用曲线板或曲线尺，要尽可能使其光滑。点可用 △、×、○、● 等不同符号标记，且必须在图上明显地标出，点应有相应的大小，它可粗略表明测量的误差范围。

③ 每个图应有简明的图题，图题放在图的正下方，且注明每条曲线的实验条件。

④ 直线是最易作的线，用起来也方便。为了使函数关系能在图上表示成直线，常将某些函数直线化。所谓直线化就是将函数 $y = f(x)$ 转换成线性函数。要达到这个目的，可选择新的变量 $X = \varphi(x, y)$ 和 $Y = \varphi(x, y)$ 来代替变量 x 和 y，以便得出直线方程式。

$$Y = B + mX$$

表 4.1 中列出几个常见的例子。

表 4.1 方程式的直线化

方程式	变换	直线化后的方程式
$y = ae^{-bx}$	$Y = \ln y$	$Y = \ln a - bx$
$y = ax^b$	$Y = \lg y, X = \ln x$	$Y = \ln a + bX$
$y = 1/(a+bx)$	$Y = 1/y$	$Y = a + bx$
$y = x/(a+bx)$	$Y = x/y$	$Y = a + bx$

⑤ 曲线上作切线。欲在曲线的 E 点作切线，可应用镜面法。先作该点法线 AB，再作切线。方法是取一面平而薄的小方镜子，将其一边 AB 垂直放在曲线的横断面上，然后绕 E 点转动，直到镜外曲线与镜中曲线连成一条光滑的曲线时，沿 AB 边画出直线就是法线，通过 E 点作 AB 的垂线就是切线，如图 4.3 所示。

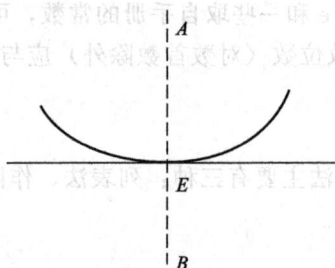

图 4.3　镜面法做切线示意图

4.1.6.2 数学方程法

用方程式表示数据，不但表达方法简单，记录方便，而且便于求其微分、积分或内插值。因此将所得实验数据，归纳总结成方程式，也是科学能力的重要训练。下面主要介绍直线方程中常数的确定，至于将曲线回归成方程式，随着计算机的普及应用，方法多种多样，这里不作介绍。

确定直线方程中常数的方法有三种：作图法、平均值法和最小二乘法。作图法最简单，适用于数据较少且不十分精密的场合；平均法较麻烦，但当有六个以上比较精密的数据时，结果就较作图法好；最小二乘法最繁，但结果最好，它需要有七个以上较精密的数据。前面已讨论过作图法，这里只介绍平均法和最小二乘法。

(1) 平均法。设线性方程为：$y = mx + b$。现在要确定 m 和 b。原则上，只要有两对变量 (x_1, y_1)、(x_2, y_2)，便可把 m、b 确定下来，但实际上，通常有更多的数据可应用，而且用不同数据算出的 m、b 值一般并不相同。解决这一困难的一种方法就是平均法。根据平均法，正确的 m、b 值应该能使残差为零。残差 u_i 定义为：$u_i = mx_i + b - y_i$，式中 i 表示第 i 次测量。

将所测得的数据平分成两组，使每组方程式数目近似相等，然后将两组方程式各自相加，得到下列两个方程式：

$$\sum_{i=1}^{k} u_i = m \sum_{i=1}^{k} x_i + kb - \sum_{i=1}^{k} y_i = 0 \tag{4.1}$$

$$\sum_{i=k+1}^{n} u_i = m \sum_{i=k+1}^{n} x_i + kb - \sum_{i=k+1}^{n} y_i = 0 \tag{4.2}$$

将式(4.1)、式(4.2) 联立，即可解出 m、b 值。

（2）最小二乘法。上述平均法的原理是正负残差大致相等，因此残差之和应为零。实际在有限次数的测量中，这个假定通常并不是严格成立的。另一种准确的处理方法就是最小二乘法（也称为最小差方和法）。这个方法的基本点是：最佳结果能使残差的平方和最小。设残差的平方和为 S，则有：

$$S = \sum_{i=1}^{n}(mx_i + b - y_i)^2 = m^2 \sum_{i=1}^{n} x_i^2 + 2bm \sum_{i=1}^{n} x_i - 2m \sum_{i=1}^{n} x_i y_i + nb^2 - 2b \sum_{i=1}^{n} y_i + \sum_{i=1}^{n} y_i^2$$

（4.3）

使 S 为极小值的必要条件为：

$$\frac{\partial S}{\partial n} = 0 = 2m \sum_{i=1}^{n} x_i^2 + 2b \sum_{i=1}^{n} x_i - 2 \sum_{i=1}^{n} x_i y_i$$

（4.4）

$$\frac{\partial S}{\partial b} = 0 = 2m \sum_{i=1}^{n} x_i + 2bn - 2 \sum_{i=1}^{n} y_i$$

（4.5）

由式（4.4）、式（4.5）解出的 m、b 分别为：

$$m = \frac{n \sum_{i=1}^{n} x_i y_i - \sum_{i=1}^{n} x_i \sum_{i=1}^{n} y_i}{n \sum_{i=1}^{n} x_i^2 - (\sum_{i=1}^{n} x_i)^2}$$

（4.6）

$$b = \frac{n \sum_{i=1}^{n} x_i^2 - \sum_{i=1}^{n} x_i \sum_{i=1}^{n} x_i y_i}{n \sum_{i=1}^{n} x_i^2 - (\sum_{i=1}^{n} x_i)^2}$$

（4.7）

上述计算 m、b 的方法很可靠，但很麻烦。随着电子计算机在物理化学领域中的广泛应用，目前用计算机程序进行最小二乘法处理已是极其普遍的了。

4.2 基础实验

实验一 过氧化氢的催化分解

一、实验目的
1. 测定过氧化氢的催化反应速率常数。
2. 比较不同催化剂的催化活性。

二、实验原理

在倡导发展"绿色化学"的今天，H_2O_2 在催化氧化等反应中应用的研究逐步深入。在 TS（钛硅分子筛）等催化剂上，用 H_2O_2 苯酚羟基化制苯二酚成功实现了工业化。该反应工艺简单，过氧化氢分解产物为 O_2 和 H_2O，不会造成任何环境污染，是一种颇有前途的"绿色氧化剂"。因此，过氧化氢在催化反应条件下分解反应的研究对提高 H_2O_2 利用率、改善催化反应活性等具有非常重要的意义。

在 H_2O_2 用作氧源的催化氧化反应中，催化反应的反应物和产物及其浓度、催化剂、溶剂、温度都会影响 H_2O_2 的分解。这些反应条件对 H_2O_2 分解的影响是实验考察的内容。当然，这里的催化剂对催化有机物转化反应有活性，对过氧化氢分解也可能有活性。那么如何抑制过氧化氢的分解，使更多的活性氧参与催化反应，提高过氧化氢的有效转化率对该反应的研究非常重要。

H$_2$O$_2$ 的分解反应是：2H$_2$O$_2$＝2H$_2$O＋O$_2$↑
室温下，此反应非常缓慢，必须选用有效的催化剂才能加速这一反应。

本实验分别使用 KI 溶液和 MnO$_2$ 粉末作为催化剂，分别测定反应的速率常数，用速率常数的大小来评价两种催化剂的活性。

现已证实，H$_2$O$_2$ 的分解反应属于一级反应，其速率方程可写为：

$$-\frac{\mathrm{d}c_t}{\mathrm{d}t}=kc_t \tag{4.8}$$

积分得

$$\ln\frac{c_t}{c_0}=-kt \tag{4.9}$$

式中　c_t——t 时刻 H$_2$O$_2$ 的浓度；

　　　c_0——H$_2$O$_2$ 初始浓度；

　　　k——反应速率常数。

令 V_∞ 表示 H$_2$O$_2$ 全部分解放出氧气的体积；V_t 表示 H$_2$O$_2$ 经时间 t 后分解放出氧气的体积；f 表示一定体积溶液中 H$_2$O$_2$ 浓度与可放出氧气体积的比例常数，则 $V_\infty=fc_0$，$V_\infty-V_t=fc_t$。将其代入式(4.9)，即得

$$\ln\frac{V_\infty-V_t}{V_\infty}=-kt \tag{4.10}$$

或

$$\ln(V_\infty-V_t)=-kt+\ln V_\infty \tag{4.11}$$

以 $\ln(V_\infty-V_t)$ 对 t 作图，从所得直线斜率求得 k。

V_∞ 可采用以下三种方法求得。

(1) 外推法：以 $1/t$ 为横坐标、以 V_t 为纵坐标作图，将直线外推至 $1/t=0$，其截距即为 V_∞。

(2) 反应终了测定法：在测定若干个 V_t 的数据之后，将溶液加热至 50～60℃约 15min；或者用 MnO$_2$ 作为催化剂时，等不再产生气体时，可以认为 H$_2$O$_2$ 已基本分解。记下量气管的读数，即为 V_∞，本实验采用此方法求 V_∞。

(3) 滴定法：用 KMnO$_4$ 溶液滴定 H$_2$O$_2$ 溶液来求算 V_∞ 体积。此法常用来测定 H$_2$O$_2$ 溶液的浓度。

三、仪器与试剂

仪器：分解实验装置，秒表，磁力搅拌器，移液管（5mL、20mL 各一支），酸式滴定管。

试剂：0.3％H$_2$O$_2$ 水溶液，0.2mol·L^{-1}KI 溶液，MnO$_2$ 粉末，蒸馏水。

四、实验操作

(1) 实验装置见图 4.4。在反应器中加入 20mL 蒸馏水与 5.0mLH$_2$O$_2$，在酸式滴定管中加入一定量 KI 溶液。检查装置气密性，开动搅拌器。

(2) 开旋塞 7，三通旋塞 4 置 b 位置。调节水位瓶使量气管液面恰在零刻度，关旋塞 7，三通旋塞 4 置 a 位置，水位瓶置桌上。

(3) 往反应器中滴加 KI，当滴加到 2.5mL 时打开秒表计时，把其余 2.5mL KI 快速滴入。开旋塞 7，使平衡管 6 液面下降 3cm 左右，立即关旋塞 7，当量气管 5 的液面与平衡管 6 相平时，立即读取量气管 5 读数与秒表读数。然后再开旋塞 7 继续读数七组。

(4) 按照上述方法用 MnO$_2$ 作催化剂再测一次，记录完七组数据以后关闭秒表让反应

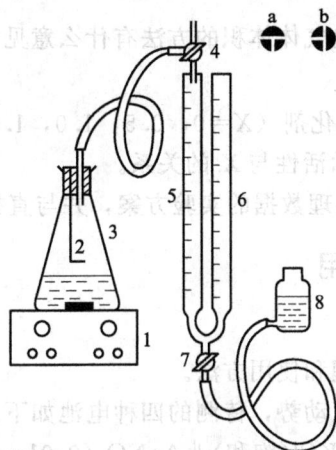

图 4.4　过氧化氢催化分解实验装置

1—电磁搅拌器；2—催化剂托盘；3—锥形瓶；4—三通旋塞；5—量气管；
6—平衡管；7—旋塞；8—水位瓶；a，b 是 4（三通旋塞）开、关状态

继续进行，直到不再产生气体为止。反应结束，放开旋塞 7，使量气管 5、平衡管 6 水面相平，读下此时量气管 5 的读数即为 V_∞。

（5）实验完毕，清洗反应器，整理。

五、数据记录与处理

（1）列出动力学实验记录表格。

（2）对实验得到的两组数据分别以 $1/t$ 对 V_t 作图，用外推法求出 V_∞，并与实验测出的 V_∞ 进行比较。

（3）以 $\ln(V_\infty - V_t)$ 为纵坐标、t 为横坐标作图。从所得直线的斜率求速率常数 k。

（4）在所用催化剂质量相同的条件下，根据速率常数的大小，比较各催化剂的活性。

［注释］

1. 如果学时充裕，可安排制备两种以上不同 Cu：Fe＝X 的催化剂（X 为物质的量比，例如 $X＝1$、$X＝2$）的实验。并将它们的活性进行比较。

2. 反应器可做成恒温夹套式，由超级恒温槽送来循环水恒温。这样就可以进行两个以上温度下的实验以测定反应的活化能。

3. 也可不测 V_∞ 而用 Guggenheim 法处理数据：

$$\ln \frac{V_\infty - V_t}{V_\infty} = -kt$$

$$V_\infty - V_t = V_\infty e^{-kt} \tag{4.12}$$

$$V_\infty - V_{t+\Delta} = V_\infty e^{-k(t+\Delta)} \tag{4.13}$$

式（4.12）－式（4.13）得：$V_\infty - V_{t+\Delta} = V_\infty e^{-kt}(1 - e^{-k\Delta})$

$$\ln(V_\infty - V_{t+\Delta}) = \ln V_\infty(1 - e^{-k\Delta}) - kt$$

以 $\ln(V_\infty - V_{t+\Delta})$ 对 t 作图，斜率即为 $-k$。

Δ 应取为半衰期的 2～3 倍，因此须将反应进行到接近完成。为了便于取整数时间读数，可将气体体积读数对时间作图，然后从曲线上读取整数时间对应的数据。

六、思考题

1. 本实验的反应速率常数与催化剂用量有无关系？

2. 如何检查是否漏气？

3. 你对本实验所用测定放出气体体积的方法有什么意见？

七、选作课题

1. 制备不同 Cu、Fe 比的催化剂（$X=0$，0.5，1.0，1.5，2.0，2.5，3.0），比较它们的催化活性。以 k 对 X 作图表示活性与 X 的关系。

2. 拟定用 Guggenheim 法处理数据的实验方案，并与直接测定 V_∞ 的处理结果相比较。

实验二　电动势的测定与应用

一、实验目的

1. 掌握电位差计的测量原理和使用方法。

2. 使用补偿法测定电池的电动势，待测的四种电池如下。

① Hg（液），Hg_2Cl_2（固）|KCl(饱和) ‖ $AgNO_3$($0.01mol \cdot L^{-1}$)|Ag(固)

② Ag(固)，AgCl(固)|KCl($0.1mol \cdot L^{-1}$) ‖ $AgNO_3$($0.01mol \cdot L^{-1}$)|Ag(固)

③ Hg（液），Hg_2Cl_2（固）|KCl(饱和) ‖ ($0.2mol \cdot L^{-1}$ HAc＋$0.2mol \cdot L^{-1}$ NaAc)缓冲溶液，醌氢醌|Pt

④ Hg（液），Hg_2Cl_2（固）|KCl(饱和) ‖ pH 未知溶液，醌氢醌|Pt

二、实验原理

1. 电位差计的测量原理与使用方法

（1）测量原理。电位差计是根据补偿原理而设计的。它由工作电流回路、标准回路和测量回路组成。其测量原理如图 4.5 所示。

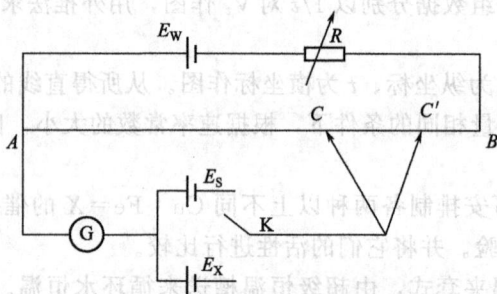

图 4.5　电位差计基本原理图

待测电池的电动势 E_X 为：

$$E_X = IR_{C'A} = (E_S/R_{CA})R_{C'A} = (R_{C'A}/R_{CA})E_S = kE_S$$

如果知道比值 $R_{C'A}/R_{CA}$ 和 E_S，就能求出 E_X。电位差计是一种比例仪器，它是将已知标准电池电动势 E_S 分成连续可调而又已知的若干个比例等分，即用已知电压 kE_S 去补偿未知电压 E_X，从而确定未知电动势的数值。

（2）使用方法。

① UJ-25 型电位差计面板图如图 4.6 所示。

② 连接线路。首先将转换开关 2 扳到"断"位置，电计按钮 1 全部松开，然后按图 4.6 将标准电池、工作电源和待测电池分别用导线连接在"标准"、"工作电源"、"未知 1"或"未知 2"接线柱上，注意正负不能接错。再将检流计接在"电计"接线柱上。

③ 标定电位差计。读取标准电池上所附温度计的温度，并按饱和标准电池电动势-温

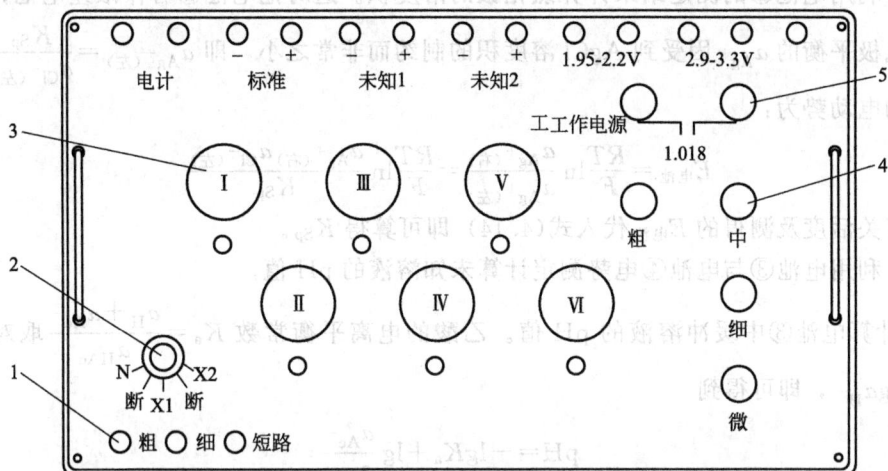

图 4.6 UJ-25 型电位差计面板图
1—电计按钮（3 个）；2—转换开关；3—电动势测量旋钮（6 个）；4—工作电流调节旋钮（4 个）
5—标准电池温度补偿旋钮

度公式计算电池的电动势。将标准电池温度补偿旋钮 4 调节在该温度下电池电动势处，将转换开关 2 置于"N"位，按下电计按钮 1 的"粗"按钮，调节标准电池温度补偿旋钮 5，使检流计示零。然后按下"细"按钮，再调节工作电流，使检流计示零。此时电位差计标定完毕。

④ 测量未知电动势。松开全部按钮，将转换开关 2 置于 X1 或 X2 位置，从左到右依次调节各测量盘，先在电计按钮"粗"按下时使检流计示零，然后在电计按钮"细"按下时使检流计示零，六个测量盘下方示值总和即为被测电池的电动势。

测量时必须注意：测量过程中，若发现检流计受到冲击，则应迅速按下短路按钮，以保护检流计。由于工作电池的电动势会发生变化，因此在测量过程中要经常标定电位差计。测定时，电计按钮按下的时间应该尽量短，以防止电流通过而改变电极表面的平衡状态。

2. 电动势测定与应用原理

电池电动势是两电极电势的代数和。当电极电势均以还原电势表示时，有 $E=E_+-E_-$。

以丹聂耳电池为例：

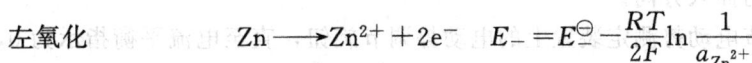

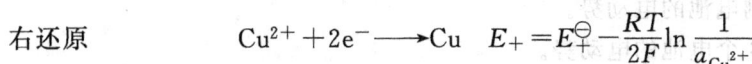

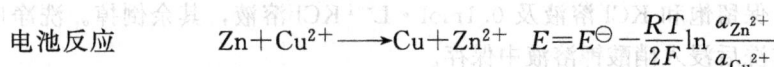

$$Zn|Zn^{2+}\ \|\ Cu^{2+}|Cu$$

左氧化 　　　　$Zn \longrightarrow Zn^{2+}+2e^-$ 　$E_-=E_-^\ominus-\dfrac{RT}{2F}\ln\dfrac{1}{a_{Zn^{2+}}}$

右还原 　　　　$Cu^{2+}+2e^- \longrightarrow Cu$ 　$E_+=E_+^\ominus-\dfrac{RT}{2F}\ln\dfrac{1}{a_{Cu^{2+}}}$

电池反应 　　$Zn+Cu^{2+} \longrightarrow Cu+Zn^{2+}$ 　$E=E^\ominus-\dfrac{RT}{2F}\ln\dfrac{a_{Zn^{2+}}}{a_{Cu^{2+}}}$

式中 　$E_-^\ominus$、$E_+^\ominus$——锌电极和铜电极的标准电极电势；

　$a_{Zn^{2+}}$、$a_{Cu^{2+}}$——电解质（即 $ZnSO_4$、$CuSO_4$）的平均离子活度。

将待测电池连接于电位差计上，经对消法测定操作后，仪器面板上直接显示出该电池中两电极电势的代数和，即该电池的电动势。

（1）利用电池②的测定结果计算氯化银的溶度积。这时把电池②看作浓差电池，只是与氯化银电极平衡的 a_{Ag^+} 因受到 AgCl 溶度积的制约而非常之小，即 $a_{Ag^+(左)} = \dfrac{K_{Sp}}{a_{Cl^-(左)}}$。而浓差电池的电动势为：

$$E_{电池} = \frac{RT}{F} \ln \frac{a_{Ag^+(右)}}{a_{Ag^+(左)}} = \frac{RT}{F} \ln \frac{a_{Ag^+(右)} a_{Cl^-(左)}}{K_{Sp}} \tag{4.14}$$

将有关活度及测得的 $E_{电池}$ 代入式（4.14）即可算得 K_{Sp}。

（2）利用电池③与电池④电势测定计算未知溶液的 pH 值。

① 计算电池③中缓冲溶液的 pH 值。乙酸的电离平衡常数 $K_a = \dfrac{a_{H^+} a_{Ac^-}}{a_{HAc}}$ 取对数，按 $pH = -\lg a_{H^+}$，即可得到

$$pH = -\lg K_a + \lg \frac{a_{Ac^-}}{a_{HAc}} \tag{4.15}$$

由于乙酸浓度稀，且是分子状态，故可认为它的活度系数为 1，a_{Ac^-} 则可取为相同浓度 NaAc 的平均活度。已知 $K_a = 1.75 \times 10^{-5}$ 之后，即可按式（4.15）计算此缓冲溶液的 pH 值。

② 计算电池④中未知溶液的 pH 值。根据电池③、④的电池反应，可写出能斯特方程 $E = E^\theta + \dfrac{RT}{zF} \ln a^2_{(H^+)} a^2_{(Q^-)}$，故 25℃时两电动势之差 $E_4 - E_3 = 0.05916[pH(3) - pH(4)]$，将实验测得的 E_3、E_4 及 pH（3）代入，即可求得 pH（4）。

三、仪器与试剂

仪器：EM-3C 电动势测定装置，甘汞电极，银/氯化银电极，铂电极、银电极各 1 支，50mL 广口瓶 5 个，洗瓶 1 个。

试剂：饱和 KNO₃ 盐桥，0.01mol·L⁻¹ AgNO₃，0.1mol·L⁻¹ KCl，饱和 KCl，醌氢醌固体粉末，缓冲溶液（等体积 0.2mol·L⁻¹ HAc + 0.2mol·L⁻¹ NaAc），pH 值未知溶液。

四、实验操作

（1）按室温计算各电池理论电动势值。

（2）接线。

（3）制作电池。将甘汞电极插入装饱和 KCl 溶液的广口瓶中，将银电极插入装有 0.01mol·L⁻¹ AgNO₃ 溶液的广口瓶中，用盐桥把两电极相连构成电池并与电位差计相连。注意电池的极性与盐桥的插入方向。

（4）打开电源，调节电动势测定装置上的电动势调节旋钮，直至电流平衡指示为 0，此时的电动势指示即为被测电池的电动势。

（5）依次测出其余 3 个电池的电动势。

（6）测定完毕后，保留饱和 KCl 溶液及 0.1mol·L⁻¹ KCl 溶液，其余倒掉。洗净广口瓶及电极，盐桥两端淋洗后浸入硝酸钾溶液中保存。

五、数据记录与处理

（1）计算室温下电池①、②、③的电动势及缓冲溶液的 pH 值。

（2）利用电池②的测量值计算氯化银的溶度积。

（3）计算未知溶液的 pH 值。

[注释]

1. 有关电解质的平均活度系数见表 4.2。

表 4.2 有关电解质的平均活度系数

电解质溶液	$0.01\text{mol} \cdot \text{kg}^{-1}\text{AgNO}_3$	$0.1\text{mol} \cdot \text{kg}^{-1}\text{KCl}$	$0.1\text{mol} \cdot \text{kg}^{-1}\text{NaAc}$
$\gamma\pm$	0.90	0.77	0.79

对 1-1 价型电解质的稀溶液来说，质量摩尔浓度（$\text{mol} \cdot \text{kg}^{-1}$）与体积摩尔浓度（$\text{mol} \cdot \text{L}^{-1}$）相近，故可认为它们的活度系数没有差别。

2. E_t（V）与温度（℃）的关系式为：$E_t = 1.0186 - 4.06 \times 10^{-5}(t - 20) - 9.5 \times 10^{-7}(t - 20)^2$。

3. 电极电势与温度 t（℃）的关系。

（1）饱和甘汞电极。当其作为氧化极时，电极反应是：

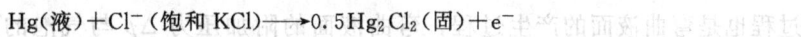

$$\text{Hg}(液) + \text{Cl}^-(饱和 \text{KCl}) \longrightarrow 0.5\text{Hg}_2\text{Cl}_2(固) + e^-$$

$$\varphi_{甘汞} = \varphi_{甘汞}^{\ominus} - \frac{RT}{F}\ln a_{\text{Cl}^-}$$

对饱和甘汞电极来说，其氯离子浓度在一定温度下是个定值，故其电极电势只与温度有关，其关系为：

$$\varphi_{甘汞} = 0.2415 - 0.00065(t - 25)$$

（2）银/氯化银电极。当其作为氧化极时，电极反应是：

$$\text{Ag}(固) + \text{Cl}^- \longrightarrow \text{AgCl}(固) + e^-$$

$$\varphi_{\text{AgCl}} = \varphi_{\text{AgCl}}^{\ominus} - \frac{RT}{F}\ln a_{\text{Cl}^-}$$

对非饱和型氯化银电极来说，其电极电势与氯离子浓度和温度均有关系。但 $\varphi_{\text{AgCl}}^{\ominus}$ 只与温度有关。

$$\varphi_{\text{AgCl}}^{\ominus} = 0.2224 - 0.000645(t - 25)$$

（3）醌氢醌电极。作为还原极时，电极反应是：

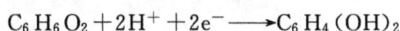

$$\text{C}_6\text{H}_6\text{O}_2 + 2\text{H}^+ + 2e^- \longrightarrow \text{C}_6\text{H}_4(\text{OH})_2$$

$$\varphi_{\text{Q} \cdot \text{QH}_2} = \varphi_{\text{Q} \cdot \text{QH}_2}^{\ominus} - \frac{RT}{F}\ln\frac{1}{a_{\text{H}^+}}$$

或

$$\varphi_{\text{Q} \cdot \text{QH}_2} = \varphi_{\text{Q} \cdot \text{QH}_2}^{\ominus} - \frac{2.303RT}{F}\text{pH}$$

而

$$\varphi_{\text{Q} \cdot \text{QH}_2}^{\ominus} = 0.6994 - 0.00074(t - 25)$$

（4）银电极。作为还原极时，电极反应是：

$$\text{Ag}^+ + e^- \longrightarrow \text{Ag}$$

$$\varphi_{\text{Ag}^+/\text{Ag}} = \varphi_{\text{Ag}^+/\text{Ag}}^{\ominus} - \frac{RT}{F}\ln\frac{1}{a_{\text{Ag}^+}}$$

而

$$\varphi_{\text{Ag}^+/\text{Ag}}^{\ominus} = 0.799 - 0.00097(t - 25)$$

六、思考题

1. 补偿法测电动势的基本原理是什么？为什么用伏特表不能准确测定电池电动势？

2. 参考电极应具备什么条件？它有什么功用？

3. 盐桥有什么作用？应选择什么样的电解质作盐桥？

4. 如果电池的极性接反了，会有什么后果？工作电池、标准电池和待测电池中任一个没有接通会有什么后果？

实验三 溶液表面张力的测定

一、实验目的

1. 了解表面张力的意义和性质。

2. 了解表面吸附的性质及其与表面张力的关系。

3. 掌握最大气泡法测定液体表面张力的原理和技术。

4. 用鼓泡法测定乙醇水溶液的表面张力，并根据 Gibbs 吸附等温式计算表面吸附量。

5. 巩固折射仪的使用方法。

二、实验原理

1. 鼓泡法测定溶液表面张力的原理

从浸入液面下的毛细管端鼓出空气泡时，气流从无到有，有一个形成过程，气泡的形成过程也是弯曲液面的产生过程，弯曲液面的附加压力 Δp 与气泡的曲率半径符合拉普拉斯方程：

$$\Delta p = 2\sigma/r \tag{4.16}$$

式中 Δp——附加压力；

        σ——表面张力；

        r——气泡曲率半径。

附加压力 Δp 与大气压 $p_{外}$ 有关系式：

$$\Delta p = p_{外} - p_{系} \tag{4.17}$$

式中 $p_{系}$——表面张力仪内部的压力。

如果毛细管半径很小，则形成的气泡基本上是球形的。当气泡开始形成时，表面几乎是平的，这时曲率半径最大；随着气泡的形成，曲率半径逐渐变小，直到形成半球形，这时曲率半径 r 与毛细管半径 R 相等（见图 4.7），曲率半径达最小值，根据式(4.16)这时附加压力达最大值。气泡进一步长大，R 变大，附加压力则变小，直到气泡逸出。

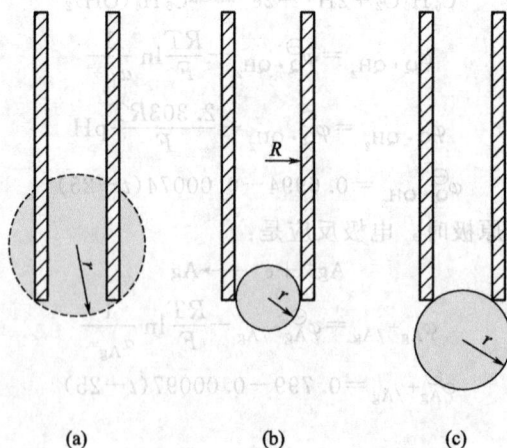

     (a)   (b)   (c)

图 4.7 最大气泡示意图

按照式(4.16)，$R=r$ 时的最大附加压力为：

$$\Delta p_m = 2\sigma/R \text{ 或 } \sigma = r\Delta p_m/2 \tag{4.18}$$

实际测量时，使毛细管端刚与液面接触，则可忽略鼓泡所需克服的静压力，这样就可直接用式（4.18）进行计算。

2. 溶液表面吸附量的测定原理

在一定温度下纯溶剂的表面张力是定值。当向其中加入能降低溶剂表面张力的溶质时，则根据能量最低原则，表面层中溶质的浓度比溶液内部要大。反之，溶质能使溶剂表面张力升高时，则它在表面层中的浓度比溶液内部低。这种现象称为溶液的表面吸附。

Gibbs 用热力学方法导出溶液浓度、表面张力和溶液表面吸附量之间的关系，通常称为 Gibbs 吸附等温式：

$$\Gamma = \frac{-c}{RT}\left(\frac{d\sigma}{dc}\right)_T \tag{4.19}$$

式中　Γ——吸附量，$mol \cdot m^{-2}$；

　　　σ——表面张力，$N \cdot m^{-1}$；

　　　c——溶液浓度，$mol \cdot m^{-3}$；

　　　T——热力学温度，K；

　　　R——摩尔气体常数，为 $8.314 J \cdot mol^{-1} \cdot K^{-1}$。

当 $\left(\frac{d\sigma}{dc}\right)_T < 0$ 时，$\Gamma > 0$，称为正吸附；当 $\left(\frac{d\sigma}{dc}\right)_T > 0$ 时，$\Gamma < 0$，称为负吸附。

为了求得溶液的表面吸附量，需先测定溶液在不同浓度下的表面张力 σ，绘制 $\sigma = f(c)$ 的等温曲线，然后在曲线上取相应浓度的点 a，通过 a 作曲线的切线和平行横轴的直线，分别交纵轴于 b、d。令 $bd = Z$，则 $Z = -c\left(\frac{d\sigma}{dc}\right)_T$。结合式（4.19）得：$\Gamma = ZRT$。取曲线上不同的点，就可得出不同浓度溶液的 Γ 值，进一步可作出吸附等温线，即溶液的 $\Gamma = g(c)$ 曲线。

三、仪器与试剂

仪器：鼓泡法装置（见图 4.8），阿贝折射仪，1mL、2mL、10mL 移液管各 1 支，恒温装置 1 套。

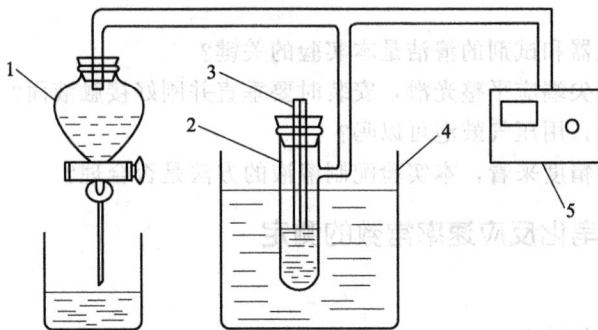

图 4.8　鼓泡法装置图

1—滴液漏斗；2—表面张力仪；3—毛细管；4—恒温槽；5—数字式微压差测量仪

试剂：分析纯乙醇（无水）。

四、实验操作

（1）实验前将毛细管和容器用铬酸混合液洗净。然后用蒸馏水作标准物质，测定仪器常

数 K 的值。在上支口瓶中装 20mL 的蒸馏水，使毛细管端刚好与液面接触，按图 4.8 接好全部仪器，并将上支口瓶置于恒温槽中。达到指定温度后，缓缓打开放水旋塞，使气泡从毛细管端尽可能缓慢地鼓出，同时注意读取压力计的最大压差 Δh_m 值，读取数次取平均值。

（2）向蒸馏水中加入 0.8mL 无水乙醇，摇匀，先测溶液的折射率，再缓缓打开放水旋塞，使气泡从毛细管端尽可能缓慢地鼓出。读出压力计的最大压差 Δh_m 值，读取数次取平均值。

（3）依次加入 0.8mL、0.5mL、0.8mL、1.0mL、1.0mL、1.0mL 无水乙醇，按照上法测折射率与 Δh_m 值（乙醇水溶液折射率-浓度曲线见图 4.9）。

（4）实验完毕后用蒸馏水洗净仪器，整理。

五、数据记录与处理

（1）计算仪器常数。

（2）计算各溶液的表面张力。

（3）作表面张力-浓度图，曲线要求光滑。用镜像法在曲线的整个浓度范围内取约 10 点作切线，求得相应的 Z 值。

（4）计算出 Γ 后，作出吸附等温线，即 Γ-c 图。

[注释]

1. 表面活性剂都能显著降低溶液的表面张力，因此测定表面张力是研究表面活性剂作用的重要手段。表面活性剂在润湿、起泡、乳化和增溶等方面的重要作用，已给工农业生产和日常生活带来极大利益。

2. 学生应对测定表面张力的各种方法有所了解，能根据被测对象作出合理选择。例如对于发泡剧烈的溶液不宜用鼓泡法；要求恒温下测定时，圈环法就不太方便；毛细管上升法要求溶液对玻璃的接触角为零，但长链胺、季胺类阳离子表面活性剂使多数表面变为憎水的；滴重计的毛细管顶端和圈环法的环必须保持是亲水的。

3. 测定表面张力有如下意义：①为研究液体表面结构提供信息，例如检测表面活性剂在液体表面是否形成胶束；②作为研究表面或界面吸附的一种间接手段；③验证表面分子相互作用理论；④研究表面活性剂的作用。

六、思考题

1. 为什么保持仪器和试剂的清洁是本实验的关键？

2. 为什么毛细管尖端应平整光滑，安装时要垂直并刚好接触液面？

3. 不用抽气鼓泡，用压气鼓泡可以吗？

4. 从整个实验的精度来看，本实验配制溶液的方法是否合理？

实验四　乙酸乙酯皂化反应速率常数的测定

一、实验目的

1. 了解二级反应的特点。

2. 掌握电导率仪的使用方法。

3. 用电导法测定乙酸乙酯皂化反应速率常数与活化能。

二、实验原理

乙酸乙酯皂化反应属于二级反应：

$$CH_3COOC_2H_5 + OH^- \longrightarrow CH_3COO^- + C_2H_5OH$$

其反应速率可表示为：

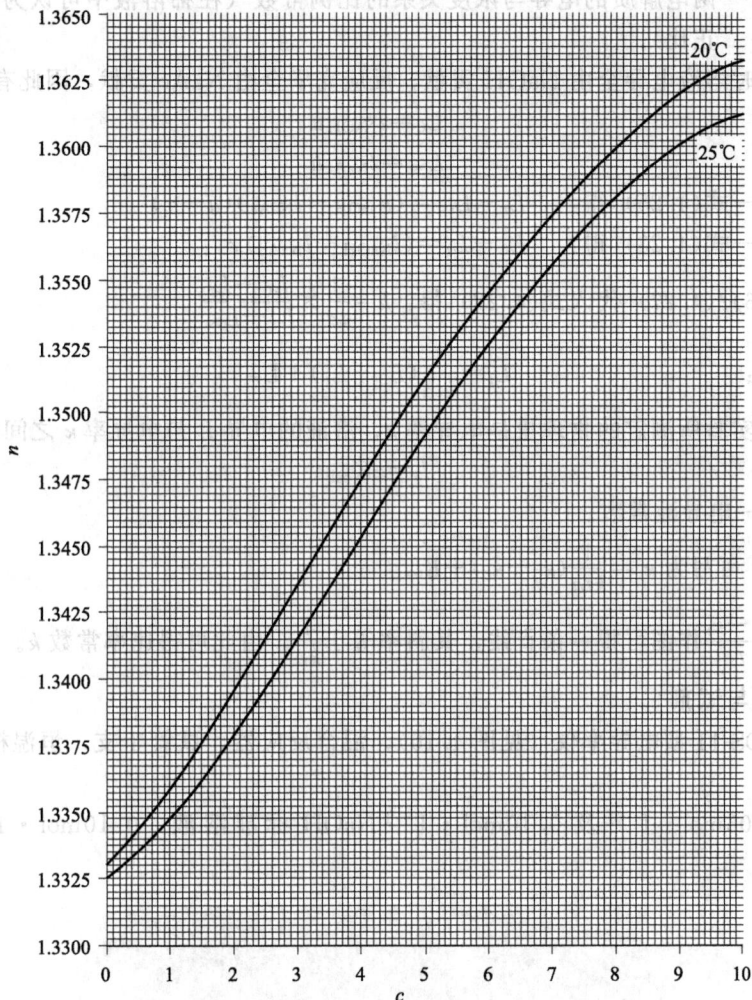

图 4.9 乙醇水溶液折射率 (n)-浓度 (c) 曲线

$$\frac{\mathrm{d}x}{\mathrm{d}t}=k(a-x)(b-x) \tag{4.20}$$

式中 a、b——两反应物的初始浓度；

$\qquad$ x——经过时间 t 后降低了的反应物浓度；

$\qquad$ k——反应速率常数。

将式（4.20）积分得到： $k=\dfrac{2.303}{t(a-b)}\lg\dfrac{b(a-x)}{a(b-x)}$ $\qquad$ (4.21)

当初始浓度相同，即 $a=b$ 时，式（4.20）积分得：

$$k=\frac{1}{ta}\times\frac{x}{(a-x)} \tag{4.22}$$

随着皂化反应的进行，溶液中导电能力强的 OH^- 逐渐被导电能力弱的 CH_3COO^- 所取代，溶液电导逐渐减小。

实际上，溶液的电导是反应物 NaOH 与产物 NaAc 两种电解质的贡献：

$$L_t=l_{NaOH}(a-x)+l_{NaAc}x \tag{4.23}$$

式中 $\qquad$ L_t——t 时刻溶液的电导；

l_{NaOH}、l_{NaAc}——两电解质的电导与浓度关系的比例常数（在稀溶液中可认为电导与浓度成
正比）。

反应开始时溶液电导全由 NaOH 贡献，反应完毕全由 NaAc 贡献，因此有：

$$L_0 = l_{NaOH}a \tag{4.24}$$

$$L_\infty = l_{NaAc}a \tag{4.25}$$

式(4.23)－式(4.25) 得：　$L_t - L_\infty = (l_{NaOH} - l_{NaAc})(a-x) \tag{4.26}$

式(4.24)－式(4.23) 得：　$L_0 - L_t = (l_{NaOH} - l_{NaAc})x \tag{4.27}$

将式(4.26)/(4.27) 代入式(4.22) 得：$k = \dfrac{1}{ta} \times \dfrac{L_0 - L_t}{L_t - L_\infty}$

移项写成：　　　　　　　$L_t = \dfrac{1}{kta}(L_0 - L_t) + L_\infty \tag{4.28}$

实际上本实验所测定的物理量是电导率 κ，溶液的电导 L 与电导率 κ 之间的关系为：

$$L = \kappa K_{cell}$$

式中　K_{cell}——电导池常数。

式(4.28) 可写为 $\kappa_t = \dfrac{1}{kta}(\kappa_0 - \kappa_t) + K_\infty$

以 κ_t 对 $\dfrac{\kappa_0 - \kappa_t}{t}$ 作图可得一条直线，其斜率等于 $\dfrac{1}{ka}$，由此可得速率常数 k。

三、仪器与试剂

仪器：DDS-11 型电导率仪（见图 4.10），混合反应器，试管 1 支，恒温槽 1 套，10mL
移液管 2 支。

试剂：0.05mol·L^{-1} 及 0.10mol·L^{-1} NaOH 标准溶液，0.10mol·L^{-1} 乙酸乙酯
溶液。

图 4.10　电导率仪

四、实验操作

（1）打开电导率仪预热。

（2）在试管中加入 1/2 容积 0.05mol·L^{-1} 的 NaOH 溶液，置于恒温槽中，在反应器的
一管中移入 10mL 0.1mol·L^{-1} 的 NaOH 溶液，另一管中移入 10mL 0.1mol·L^{-1} 的乙酸乙
酯溶液，置于恒温槽中。

（3）设置恒温槽温度，使恒温槽温度恒定在某一温度（也可以是室温）。

（4）恒温 10～15min，把电导电极插入 0.05mol·L^{-1} 的 NaOH 溶液中，测其电导率即 κ_0，然后取出用蒸馏水洗净电极，擦干。

（5）取出反应器，混合，同时打开秒表开始计时，混合后放入恒温槽中，插入电导电极，按照记录表格要求每一段时间记录一次，将实验记录填入表 4.3。记完后倒去反应液，洗净电导电极与反应器。

表 4.3　实验记录

电导率/ $\mu S \cdot cm^{-1}$　　时间/min 温度/℃	0	2	0.5	0.5	1	1	1	2	2	3
$t_1=$										
$t_2=$										

（6）装入反应液，放入恒温槽中，按照上述方法测另外一个温度的电导率。

（7）实验完毕，关闭电导率仪及恒温槽，取出电导电极，洗净擦干，倒去反应液，整理仪器。

五、数据记录与处理

（1）根据实验记录数据得出 $\kappa_t - \dfrac{\kappa_0 - \kappa_t}{t}$ 关系，作图由所得直线斜率求反应速率常数。

（2）根据两个温度下的速率常数求出反应的活化能 E_a。

[注释]

1. 当碱液足够稀时，才能保证浓度与电导有正比关系。但若浓度太稀，则反应过程电导变化小，测量误差大。

2. 用称量法配制乙酸乙酯溶液可得到较高的准确度。但对动力学实验来说，用本实验采用的量乙酸乙酯体积的方法已能满足精度要求。

3. 可将 $k = \dfrac{1}{ta} \times \dfrac{\kappa_0 - \kappa_t}{\kappa_t - \kappa_\infty}$ 改写成不同形式的线性方程进行数据处理。它们有的需要 κ_0，有的需要 κ_∞，有的二者同时需要。当忽略乙酸乙酯和乙醇的电导率时，可直接测定相当于反应开始时 NaOH 浓度溶液的电导率为 κ_0，相当于反应终了时 NaAc 浓度溶液的电导率为 κ_∞，尽管各线性方程的形式不同，但只要所得 κ_0 和 κ_∞ 是正确的，则最终结果并无差别。

六、思考题

1. 被测溶液的电导是哪些离子的贡献？反应进程中溶液的电导为何发生变化？

2. 为什么要使两种反应物的浓度相等？如何配制指定浓度的溶液？

3. 为什么要使两溶液尽快混合完毕？开始一段时间的测定间隔为什么要短？

4. 用作图外推求 κ_0 与测定反应开始时相同 NaOH 浓度所得 κ_∞ 是否一致？

七、选作课题

1. 按照① $\dfrac{\kappa_0 - \kappa_t}{\kappa_t - \kappa_\infty} = kat$

② $\kappa_t = \dfrac{1}{ka} \times \dfrac{\kappa_0 - \kappa_t}{t} + \kappa_\infty$

③ $\dfrac{1}{\kappa_t - \kappa_\infty} = \dfrac{ka}{\kappa_0 - \kappa_\infty} t + \dfrac{1}{\kappa_0 - \kappa_\infty}$

④ $\kappa_t = ka (\kappa_0 - \kappa_t) t + \kappa_\infty$

四种形式的线性方程用作图法或最小二乘法处理数据求 k，比较所得结果，并讨论 κ_0 和 κ_∞ 的误差对各式求解 k 值的影响。

2. 利用本实验的方法测定派啶与 2,4-二硝基氯苯反应的速率常数。

实验五　凝固点下降法测定摩尔质量

一、实验目的
1. 掌握凝固点降低法测定物质相对分子质量的原理。
2. 掌握凝固点的测定技术。
3. 用凝固点降低法测定萘的相对分子质量。

二、实验原理

化合物的相对分子质量是一种重要的物理化学数据。凝固点降低法是一种简单而比较准确的测定相对分子质量的方法。凝固点降低法在实用方面和对溶液的理论研究方面都很重要。

在一定压力下，固液两相平衡时的温度称为该溶液在此外压下的凝固点。在溶质与溶剂不生成固溶体，而且浓度很稀时，从溶液中析出固态纯溶剂的温度即为溶液的凝固点，其会低于纯溶剂在同样外压下的凝固点，即凝固点降低。当确定了溶剂的种类和数量后，溶剂凝固点降低值仅取决于溶剂中溶质分子的数目。

根据热力学推导可以证明，对于稀溶液来说，溶液的凝固点降低值 ΔT_f 与溶质的质量摩尔浓度成正比，即：

$$\Delta T_f = K_f b_B$$

$$b_B = \frac{m/M_B}{m_0} \times 1000$$

式中　ΔT_f——凝固点降低值，K 或 ℃；

　　　b_B——溶质的质量摩尔浓度，mol·kg^{-1}；

　　　K_f——凝固点降低常数，K·kg·mol^{-1}，环己烷 $K_f = 20.2$K·kg·mol^{-1}，苯 $K_f = 5.12$K·kg·mol^{-1}；

　　　M_B——溶质的摩尔质量，g·mol^{-1}；

　　　m_0——溶剂质量，g；

　　　m——溶质质量，g。

故有

$$M_B = \frac{1000 K_f m}{m_0 \Delta T_f} \quad 即 \quad M_B = \frac{1000 K_f m}{m_0 (t_0 - t)}$$

式中　t_0、t——纯溶剂及稀溶液的凝固点，所以分别测得 t_0 及 t 便可测得溶质的摩尔质量。

三、仪器与试剂

仪器：凝固点测定装置一套（见图 4.11、图 4.12），25mL 移液管 1 支，电子天平。

试剂：环己烷或苯，萘。

四、实验操作

（1）将冰敲成碎块，制成冰水浴，保持温度为 3℃ 左右。同时将冷冻管、温度计、搅拌器用无水乙醇洗净，保证仪器干净。

（2）用移液管移取 25mL 苯加入到干净的冷冻管中，安装好温度计与搅拌器。

（3）开始搅拌，观察冷冻管中苯的变化情况，当液体苯刚刚出现浑浊或者有晶粒产生时，记下此时的温度作为参考凝固点。

（4）取出冷冻管，用手心温热至苯晶体全部熔化，把冷冻管放入冰水浴中，当温度下降至参考温度以上 0.5℃时，套上空气夹套继续缓慢冷却，观察温度计读数变化，当温度下降至某一点时会突然上升，记录升高的最高温度，此温度即为凝固点。如此重复三次，取平均值。

（5）用减量法准确称量 0.15～0.2g 的萘，投入冷冻管中，搅拌使萘完全溶解，依第（4）步测定溶液凝固点三次，取平均值。注意测量苯以及溶液的凝固点时，参考凝固点都用第（3）步测出的参考凝固点。

（6）将冷冻管中的溶液倒入回收瓶，冰水浴倒掉，擦干仪器。注意冷冻管不要用水洗。

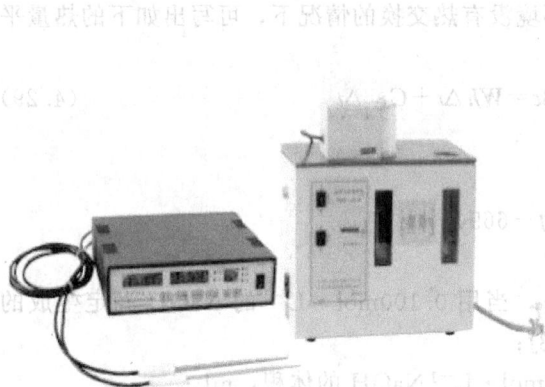

图 4.11 凝固点测定装置外结构示意

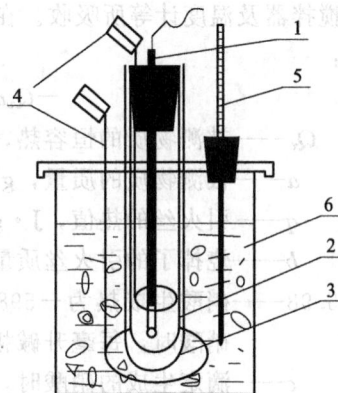

图 4.12 凝固点测定装置内结构示意

1—数字温差计温度探头；2—冷冻管；3—空气夹管；4—搅拌器；5—温度计；6—冰水浴

五、数据记录与处理

根据所测数据求出凝固点下降值，算出萘的摩尔质量，并与理论值进行比较。

［注释］

1. 根据稀溶液的依数性，用凝固点下降法测得的是数均摩尔质量。因此在测定大分子物质时必须先除去其中所含溶剂和小分子物质，否则它们将对结果造成很大影响。

2. 用凝固点下降法测摩尔质量往往与所用溶剂类型和溶液浓度有关，被测物质在溶剂中产生缔合、离解或溶剂化等现象都会得出不正确的结果。

3. 在不同浓度下进行测定后再外推至无限稀的浓度可得较好的结果。

4. 环己烷的 K_f 比苯的 K_f 大 4 倍，且其毒性较小，故教学实验宜选用环己烷作溶剂。

5. 苯的密度（$g \cdot mL^{-1}$）与温度（℃）的关系式为：$\rho = 0.900 - 1.0638 \times 10^{-3} T$。

6. 环己烷的密度（$g \cdot mL^{-1}$）与温度（℃）的关系式为：$\rho = 0.7971 - 0.8879 \times 10^{-3} T$。

六、思考题

1. 什么叫凝固点？凝固点降低的公式在什么条件下才适用？它能否用于电解质溶液？

2. 为什么会产生过冷现象？

3. 为什么要使用空气夹套？过冷太多有何弊病？

4. 测定苯（环己烷）和萘质量时，精密度要求是否相同？为什么？

实验六 燃烧热的测定

一、实验目的

1. 掌握氧弹量热计的构造和使用方法。

2. 掌握用氧弹量热计测定萘等有机物燃烧热的方法。

3. 了解气体钢瓶的标志并掌握氧气钢瓶的使用方法。

二、实验原理

在适当的条件下，许多有机物都能迅速而完全地进行氧化反应，这就为准确测定它们的燃烧热创造了有利条件。为了使被测物质能迅速而完全地燃烧，就需要有强有力的氧化剂。在实验中经常使用压力为 $2\sim2.5MPa$ 的氧气作为氧化剂。用氧弹量热计（见图 4.13 和图 4.14）进行实验时，氧弹放置在装有一定量水的铜水桶中，水桶外是空气隔热层，再外面是温度恒定的水夹套。样品在体积固定的氧弹中燃烧放出的热、引火丝燃烧放出的热和由氧气中微量的氮气氧化成硝酸的生成热，大部分被水桶中的水吸收；另一部分则被氧弹、水桶、搅拌器及温度计等所吸收。在量热计与环境没有热交换的情况下，可写出如下的热量平衡式：

$$-Q_v a - qb + 5.98c = Wh\Delta t + C_总 \Delta t \qquad (4.29)$$

式中 Q_v——被测物质的恒容热，$J\cdot g^{-1}$；

$\quad a$——被测物质的质量，g；

$\quad q$——引火丝的热值，$J\cdot g^{-1}$，铁丝为 $-6694J\cdot g^{-1}$；

$\quad b$——烧掉了的引火丝质量，g；

$\quad 5.98$——硝酸生成热为 $-59831J\cdot mol^{-1}$，当用 $0.100mol\cdot L^{-1}$ 的 NaOH 滴定生成的硝酸时，每毫升碱相当于 $-5.98J$；

$\quad c$——滴定生成的硝酸时，耗用 $0.100mol\cdot L^{-1}$ NaOH 的体积，mL；

$\quad W$——水桶中水的质量，g；

$\quad h$——水的比热容，$J\cdot g^{-1}\cdot K^{-1}$；

$\quad C_总$——氧弹、水桶等的总热容，$J\cdot K^{-1}$；

$\quad \Delta t$——与环境无热交换时的真实温差，K。

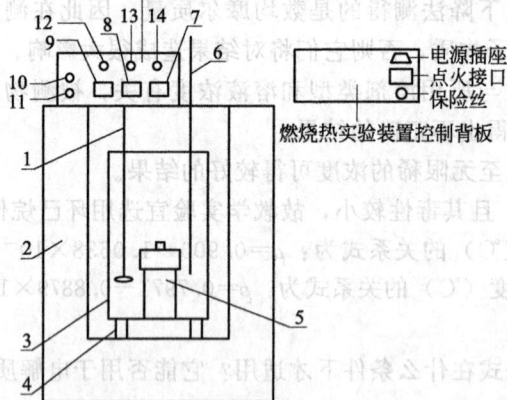

图 4.13　氧弹量热计结构示意图

1—搅拌棒；2—外桶；3—内桶；4—垫脚；5—氧弹；
6—传感器；7—点火键；8—电源开关；9—搅拌开关；
10—点火输出负极；11—点火输出正极；12—搅拌
指示灯；13—电源指示灯；14—点火指示灯

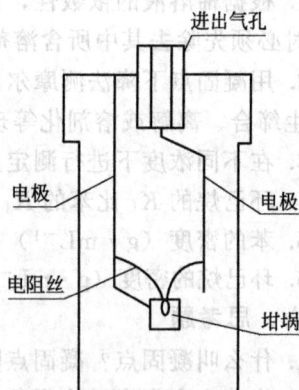

图 4.14　氧弹结构示意图

如在实验时保持水桶中水量一定，把式(4.29)右端常数合并，则得到：

$$-Q_v \cdot a - qb + 5.98c = K\Delta t \tag{4.30}$$

其中，$K = (Wh\Delta t + C_{总}) = 10110 \text{J} \cdot \text{K}^{-1}$，称为量热计常数。在一般情况下，$5.98c$ 一项可忽略不计。

标准燃烧热是指在标准状态下，1mol 物质完全燃烧成同一温度的指定产物 [C 和 H 的燃烧产物是 $CO_2(g)$ 和 $H_2O(l)$] 的焓变化，以 $\Delta_c H_m^{\ominus}$ 表示。在氧弹量热计中可测得物质的定容摩尔燃烧热 $Q_{v,m}$，其与式（4.29）中 Q_v 的关系为 $Q_{v,m} = MQ_v$，根据热力学理论 $Q_{v,m}$ 等于恒容燃烧过程中的摩尔内能改变，即 $Q_{v,m} = \Delta_c U_m$。如果把气体看成是理想气体，且忽略压力对燃烧热的影响，则可由下式将恒容燃烧热换算为标准摩尔燃烧热。

$$\Delta_c H_m^{\ominus} = \Delta_c U_m^{\ominus} + \Delta n(g)RT \tag{4.31}$$

式中　$\Delta n(g)$——燃烧前后气体物质的量的变化，mol。

实际上，氧弹式量热计不是严格的绝热系统，加上传热速度的限制，燃烧后由最低温度达到最高温度需一定的时间，在这段时间里系统与环境难免发生热交换，因而从温度计上读得的温差就不是真实的温差 Δt。为此，必须对读得的温差进行校正。雷诺温度校正图是最常用的一种校正方法。

具体方法如下：将燃烧前后水温随时间的变化记录下来，并作图，连成 *abcd* 曲线，如图 4.15 所示。图中 *b* 点为开始燃烧点，*c* 点为观测到的温度转折点，由于不能完全避免系统与外界的热量交换，曲线 *ab* 和 *cd* 发生倾斜。因此在曲线上取一点 *O*，使 $T_0 = (T_b + T_c)/2$，过 *O* 点作垂直于横轴的直线，此线与 *ab* 和 *cd* 的延长线分别交于 *E* 点和 *F* 点，则 *F* 点和 *E* 点对应的温度差即为校正好的温度升高值 $\Delta t_{校正}$。

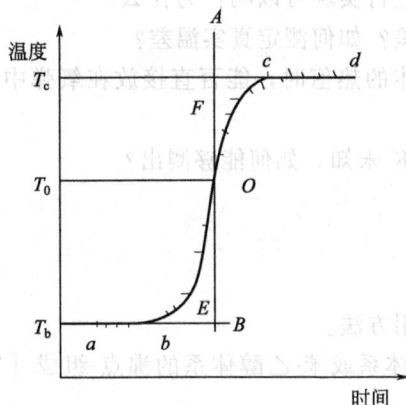

图 4.15　雷诺温度校正图

必须注意，运用作图法进行校正时，量热计和环境温差不宜过大（最好不要超过 1℃），否则将引起较大的误差。

三、仪器与试剂

仪器：WGR-1 型氧弹量热计，电子天平，氧气钢瓶，1L 容量瓶，引火丝。

试剂：分析纯萘。

四、实验操作

（1）用手拧开氧弹盖，将盖放在专用架上，装好专用的不锈钢杯。

（2）剪取约 10cm 引火丝与一称量纸（称完后先保存好），在电子天平上称量后，将引火丝两端固定在两电极上，中部垂于坩埚内，用减量法准确称取约 0.7g 萘倒入坩埚，使萘淹没引火丝，但要注意防止引火丝与坩埚接触。慢慢拧紧氧弹盖，充 2MPa 左右的氧气。

（3）用容量瓶准确量取 2L 自来水装入量热计水桶中。把氧弹放入水桶的相应位置，盖上量热计顶盖，检查电路是否相接。

（4）打开控制器电源，开启搅拌器，调节"时间"按钮，使 0.5min 显示灯亮，待温度稳定（或者等待 5min）后，按下"复位"，当次数显示为 1 时，开始记录控制器上显示的温度，每 0.5min 一次，共 10 个数。在读第 11 个数的同时，按下点火键，继续每 0.5min 读数一次，至温度开始下降后，再记录最后阶段的 10 个数。读数记录完毕。切记记录温度过程中不能间断。

（5）停止实验后，关闭搅拌器，打开量热计盖，取出氧弹并将其擦干，缓慢放气。放完气后，拧开氧弹盖，检查是否燃烧完全，若弹内有炭黑或未燃烧的试样，则应认为实验失败；若燃烧完全，则将燃烧后剩下的引火丝与先前的称量纸一并在电子天平上称量。最后倒去水桶中的水，用毛巾擦干全部设备。

五、数据记录与处理

（1）列出温度记录表格，用作图法求出 $\Delta t_{校正}$。

（2）计算萘的标准摩尔燃烧焓 $\Delta_c H_m^{\ominus}$，并与文献值进行比较。

六、思考题

1. 在使用氧气钢瓶及氧气减压阀时，应注意哪些规则？
2. 写出萘燃烧过程的反应方程式。如何根据实验测得的 Q_v 求出 $\Delta_c H_m^{\ominus}$？
3. 用电解水制得的氧气进行实验可以吗？为什么？
4. 为什么要测定真实温差？如何测定真实温差？
5. 测定非挥发性可燃液体的热值时，能否直接放在氧弹中的石英杯（或不锈钢杯）里测定？
6. 如果所用仪器的常数 K 未知，如何能够测出？

实验七　二元液系相图

一、实验目的

1. 掌握阿贝折射仪的使用方法。
2. 实验测定环己烷-乙醇体系或苯-乙醇体系的沸点-组成 $[T\text{-}x(y)]$ 图，并确定其恒沸点及恒沸组成。

二、实验原理

液体的沸点是液体的蒸气压与外压相等时的温度。在一定的外压下，单一组分的液体有确定的沸点值。对于一个完全互溶的双液体系，沸点不仅与外压有关，还和液体的组成有关。完全互溶双液体系的沸点-组成图，表明在气液两相平衡时沸点和气液两相成分之间的关系，对了解这一体系的行为及分馏过程有很大的实用价值。

在恒压条件下，二元液系的温度-组成图 $[T\text{-}x(y)$ 图，见图 4.16] 可分为三类：①理想的双液系及对拉乌尔定律产生一般偏差的体系，其溶液沸点介于两纯物质沸点之间，如图 4.16(a) 所示；②各组分对拉乌尔定律发生最大正偏差体系，其溶液有最低沸点，如图 4.16(b) 所示；③各组分对拉乌尔定律发生最大负偏差体系，其溶液有最高沸点，如图 4.16(c) 所示。第②、③两类溶液在最高或最低沸点时的气液两相组成相同，加热蒸发的结果只会使气相总量增加，气液相组成及溶液沸点保持不变，这时的温度称为恒沸点，相应的组成称为恒沸组成。

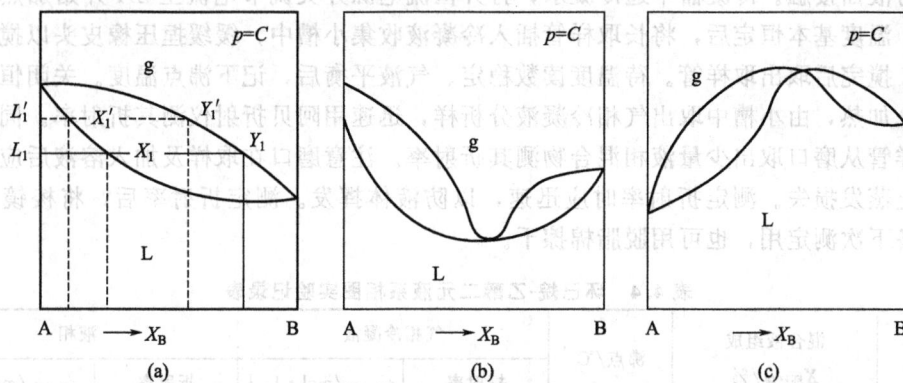

图 4.16 二元液系 $T\text{-}x(y)$ 图

苯-乙醇体系是发生最大正偏差的体系，故其温度-组成图类似图 4.16(b)，该二元液系具有最低恒沸点。本实验采用简单蒸馏瓶，使一定组成的溶液在其沸点达到气液相平衡，使用折射仪测定相平衡时液相及气相（冷凝液）的组成（混合液的折射率-组成曲线已事先绘制），同时测定其沸点；实验测定整个浓度范围内不同组成溶液的气液相平衡组成和沸点后，就可绘出 $T\text{-}x(y)$ 图。

三、仪器与试剂

仪器：沸点仪 1 套（见图 4.17），阿贝折射仪 1 台，恒温槽，长短取样管各 1 支。

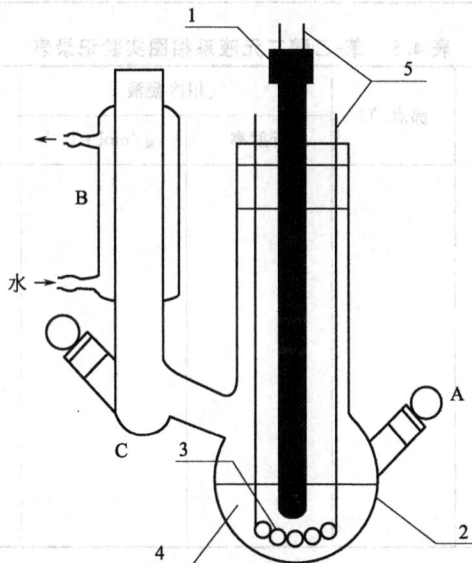

图 4.17 沸点仪

1—热电偶温度计；2—沸点仪；3—电热丝；4—待测液；5—导线

四、实验操作

(1) 打开恒温槽电源，调节温度使之恒定在 (20.00±0.05)℃ 范围之内，使阿贝折射仪在此温度范围内工作。

（2）用量筒取表 4.4 或表 4.5 所列 1 号溶液 20mL 放入蒸馏瓶中，盖好瓶塞，温度计探头恰好与液面接触。冷凝器中通冷凝水，打开恒流电源开关调节电流至 2A 开始加热，使溶液沸腾，温度基本恒定后，将长取样管插入冷凝液收集小槽中，缓缓捏压橡皮头以搅拌回流混合物，搅完后取出取样管。待温度读数稳定、气液平衡后，记下沸点温度。关闭恒流电源开关停止加热，由小槽中取出气相冷凝液分析样，迅速用阿贝折射仪测其折射率。同时用另一短取样管从磨口取出少量液相混合物测其折射率。注意磨口在取样及加入溶液后应立即盖好，防止蒸发损失。测定折射率时应迅速，以防液体挥发。测定折射率后，将棱镜打开晾干，以备下次测定用，也可用脱脂棉擦干。

表 4.4 环己烷-乙醇二元液系相图实验记录表

编号	混合液组成 $X_{环己烷}$/%	沸点/℃	气相冷凝液		液相	
			折射率	$c_{环己烷}$/mol·L^{-1}	折射率	$c_{环己烷}$/mol·L^{-1}
1	100					
2	90					
3	80					
4	70					
5	50					
6	50					
7	30					
8	20					
9	10					
10	10					

表 4.5 苯-乙醇二元液系相图实验记录表

编号	混合液组成 $X_{苯}$/%	沸点/℃	气相冷凝液		液相	
			折射率	$c_{苯}$/mol·L^{-1}	折射率	$c_{苯}$/mol·L^{-1}
1	100					
2	97					
3	92					
4	80					
5	60					
6	50					
7	30					
8	15					
9	3					
10	0					

（3）将溶液从磨口倒回原试剂瓶中，不必干燥蒸馏瓶，然后取 2 号混合液进行实验，依次进行，直到做完 10 号液停止实验，应注意测 10 号液时要先用 10 号液即纯乙醇洗涤蒸馏瓶。

五、数据记录与处理

（1）从标准曲线（见 6.2.11 或 6.2.12）查出折射率对应气液组成，填入表 4.4 或表 4.5。

（2）作环己烷-乙醇体系的温度-组成图，并由所作图找出其恒沸点与恒沸组成。

[注释]

1. 为防止蒸气在上部瓶壁部分冷凝，蒸馏瓶上部死空间不宜太大，冷凝器的蒸气入口位置不宜太高，蒸馏瓶上部宜采取保温措施。

2. 经验证明，在没有气液提升管的简单蒸馏瓶中，使温度计汞球恰好接触液面时所测温度与气液平衡温度接近；温度计插入过深，会测得过热温度；在液面以上，则会测得过冷温度。

六、思考题

1. 作环己烷-乙醇或苯-乙醇溶液的折射率-组成标准曲线的目的是什么？

2. 如何判定气-液相已达平衡状态？

3. 收集气相冷凝液的小槽的大小对实验有无影响？

4. 实验测得的沸点与标准大气压下的沸点是否一致？

5. 测定纯环己烷、苯和乙醇的沸点时为什么要求蒸馏瓶必须是干的，而测混合液沸点和组成时则不必将原先附在瓶壁的混合液绝对弄干？

实验八　液体的饱和蒸气压

一、实验目的

1. 明确液体饱和蒸气压的定义及气液两相平衡的概念。

2. 掌握用静态法测定乙酸甲酯在不同温度下的饱和蒸气压。

3. 掌握液体蒸气压与温度的关系，并求出实验温度范围内乙酸甲酯的平均摩尔汽化热。

二、实验原理

在一定温度下，气液平衡时的蒸气压称为饱和蒸气压，蒸发 1mol 液体所需要吸收的热量 $\Delta_{vap}H_m$ 即为该温度下液体的摩尔汽化热。液体的饱和蒸气压与温度的关系可用克拉贝龙（Clapeyron）方程式来表示：

$$\frac{dp}{dT}=\frac{\Delta_{vap}H_m}{T\Delta V_m}$$

设蒸气为理想气体，在实验温度范围内摩尔汽化热 $\Delta_{vap}H_m$ 为常数，并略去液体的体积，可将上式积分得克拉贝龙-克劳修斯（Clapeyron-Clausius）方程式，即克-克方程式：

$$\lg p=\frac{-\Delta_{vap}H_m}{2.303R}\times\frac{1}{T}+C$$

式中　p——液体在温度 T 时的蒸气压；

　　　C——积分常数。

实验测得各温度下的饱和蒸气压后，以 $\lg p$ 对 $1/T$ 作图，得一直线，直线的斜率（m）为：

$$m=-\frac{\Delta_{vap}H_m}{2.303R}$$

由此即可求得摩尔汽化热 $\Delta_{vap}H_m$。

测定液体饱和蒸气压的方法有以下三类：

① 静态法：在某一温度下直接测量饱和蒸气压。

② 动态法：在不同的外界压力下测定其沸点。

③ 饱和气流法：使干燥的惰性气流通过被测物质，并使其为被测物质所饱和，然后测

定所通过的气体中被测物质蒸气的含量，就可根据分压定律算出此被测物质的饱和蒸气压。

本实验采用静态法以等压计在不同温度下测定乙酸甲酯的饱和蒸气压，等压计的外形见图 4.18。小球中盛被测样品，U 形管部分以样品本身作封闭液。

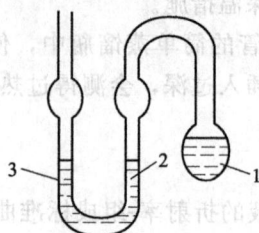

图 4.18　等压计
1—小球；2、3—U 形管

在一定温度下，若小球液面上方仅有被测物质的蒸气，那么 U 形管右侧液面上所受到的压力就是其蒸气压。当这个压力与 U 形管左侧液面上空气的压力相平衡（U 形管两侧液面齐平）时，就可从与等压计相接的压力显示器上读出此温度下的饱和蒸气压。

三、仪器与试剂

仪器：蒸气压测定装置一套，循环水真空泵一台，玻璃缸恒温水浴一套，数显气压计。

试剂：乙酸甲酯。

四、实验操作

饱和蒸气压测定装置如图 4.19 所示。

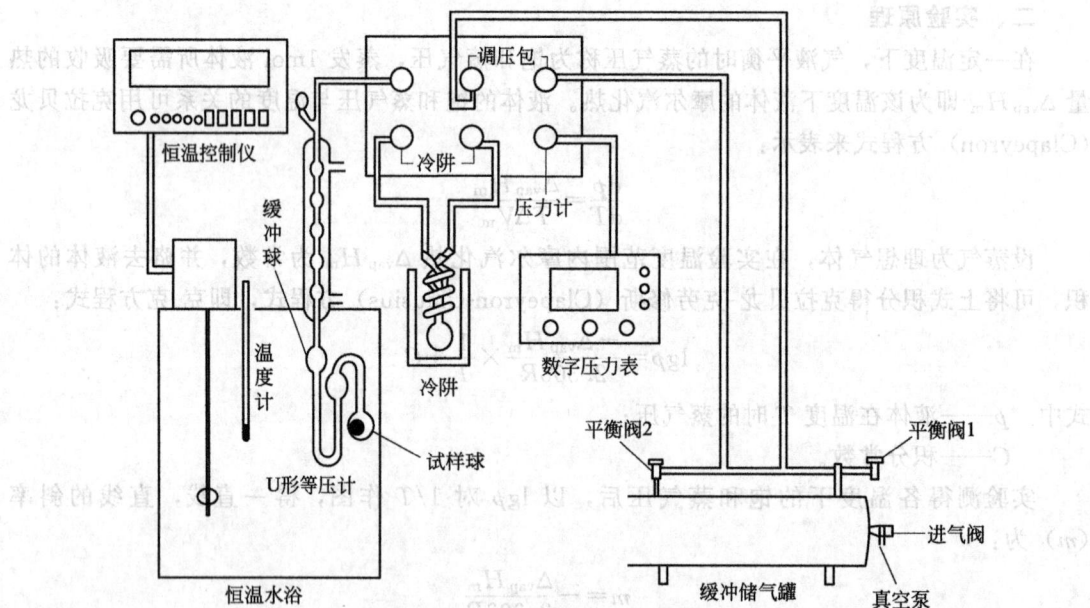

图 4.19　液体饱和蒸气压测定装置

（1）检查装置的气密性。

（2）调节好缓冲瓶上阀门的位置，开启真空泵，控制抽气速度，使等压计中液体沸腾 3～4min，让其中的空气排尽。然后依次关闭阀门、真空泵，停止抽气，通过放气阀缓慢放气入内，至等压计 U 形管两侧液面等高为止，读取此时水浴的温度及压力显示器上显示的压力（实际为真空度）。注意开关阀门与真空泵的顺序。

（3）调节恒温水浴的温度，每上升 3～5℃测定一次乙酸甲酯的蒸气压，在升温过程中应经常开启放气阀，缓慢放入空气，使等压计 U 形管两侧液面接近相平。

（4）实验完毕后，缓缓放入空气至大气压为止。

五、数据记录与处理

（1）将测得的数据及计算结果列表。

（2）根据实验数据作 $\lg p/[p]-[T]/T$ 直线。

（3）计算乙酸甲酯在实验温度范围内的平均摩尔汽化热。

六、思考题

1. 克-克方程式在什么条件下才适用？

2. 如何检查是否漏气？

3. 在体系中安置缓冲瓶和应用毛细管放气的目的是什么？

4. 等压计 U 形管中的液体起什么作用？冷凝器起什么作用？为什么可用液体本身作 U 形管封闭液？

5. 在开启旋塞放空气入体系内时，放得过多应如何补救？实验过程中为什么要防止空气倒灌？

6. 汽化热与温度有无关系？

[相关知识]

1. 气压计的构造和使用

大气压通常是用与大气压力相平衡时的上部完全为真空的汞柱高来表示的。并规定在海平面、纬度 45°及温度为 0℃时的大气压力 760mmHg 或 101325Pa 为标准大气压。

实验室中常用的为数显气压计与福廷式汞气压计，它们的构造分别如图 4.20 与图 4.21 所示。

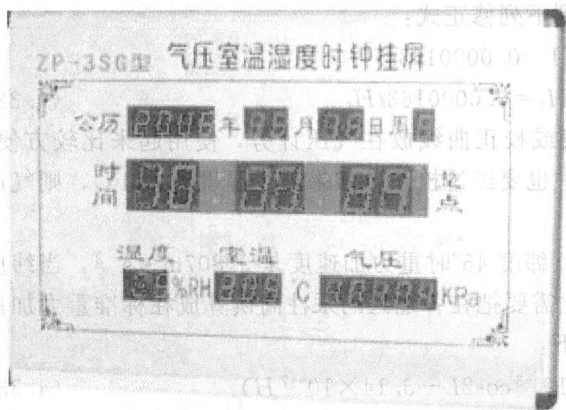

图 4.20　数字气压室温湿度时钟挂屏

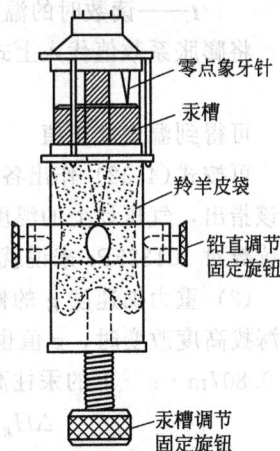

零点象牙针
汞槽
羚羊皮袋
铅直调节固定旋钮
汞槽调节固定旋钮

图 4.21　福廷式汞气压计

福廷式气压计的主要部分为一倒置于汞槽中盛汞的玻璃管，玻璃管顶部绝对真空。汞槽底由一羚羊皮袋封住，可以通过调整下部的螺钉使羚羊皮上下移动，从而调整下部槽中的汞面，使之刚好与固定在槽顶的象牙针尖接触，这个面就是测定汞柱高的基准面。盛汞玻璃管装于具有刻度的黄铜外管中，黄铜管上部的读数部分，相对两边开有槽缝，通过槽缝可观察玻璃管中的汞面。在相对的槽缝中装有可上下滑动的游标。气压计必须竖直安装，如果偏离竖直位置 $1°$，则对 760mm 来说就会造成 0.1mm 的误差。

读取气压计读数时可按下列步骤进行：

① 读出附于气压计上的温度计读数。

② 调整气压计底部螺钉，使汞面与象牙针刚好接触。

③ 调整控制游标上下移动的螺钉，将其上升到略高于汞面的位置，然后缓慢下降，直到目视游标前边缘、后边缘与汞弯月面三者在一平面上（刚好相切），按游标尺零点对准的下面一个刻度读出压力的毫米整数部分，再按游标尺与刻度尺重合得最好的一条线，从游标尺上读出毫米的小数部分。

④ 将读数校正到 0℃ 及标准重力加速度的相应数值。考虑高度差和仪器修正值后，得出气压的最后结果。

数显气压计的使用较为简便，可以直接读出气压值。

2. 气压计的读数修正

用汞柱高来计量大气压力虽很方便，但外界条件对汞柱高的计量有一定影响，因此需把汞柱高的计量系统校正到标准状况。

气压计通常用 mbar 刻度，1mbar＝100Pa；也有用 mmHg 刻度的，1mmHg＝133.32Pa。

（1）温度的修正。温度会影响汞的密度及黄铜刻度标尺的长度，考虑了这两个因素之后，得到下列校正公式：

$$H_0 = H_t - \frac{H_t(\beta-\alpha)t}{1+\beta t}$$

式中　H_0——将汞柱校正到 0℃ 时的读数；

　　　H_t——在 t℃ 时的读数；

　　　α——黄铜的线膨胀系数，0.0000184℃$^{-1}$；

　　　β——汞的体膨胀系数，0.0001818℃$^{-1}$；

　　　t——读数时的温度，℃。

将膨胀系数值代入上式经过化简可得到下列修正式：

$$H_0 = H_t(1-0.0000163t)$$

可得到温度修正值　　　$\Delta H = H_0 - H_t = 0.0000163tH_t$ 　　　　　　　（4.32）

可按式（4.32）作出各温度下的校正表或校正曲线放在气压计旁，使用起来比较方便。应该指出，气压计上的温度计在精密测量中也要经过校正，如果这个温度偏差 1℃，则气压计读数对 101325Pa 来说就会相差 16Pa。

（2）重力加速度 g 的修正。在海平面、纬度 45° 时重力加速度是 9.807m·s^{-2}，当纬度及海拔高度改变时，g 值也有所改变。因此需要把在各地区的汞柱高换算成在标准重力加速度 9.807m·s^{-2} 下的汞柱高，修正公式如下：

$$\Delta H_g = H_0(1-2.6×10^{-3}\cos2L-3.14×10^{-7}H)$$ 　　　　　（4.33）

式中　H_0——已校正到 0℃ 的气压读数；

　　　L——当地纬度；

　　　H——海拔高度，m。

（3）仪器的修正值。这是由于压力计构造上的缺陷或长期使用后汞中溶解微量空气渗入真空部分所引起的。当与标准气压相比较之后，即可得到这项修正值，这项修正值常附于仪器的检定证书中。

（4）高度差的修正。高度差是由气压计下部汞面与实验进行的所在地存在高度差所引起的。在地球表面通常 10m 空气柱大致相当于 120Pa，即每高于地面 10m，气压应减小 120Pa。

例 1 在成都地区用福廷式气压计（带黄铜标尺）读出汞柱高为 716.5mm，这时气压计上的温度计读数为 22℃，试求修正后的正确气压。

仪器修正值（检定证书注前）+0.1mmHg

温度修正值 [按式(4.32) 计算]−2.6mmHg

纬度和海拔高修正值 [按式(4.33) 计算]−0.9mmHg

三项之和 −3.4mmHg，修正后的气压 =（716.5 − 3.4）mmHg = 713.1mmHg 或 95070Pa。

为使用方便，对于一个已安装好的气压计，可把仪器修正、纬度修正、海拔修正合并成一个修正值。在要求不高的场合，也可以只作温度修正。

最后，值得提醒的是，通常在实验室中用玻璃管 U 形汞压计测量压差时，也应进行读数修正。特别是当大气压读数已经修正，再用汞压差计读数与大气压相加减来测定设备内部压力时，更不能忽略这项修正。为简便起见，对玻璃管 U 形汞压差计可只作汞的体积膨胀修正，此时：

$$H_0 = \frac{H_t}{1+0.00018t}$$

式中　　H_0——修正到 0℃时的读数；

　　　　H_t——修正到 t℃时的读数；

　　　　t——汞压差计所在地的温度；

0.00018——汞的体膨胀系数，℃$^{-1}$。

实验室也可以提供气压计的有关修正值数据，学生可以查表修正。

3. 真空泵

用来产生真空的设备通称为真空泵。实验室常用的有循环水多用真空泵与油泵。

（1）循环水多用真空泵。循环水多用真空泵是以循环水作为流体，利用射流产生负压的原理而设计的一种新型多用真空泵，广泛用于蒸发、蒸馏、结晶、过滤、减压、升华等操作中。由于水可以循环使用，避免了直排水现象，节水效果明显，因此，它是实验室理想的减压设备。水泵一般用于对真空度要求不高的减压体系中。图 4.22 为 SHB-Ⅲ型循环水多用真空泵的外观图。

图 4.22　SHB-Ⅲ型循环水多用真空泵的外观图

使用时应注意：

① 真空泵抽气口最好接一个缓冲瓶，以免停泵时水被倒吸入反应瓶中，使反应失败。

② 开泵前，应检查是否与体系接好，然后，打开缓冲瓶上的旋塞。开泵后，用旋塞调至所需要的真空度。关泵时，先打开缓冲瓶上的旋塞，拆掉与体系的接口，再关泵，切忌相反操作。

③ 应经常补充和更换水泵中的水，以保持水泵的清洁和真空度。

（2）油泵。油泵也是实验室常用的减压设备。油泵常在对真空度要求较高的场合使用。油泵的效能取决于泵的结构及油的好坏（油的蒸气压越低越好），好的真空油泵系统压力能抽到 $10\sim100Pa$。油泵的结构越精密，对工作条件要求就越高。图 4.23 为油泵外观图。

图 4.23　油泵外观图

在用油泵进行减压蒸馏时，溶剂、水和酸性气体会造成油的污染，使油的蒸气压提高，降低真空度，同时这些气体可以引起泵体的腐蚀。为了保护泵和油，使用时应注意：

① 定期检查，定期换油，防潮防腐蚀。

② 在泵的进口处放置保护材料，如石蜡片（吸收有机物）、硅胶（吸收微量的水）、氢氧化钠（吸收酸性气体）、氯化钙（吸收水气）和冷阱（冷凝杂质）。

4. 真空压力表

真空压力表常与水泵或油泵连接在一起使用，测量体系内的真空度。常用的压力表有汞压力计、莫氏真空规、真空压力表。在使用汞压力计时应注意：停泵时，先慢慢打开缓冲瓶上的放空阀，再关泵。否则，由于汞的密度较大（$13.9g \cdot cm^{-3}$），在快速流动时，会冲破玻璃管，使汞喷出，造成污染。

实验九　恒温槽的调节及黏度的测定

一、实验目的

1. 掌握恒温槽的调节和使用。

2. 掌握用乌氏（Ubbelohde）黏度计测定液体黏度的方法。

二、实验原理

1. 恒温槽的构造及恒温原理

（1）恒温槽的构造。在生产和科学实验中，经常要求温度恒定，这就需要用到恒温技术。恒温就是使温度在所要求的范围内保持相对稳定，仅有很小波动。实验室中常用恒温槽控制温度，根据所需恒定温度范围的不同，可以选取不同的工作物质，一般在 $0\sim100℃$ 的温度范围内多采用水浴；$100\sim300℃$ 的恒温槽常采用液体石蜡、甘油或豆油作介质；高温恒温槽可用砂浴、盐浴、金属浴。如需低于室温的温度则需附加冷却器。一般使用的恒温槽温度的波动范围约在 $\pm0.1℃$。恒温槽一般由浴槽、加热器、搅拌器、温度控制器等部件构成，其装置示意图如图 4.24 所示。下面分别对恒温槽各部分的设备加以介绍。

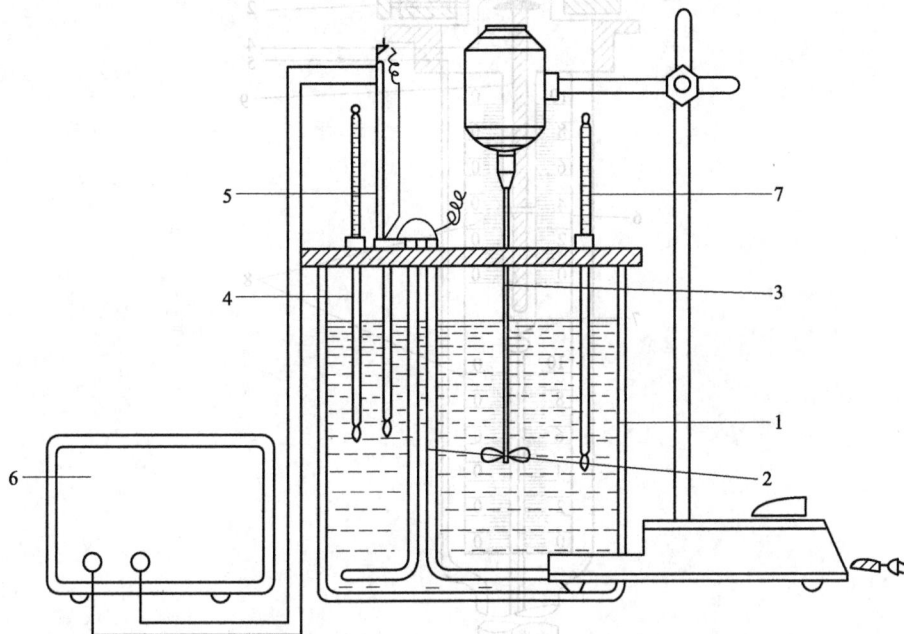

图 4.24　恒温槽装置示意图

1—浴槽；2—加热器；3—搅拌器；4—温度计；5—感温元件；6—温度控制器；7—电子温差仪

① 浴槽。用于盛放恒温介质，一般在室温附近使用的浴槽为大玻璃缸，以便于观察恒温物质的变化情况，其形状和大小视需要而定。

② 加热器及冷却器。如果要求恒温的温度高于室温，则需不断向浴槽中供给热量以补偿其向四周散失的热量；如果要求恒温的温度低于室温，则需不断从恒温槽取走热量，以抵偿环境向槽中的传热。在前一种情况下，通常采用电加热器间歇加热来实现恒温控制。后者需附加冷却器。

③ 搅拌器。一般采用 40W 的电动搅拌器，用变速器来调节搅拌速度。

④ 温度调节器。目前普遍使用的温度调节器是汞定温计，也称为接触温度计（见图 4.25）。它与汞温度计的不同之处在于毛细管中悬有一根可上下移动的金属丝，从汞球也引出一根金属丝，两根金属丝再与温度控制系统连接。

在汞定温计上部装有一根可随管外永久磁铁而旋转的螺杆 9，螺杆上有一标铁 6 与触针 7 相连，当螺杆转动时，标铁上下移动，即能带动触针上升或下降。

汞定温计只能作为温度的触感器，不能作为温度的指示器，恒温槽的温度另由精密温度计指示。

然而，不管是汞温度计还是汞定温计，里面都装有汞，一旦损坏，汞将散发出来，如不及时处理将对实验者造成伤害。因此，在实验室中，经常用热电偶温度计来代替汞温度计，同时热电偶温度计还能起到汞定温计的作用。

⑤ 温度控制器。温度控制器常由继电器和控制电路组成，故又称为电子继电器。从汞定温计或热电偶温度计发来的信号，经控制电路放大后，推动继电器去开关电热器。

电子继电器控制温度的灵敏度很高。通过定温计的电流最大 $30\mu A$，因而定温计的寿命

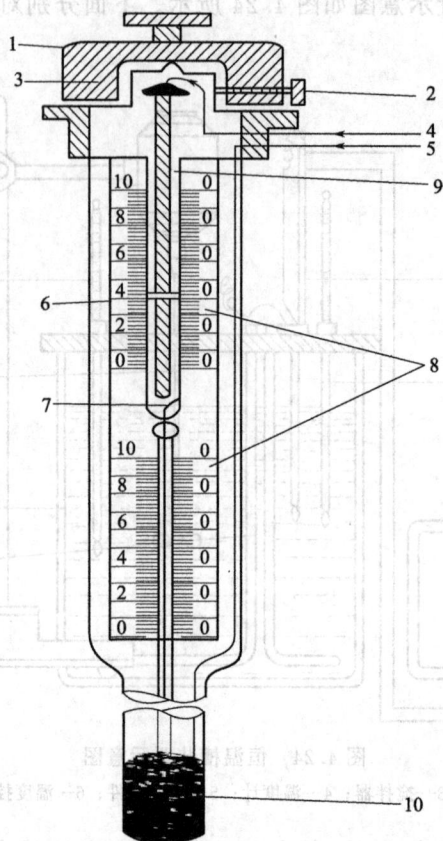

图 4.25　汞定温计

1—调节帽；2—调节帽固定螺钉；3—铁丝；4—螺杆引出线；5—汞槽引出线；
6—标铁；7—触针；8—刻度盘；9—螺杆；10—汞槽

很长，故在实验工作中获得普遍使用。

（2）恒温槽的恒温原理。当维持槽温高于室温时，恒温槽将不断向四周散失热量。通常采用间歇加热的方法及时补偿这项热损失，以维持恒温槽内温度恒定。加热和停止加热的信号是汞定温计或热电偶温度计发出的，发来的信号经控制电路放大后，推动继电器去开、关电加热器。当用汞定温计调节温度时，先转动调节帽 1，使标铁 6 上端与辅助温度标尺相切的温度示值较希望控制的温度低 $1\sim2$℃。当加热至汞柱与触针接触时，定温计成通路，给出停止加热的信号（可从指示灯辨明）。这时观察槽中的精密温度计，根据其与控制温度差值的大小，进一步调节触针尖端的位置。反复进行，直至指定温度为止。最后将调节帽固定螺钉 2 旋紧，使之不再转动。伴随着恒温控制系统的工作，恒温槽上的红（加热）、绿（断开加热）指示灯交替亮灭。当用热电偶温度计调节温度时，先把"测量/设定"扳钮扳至"设定"位置，转动调节旋钮，使温度示值较希望控制的温度低 $1\sim2$℃，然后把"测量/设定"扳钮扳至"测量"位置。当加热至设定温度时，热电偶温度计给出停止加热的信号（可从指示灯辨明）。这时观察槽的温度，根据其与控制温度差值的大小，进一步调节旋钮位置。反复进行，直至指定温度为止。伴随着恒温控制系统的工作，恒温槽上的指示灯交替亮灭。

汞定温计与热电偶温度计的控温灵敏度通常是 ±0.1℃，最高可达 ±0.05℃，已能满足一般实验的要求。

（3）恒温槽的调节。于恒温槽中装好各个部件后，调节汞定温计标铁上沿所指温度比所需温度低 1~2℃。接通电源，开动搅拌器，这时红色指示灯亮，显示加热器在工作。当红灯熄灭后，等温度升至最高，观察汞温度计示值，按其与规定温度差值的大小进一步调整定温计，直到汞温度计达规定值，这时沿正向或反向略转动调节帽即能使红灯绿灯交替亮灭。旋紧固定螺钉，固定调节帽位置后，观察绿灯出现后温度计的最高示值及红灯出现后的最低示值，连续观察数次至最高和最低示值的平均值与规定温度相差不超过 0.1℃ 为止。

若使用玻璃缸恒温水浴等热电偶温度计控制温度时，恒温槽的温度调试见恒温槽的恒温原理中，热电偶温度计调节温度。观察红灯熄灭后温度计的最高示值及红灯点亮后的最低示值，连续观察数次至最高和最低示值的平均值与规定温度相差不超过 0.1℃ 为止。

（4）恒温槽应满足的设计条件。设计一个优良的恒温槽应满足的基本条件是：①汞定温计或热电偶温度计灵敏度高；②搅拌强烈而均匀；③加热器导热良好而且功率适当；④搅拌器、汞定温计或热电偶温度计和加热器相互接近，使被加热的液体能立即搅拌均匀并流经汞定温计或热电偶温度计及时进行温度控制。

2. 液体黏度的测定原理

液体黏度的大小，一般用黏度系数（η）表示。当用毛细管法测液体黏度时，可通过泊肃叶（poiseuille）公式计算黏度系数（简称黏度）：

$$\eta = \frac{\pi r^4 p t}{8VL}$$

式中　V——在时间 t 内流过毛细管的液体体积；

　　　p——管两端的压力差；

　　　r——管半径；

　　　L——管长。

在 C. G. S. 制中黏度的单位为泊（P，$1P = 1dyn \cdot s \cdot cm^{-2}$）。在国际单位制（SI）中，黏度单位为（$Pa \cdot s$）。$1P = 0.1Pa \cdot s$。

按上式由实验来测定液体的绝对黏度是件困难的工作，但测定液体对标准液体（如水、乙二醇）的相对黏度则是简单实用的。在已知标准液体的绝对黏度时，即可算出被测液体的绝对黏度。

设两种液体在本身重力作用下分别流经同一毛细管，且流出的体积相等，则：

$$\eta = \frac{\pi r^4 p_1 t_1}{8VL} \quad \eta = \frac{\pi r^4 p_2 t_2}{8VL}$$

$$p = \rho g h$$

式中　h——推动液体流动的液位差；

　　　ρ——液体密度；

　　　g——重力加速度。

如果每次取用试样的体积一定，则可保持 h 在实验中相同。因此，$\dfrac{\eta_1}{\eta_2} = \dfrac{\rho_1 t_1}{\rho_2 t_2}$。若已知标准液体的黏度和密度，则被测液体的黏度可按上式算得。

三、仪器与试剂

仪器：玻璃缸恒温水浴，乌氏黏度计，精密密度计，洗耳球，秒表。

试剂：蔗糖水溶液，乙二醇。

四、实验操作

(1) 将恒温槽的温度调节在 (20.00±0.05)℃。

(2) 黏度的测定。乌氏黏度计属于毛细管黏度计，其结构如图 4.26 所示。

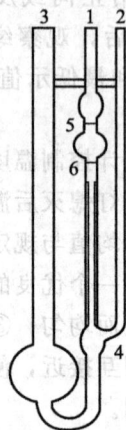

图 4.26　乌氏黏度计

1、2、3—支管；4—支管1、2接口处；5、6—刻度线

在实验前用洗液及蒸馏水洗净黏度计，然后烘干备用。测定步骤如下：

① 取一支洗净并烘干的黏度计，取适量待测液从支管 3 口注入（以不超过支管 1、2 接口处 4 为宜），然后将黏度计置于恒温槽中（确保刻度线 5 在水面以下），并竖直固定于铁架台上，恒温 15min。

② 恒温后，用食指堵住支管 2 的管口，用洗耳球吸支管 1，使黏度计中的液体沿毛细管上升至刻度线 5 以上。

③ 松开食指和洗耳球，使支管 1、2 口与大气相通，管中液体自动下流，当液面流至刻度线 5 时，立即开动秒表，记录液面从刻度线 5 流到刻度线 6 的时间。重复测定液体流经时间，直到两次结果之差小于 0.2s 为止。

(3) 密度的测定。可用比重瓶法或精密密度计准确测定蔗糖水溶液的密度 ρ_2。列出计算式，并将结果填入表 4.6。

表 4.6　恒温槽温度调节及液体黏度测定实验记录

恒温槽温度的调节			液体黏度的测定		
观测项目	最高温度	最低温度	液体名称	蔗糖水溶液	乙二醇
温度/℃			流经时间/s		
平均值/℃			平均值/s		
平均温度/℃			黏度/mPa·s		
温度波动/℃					

注：温度波动写成 (20.00±0.05)℃ 的形式。

五、思考题

1. 如何调节恒温槽到指定温度？

2. 组成恒温槽的主要部件有哪些？它们的作用各是什么？

3. 为什么用乌氏黏度计时加入的标准物及被测物体积应相同？为什么测定黏度时要保持温度恒定？

实验十　溶胶的电泳现象与 ζ 电位的测定

一、实验目的

1. 掌握化学法制备 $Fe(OH)_3$ 溶胶及其纯化的方法。
2. 用宏观电泳法测定 $Fe(OH)_3$ 溶胶的 ζ 电位，掌握测定原理及技术。
3. 加深对溶胶电泳现象的了解。

二、实验原理

溶胶是一种多组分分散系，其分散介质可以是气体（气溶胶）、固体（固溶胶）和液体。溶胶一般是指固体分散在液体中。分散相的胶粒大小在 $1\sim100nm$，因此相界面很大，是热力学的不稳定体系。胶粒表面带有电荷，是从介质中吸附离子或解离而得到的。溶胶之所以能在一定期间内稳定存在，是因为它的电荷、布朗运动及表面溶液化层的存在。

溶胶的制备方法有分散法和凝聚法两大类。分散法是使物质的大颗粒变为胶体颗粒，可以通过机械研磨、超声波、溶剂的胶溶作用来实现。凝聚法就是使分子或离子态存在的物质聚合成胶体粒子，可以通过化学反应的方法，使之在溶液中生成胶粒大小的不溶物；或者变换介质，改变条件使原来溶解的物质变为不溶；或者使物质的蒸气凝结成胶体颗粒。例如，制备金属溶胶时，可把金属制成电极，通电产生电弧，金属受高热成为气体，使之在液体中凝聚成为溶胶。所制备胶粒的分布随制备方法和条件及存放时间而不同。

制备的溶胶中往往有许多杂质，可通过渗析和电渗的方法使之纯化，就是用半透膜把溶胶和溶剂隔开，胶粒较大不能通过半透膜，离子和小分子能透过半透膜进入溶剂，因此不断更换溶剂可把溶胶中的杂质除去。若除去的杂质是离子，则用电渗的方法可提高除杂质的速度。

胶体粒子是由一个胶核和周围的双电层所组成的，其总的结构组成称为胶团。胶核由物质的大量分子或原子所构成，通常有晶体的结构。胶核因本身电离，或在分散介质中选择性地吸附离子而带电。带电胶核因静电引力及离子的扩散作用，吸引介质中的反离子，形成一个呈扩散状态的双电层，双电层由紧密层与扩散层构成。在没有电场时，整个胶团是电中性的，当受到电场的作用时，胶团就在紧密层与扩散层之间的界面上发生分裂。带电胶粒与紧密层中的反离子结合在一起称为胶粒，带有某种过剩电荷，在电场中向某一电极定向移动，即发生电泳现象。

带电胶粒相对于均匀液相内部具有一电位差，称为电动电位，又称为 ζ 电位，利用电泳现象可测定 ζ 电位，因为胶粒的 ζ 电位与其电泳速率有如下的关系：

$$\zeta = \frac{K\eta u}{4\varepsilon E} = \frac{K\eta u}{4\varepsilon(U/l)}$$

式中　η——分散介质的黏度，$Pa \cdot s$；

ε——分散介质的介电常数，$\varepsilon=\varepsilon_r\varepsilon_0$，$\varepsilon_r$ 为相对介电常数，298.15K 时水的 $\varepsilon_r=81.1$，$\varepsilon_0=8.851\times10^{-12}F \cdot m^{-1}$，又 $1F=1C \cdot V^{-1}$，所以 $\varepsilon_0=8.851\times10^{-12}C \cdot V^{-1} \cdot m^{-1}$；

u——胶粒的电泳速率，$m \cdot s^{-1}$；

U——电泳管两端的电压，V；

l——两极间的导电距离，m；

K——与胶粒形状有关的常数，对于球状粒子为 6，棒状为 4（在本实验中按棒状粒子处理）。

本实验中，可观察在电场作用下，电泳测定管中胶体溶液与不含胶粒的无色导电溶液间界面移动不同距离所需时间，以距离对时间作图，从直线斜率求得电泳速率 u。

本实验所测定的氢氧化铁胶体有如下的胶团结构：

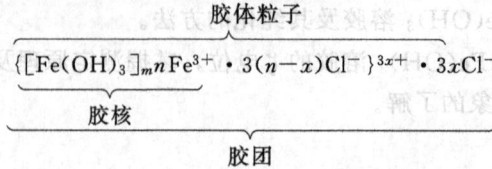

$$\underbrace{\underbrace{[Fe(OH)_3]_m n Fe^{3+}}_{\text{胶核}} \cdot 3(n-x)Cl^-\}^{3x+}}_{\text{胶团}} \cdot 3xCl^-$$

胶体粒子

三、仪器和试剂

仪器：DY-1 型电泳仪，DDS-11A 型电导率测定仪，秒表，直尺。

试剂：细铜丝，KCl 溶液，$Fe(OH)_3$ 胶体溶液，胶棉液。

四、实验操作

(1) 电泳测定装置见图 4.27。将电导与溶胶相同的适量稀 KCl 溶液（辅助液）注入电泳测定管（见图 4.28）的 U 形管中，约 10cm 高。注入时应先将中部管的活塞打开，慢慢加入辅助液，当其刚高过活塞时，立即将活塞关闭，再继续加辅助液至 U 形管中约 10cm 高，这样可防止活塞中有气泡。

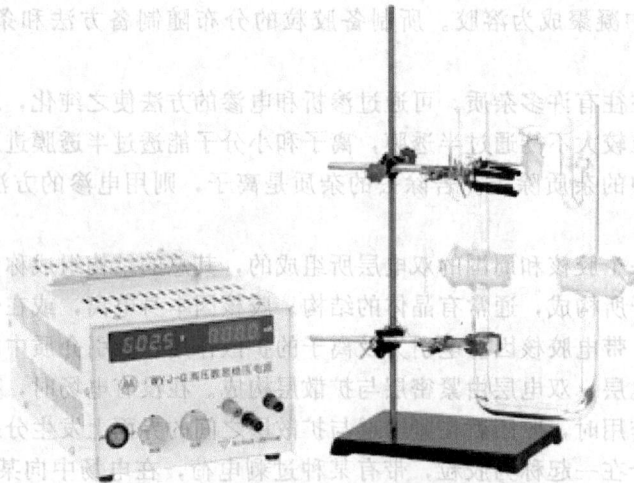

图 4.27　电泳测定装置图

(2) 将待测的 $Fe(OH)_3$ 溶胶从漏斗加入电泳测定管的中部管，然后慢慢开启活塞，使溶胶缓慢（尽量慢）地进入 U 形管中，这时可观察到溶胶与 KCl 溶液之间有一明显界面，且上部的 KCl 溶液随溶胶缓慢进入 U 形管而升高。当 KCl 溶液浸没电极一定深度后关闭活塞。记下界面高度并作一记号。

(3) 按线路将两电极接在直流稳压电源的输出端，调节输出电压在 150～200V，调好电压后接通电键，同时开动秒表计时，并记下此时的界面高度。通电 40～50min，断开电键时记下界面上升距离 l' 及通电时间 t。

(4) 用细铜丝测量两电极端点在 U 形管中沿 U 形管的导电距离 l，测量 4～5 次取平均值。

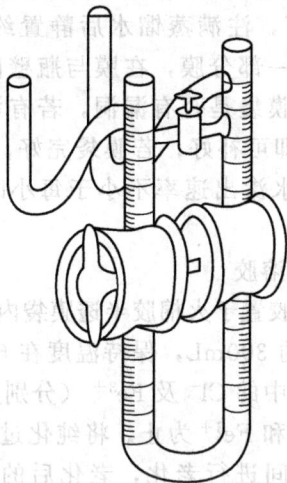

图 4.28　电泳测定管侧视图

五、数据记录与处理

（1）将各数据记入表 4.7 中。

表 4.7　溶胶电泳现象与 ζ 电位测定实验记录

室温/℃	电泳时间/s	电压/V	两极间距离/m	界面移动距离/m

（2）由电泳时间与界面移动距离求电泳速率。

（3）由胶团结构式计算 ζ 电位，其 SI 单位为 V。（20℃时水的黏度 $\eta=1.003\times10^{-3}$ Pa·s；25℃时 $\eta=8.9\times10^{-4}$ Pa·s，水的 $\varepsilon_r=81.1$。注意有 $1V\cdot m^{-1}=1N\cdot C^{-1}$。）

（4）由溶胶电泳时移动方向确定溶胶所带电荷的符号。

六、思考题

1. 电泳速率与哪些因素有关？

2. 本实验中所用稀 KCl 溶液起什么作用？它的电导为什么必须与所测溶胶的电导十分相近？

3. $Fe(OH)_3$ 溶胶胶粒带何种符号电荷？为什么会带此种符号电荷？

4. 溶胶纯化不严格时为何会使界面不清晰？

［注释——$Fe(OH)_3$ 溶胶的制备与纯化］

1. 用水解法制备 $Fe(OH)_3$ 溶胶

在 250mL 烧杯中加入 100mL 蒸馏水，加热至沸。慢慢滴加 20%$FeCl_3$ 溶液 5～10mL，并不断搅拌，加完后继续煮沸 5min，由水解而得到红棕色 $Fe(OH)_3$ 溶胶。在溶液冷却时，反应要逆向进行，因此所得 $Fe(OH)_3$ 水溶胶必须进行渗析处理。

2. 渗析半透膜的制备

选一内壁光滑的 500mL 锥形瓶，洗净、烘干并冷却后，在锥形瓶中倒入约 30mL 6% 的火棉胶溶液（溶剂为 1：3 乙醇乙醚溶液）。小心转动锥形瓶，使火棉胶在锥形瓶上形成均匀薄层，倾出多余火棉胶溶液于回收瓶中。倒置锥形瓶于铁圈上，使剩余火棉胶溶液流尽，并让乙醚蒸发完全，直至闻不出乙醚气味，此时用手指轻触胶膜不粘手，则可用电吹风热风吹 5min。将瓶放正，注满蒸馏水后静置约 10min，使膜中剩余乙醇溶去。倒去瓶中水，用小刀在瓶口剥开一部分膜，在膜与瓶壁间灌水至满，使膜脱离瓶壁，倒去水，轻轻取出所成膜袋。检查膜袋是否有漏洞，若有漏洞，则擦干有洞部分，用玻璃棒蘸火棉胶溶液少许，轻触漏洞即可补好；若膜袋完好，则向其中灌水、将其扎好悬空，袋中水应逐渐渗出，本实验要求水渗出速率不小于每小时 4mL，否则不符合要求，需重新制备。

3. 用热渗析法纯化 $Fe(OH)_3$ 溶胶

将水解法制得的 $Fe(OH)_3$ 溶胶置于火棉胶半透膜袋内，用线拴住袋口，置于 800mL 的清洁烧杯内。在烧杯内加蒸馏水约 300mL，保持温度在 $60\sim70℃$，进行热渗析。每 0.5h 换一次水，并取出 1mL 水检查其中的 Cl^- 及 Fe^{3+}（分别用 1% $AgNO_3$ 及 1% $KCNS$ 溶液进行检验），直至不能检查出 Cl^- 和 Fe^{3+} 为止。将纯化过的 $Fe(OH)_3$ 溶胶移置 250mL 清洁干燥的试剂瓶中，放置一段时间进行老化，老化后的 $Fe(OH)_3$ 溶胶可供电泳等实验使用。

稀 KCl 溶液浓度的确定：作为辅助液，稀 KCl 溶液浓度须按其电导率与溶胶电导率相等的原则调节。配制 KCl 稀溶液前，先测定溶胶的电导率，然后测定稀 KCl 溶液的电导率，调节 KCl 的浓度直至其电导率与溶胶的电导率相等。调节 KCl 浓度时，可采用往溶液中增加 KCl 或添加蒸馏水的办法。

实验十一　盐类溶解热的测定

一、实验目的

1. 了解绝热式量热计的测量原理。
2. 测量量热计的水当量和氯化铵的溶解热。
3. 熟悉数字贝克曼温度计的构造、原理，学会其调节和使用方法。

二、实验原理

盐类溶解时同时进行着两个过程：一是晶格破坏，为吸热过程；一是离子的溶剂化，即离子的水合作用，为放热过程。溶解热则是这两个过程热效应的总和。因此，盐类的溶解过程最终是吸热还是放热，由这两个热效应的相对大小来决定。

温度、压力、溶质和溶剂的性质和用量，是影响溶解热的重要因素。根据物质在溶解过程中溶液浓度的变化情况，溶解热分为积分溶解热和微分溶解热。积分溶解热为等温定压条件下 1mol 物质溶于一定量的溶剂中形成某一浓度的溶液时，所吸收或放出的热量。微分溶解热为等温定压条件下 1mol 物质溶于大量某浓度溶液时，所吸收或放出的热量，这时溶液浓度没有发生可觉察的变化。两者的单位都是 J·mol，但在溶解过程中，前者的溶液浓度连续变化，而后者只有微小的变化或视为不变，故积分溶解热又称为变浓溶解热，微分溶解热又称为定浓溶解热。

积分溶解热可用量热法直接测得，微分溶解热可以从积分溶解热间接求得，其方法是先求出在定量溶剂中加入不同量溶质时的积分溶解热，然后以此热效应为纵坐标、以溶质物质的量为横坐标绘成曲线，曲线上任一点的斜率即为该浓度时的微分溶解热。

溶解热的测定通常是在绝热式量热计中进行的，通过测定体系溶解前、后温度的变化来计算该溶解过程的热效应。盐类的溶解过程可用图 4.29 表示。

图 4.29 中 C 表示除盐和水以外的物体（如量热计、温度计等），它的热容用 K' 表示。

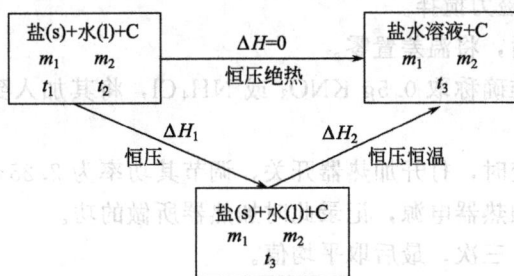

图 4.29　盐类溶解过程示意图

$$\Delta H_1 = m_1 c_{p,1}(t_3 - t_1) + m_2 c_{p,2}(t_3 - t_2) + K'(t_3 - t_2)$$
$$= m_1 c_{p,1}(t_3 - t_1) + (m_2 c_{p,2} + K')(t_3 - t_2) \tag{4.34}$$

式中　ΔH_1——质量为 m_1 的盐温度从 t_1 至 t_3 的焓变与质量为 m_2 的水和物体 C 从 t_2 至 t_3 的焓变之和；

　　　　t_1——溶解前盐的温度；

　　　　t_2——溶解前水和物体 C 的温度；

　　　　t_3——溶解后盐的水溶液和物体 C 的温度；

　　　　$c_{p,1}$——盐的比热容；

　　　　$c_{p,2}$——水的比热容；

　　　　K'——物体 C 的热容。

在实验过程中，量热计中水的量是一定的，因此 $m_2 c_{p,2} + K'$ 是一个常数，称为量热计常数，用符号 K 表示，可以看作是量热计的总热容，通常用水当量表示。$K = m_2 c_{p,2} + K'$。K 值包括量热计各部分热容之和。式(4.34) 可改写为：

$$\Delta H_1 = m_1 S_1(t_3 - t_1) + K(t_3 - t_2) \tag{4.35}$$

又因为　　　　　　　　$\Delta H = \Delta H_1 + \Delta H_2 = 0 \tag{4.36}$

　　所以　　　　　　$\Delta H_2 = -\Delta H_1 = m_1 S_1(t_1 - t_3) + K(t_2 - t_3) \tag{4.37}$

式中　ΔH_2——温度为 t_3 质量为 m_1 的盐的溶解热。

量热计常数 K 可采用间接法测定。与待测盐使用同一量热计，测定已知溶解热的 KCl 溶解过程中体系温度的改变值，由式(4.37) 即可确定量热计的 K 值。K 值确定后，就可以用该量热计测量任何盐的溶解热。

对于物质的溶解热，还可以采用另外一种方法测量。当物质溶解使溶液温度降低并达到平衡之后，采用加热器将溶液温度加热至初始温度，加热器所做的功数值上与物质溶解过程所吸收的热相等，由此也可以得到物质的溶解热。如果物质溶解过程为放热过程，则需要把加热器换成制冷器。

三、仪器与试剂

仪器：溶解热测量装置一套，250mL 保温杯一个，电子天平。

试剂：KNO_3，NH_4Cl。

四、实验操作

(1) 将保温杯洗净，擦干。

（2）打开溶解热测量装置电源，用带有温度计、加热器的橡胶塞盖住保温杯，向其中加入 100mL 蒸馏水，打开磁力搅拌。

（3）待温差稳定之后，将温差置零。

（4）在电子天平上准确称取 0.5g KNO_3 或 NH_4Cl，将其加入到保温杯中，使其溶解，温度开始下将。

（5）等水温降至不变时，打开加热器开关，调节其功率为 2.25～2.3W，直至温差变为零时，停止加热，关闭加热器电源，记录此时加热器所做的功。

（6）重复（3）～（5）三次，最后取平均值。

五、数据记录与处理

1. 数据记录

室温：　　　　　　　　大气压：

序号	KNO_3 质量/g	加热器做功/J
1		
2		
3		

室温：　　　　　　　　大气压：

序号	NH_4Cl 质量/g	加热器做功/J
1		
2		
3		

2. 数据处理

（1）查出 KNO_3 摩尔溶解热的文献值，并利用实验数据求出量热计的 K 值。

（2）根据量热计 K 值及实验数据求出 NH_4Cl 的溶解热。

（3）查出 NH_4Cl 摩尔溶解热的文献值，计算相对误差。

六、思考题

1. 为什么要测量量热计的 K 值？

2. 溶解前水和量热计的温度和盐溶液的浓度对溶解热有无影响？

3. 如何从实验温度下测得的溶解热，计算出其他温度下的溶解热？

4. 分析实验中温差的各种影响因素。

实验十二　催化剂的制备及其活性和选择性的测定

一、实验目的

1. 制备钯催化剂和镍催化剂用于炔烃选择加氢制乙烯。

2. 测量乙炔加氢的活性和选择性，对催化剂进行评选。

二、实验原理

催化加氢是有机催化反应中最基本而似乎又较为简单的一类反应。在石油的加工、精制中许多反应都和加氢、脱氢及一些相关的反应有关。在石油烃高温裂解生成乙烯和丙烯的过程中，裂解气中含有（2000～5000）×10^{-6}的炔烃气体，这些炔烃严重影响烯烃的质量及用途。近年来，聚合级乙烯中乙炔的含量逐年降低，目前要求乙炔含量低于 5×10^{-6}，对于某些特定过程甚至要求含量低于 2×10^{-6}。这就需要采用适当的方法除去裂解气中的炔烃。

现代工业上多采用催化选择加氢法除去乙炔。对于这种加氢催化剂，除要求具有高的活性外，还要求有高的选择性，即只能促使乙炔加氢而不使乙烯加氢，也不促使产生其他副反应。

镍催化剂具有高的加氢活性，但选择性很差。钯催化剂具有很高的加氢活性，如在其中添加适量的铅，使之部分中毒，则可降低其对乙烯加氢的活性，但仍保留其对乙炔加氢的活性。

浸渍法是制备催化剂常用的一种方法。它是在多孔载体上浸渍含有活性金属的盐溶液，再经干燥、焙烧、还原等操作而成。活性物质被载附于载体的微孔中，催化反应就在这些孔中进行。

载体对催化剂性能的影响很大，应根据需要对载体的比表面积、孔结构、耐热性和几何外形等进行选择。催化剂载体的种类很多，例如氧化铝、氧化硅、活性炭、硅酸铝、分子筛、硅藻土等。

目前还需要对不同的制备条件所得产品进行筛选，以便从中选出最好的产品，这就要求能快速地对催化剂活性和选择性进行测定。近年来微型反应器技术的发展，使问题得到了较好的解决，顾名思义，这种反应器的特点是所用催化剂很少，催化层也很短，相应所用反应物的量也很少，因而反应的热效应很小，可使反应床温度基本保持不变。由于这种反应器通常都与色谱联合使用，所以能及时进行产物的分析，因而操作简单、快速，特别适合于对大量催化剂进行评选。

微型反应器有两种操作方式，即流动反应器方式和脉冲反应器方式。在流动反应器方式中，反应物连续通过反应器（通常是填有催化剂的小管），借助于色谱进样阀间歇地从反应后的尾气中取样进行色谱分析，故这种操作方式又称为"尾气"技术。原则上讲，它和其他稳态流动反应器并无区别。相反，脉冲反应器方式则是非稳态操作。反应物脉冲试样由连续流动的载气带进催化床中，然后进入紧接的色谱柱对产物进行色谱分析。

脉冲反应所需反应物很少，实验操作简单，很快即能得到结果，适用于大量筛选催化剂。但需注意的是，除一级反应外，脉冲法与流动法的结果不完全一致。即便如此，对于评选催化剂来说，仍可达到对活性和选择性进行半定量比较的目的。

三、仪器与试剂

仪器：气相色谱仪（具有热导池鉴定器），微型反应器，管式电炉。

试剂：色谱硅胶（60～80 目），硅藻土载体（红色载体 40～60 目），硝酸镍，氯化钯，醋酸铅，电石，无水乙醇，活性氧化铝，氢氧化钾。

四、实验操作

（1）气相色谱分析乙烷、乙烯和乙炔可采用硅胶柱。取 60～80 目色谱硅胶装入直径 4mm、长 3m 的不锈钢柱中，在 200℃通载气活化 2h 即可使用。当采用 SP-2305 气相色谱仪时，可用下列色谱条件：柱温 70℃，载气 H_2 70mL·min^{-1}，电桥电流 180mA，检测室温度 70℃。

(2) 乙炔的制备：用电石反应生成乙炔，经氢氧化钾溶液洗涤后用排水法收集在集气瓶中。

(3) 乙烯的制备：使乙醇蒸气通过装有活性氧化铝催化剂的反应管，在 400～450℃ 脱水即得乙烯。从反应管出来的气体先经冰水冷却除去未反应的乙醇，然后用排水法收集在集气瓶中。

(4) 催化剂的制备：取 40～60 目红色硅藻土载体各 1g 分别置于 3 个瓷坩埚中。一个用硝酸镍溶液浸渍，另两个用氯化钯溶液浸渍。计算好溶液的用量，使镍催化剂中含镍为 5%，钯催化剂中含钯 0.1%。经烘干后，在电炉中 500℃ 焙烧 2h。然后在微型反应器中塞一团玻璃毛，取 0.5g 催化剂装入反应管中，通氢气，在 250℃ 还原 15min～1h 即可使用。在还原过程中，可将反应管下部螺帽打开，避免还原产物进入色谱柱。取一份已还原的钯催化剂再用醋酸铅溶液浸渍，使催化剂含铅量达 0.1%～1%，经烘干，500℃ 焙烧，氢气还原，即得部分中毒钯催化剂。

(5) 微型反应器用内径 6mm 的不锈钢管制成。两端有螺帽压紧的硅橡皮垫，可用注射器由此注入反应气体，也便于由此装卸催化剂。反应管和进气预热管均铸于铝锭中，以利于温度的恒定。铝锭钻有两排共 12 个直径 10mm、深 60mm 的圆孔，其中装入 12 支 25W 的电路铁芯子。靠近反应管有热电偶插入孔。铝锭温度用调压器控制。催化剂还原以后，把反应管下端螺帽装好，调整色谱仪使其正常工作。同时停止加热铝锭，让其缓慢自然冷却，过程中每隔 10～20℃ 从反应管上端注入 0.2～0.4mL 乙炔，记录乙烷、乙烯和乙炔的色谱峰高（出峰顺序是：乙烷、乙烯、乙炔）。然后从色谱仪进样器或反应管下端进入乙炔和乙烯的标准样，记录它们的保留时间和峰高，从而计算乙炔的转化率和乙烯的收得率。做完一种催化剂试样后，关电桥电流，打开反应管上、下端螺帽，捅出催化剂，更换另一种催化剂，重新升温、还原，同法进行实验。

五、数据记录与处理

实验数据按表 4.9～表 4.11 形式记录，用实验测得的结果比较三种催化剂的活性和对乙炔加氢的选择性。

表 4.9 催化剂制备

载体	活性物质含量/%	焙烧温度	焙烧时间	还原温度	还原时间

表 4.10 色谱条件

色谱吸附剂	柱长	柱径	柱温	载气及流量	电桥电流	检测温度

表 4.11 催化剂活性及选择性

温度	催化剂及用量	反应物及用量	乙烷峰高	乙烯峰高		乙炔峰高		乙炔转化率	乙烯收得率
				反应后	标准样	反应后	标准样		

[注释]

1. 活性、选择性和寿命是催化剂的重要性质。实验测定寿命比较困难，有时可通过测试其抗毒能力和抗热老化能力来作出估计。

一般实验教材中对催化剂的选择性很少涉及。本实验的特点是能同时测定催化剂活性和选择性。

2. 微型反应器与色谱联用具有设备简单、样品需要量少、操作方便等优点。当采用"尾气"技术时与一般流动法并无区别；而当采用脉冲技术时，则因其属于非稳态操作，有必要检验其与稳态流动法之间是否存在差别。

六、思考题

1. 微型反应器与色谱联用进行催化剂活性和选择性的初步筛选有什么优点？

2. 本实验是否可用氮气作载气？可否用氢火焰作鉴定器？

3. 本实验用色谱峰高定量是否准确？如何验证？

七、选作课题

1. 在裂解原料气中常含有 $(5000 \sim 30000) \times 10^{-6}$ 的 CO，CO 的竞争吸附对催化剂选择加氢活性和选择性均有影响。试安排设计实验，测定其影响。

2. 按照文献 L. Guezi，React. Kinet. Catal. Lett，1985，27（1）：147 所述方法制备含铜的 $0.04Pd/Al_2O_3$ 催化剂，其中 $Cu : Pd = 90 : 10$（原子比）。并测试其对乙炔加氢活性和选择性的影响或作用。

实验十三　热分析法测绘二组分金属相图

一、实验目的

1. 掌握二组分体系的步冷曲线及相图的绘制方法。

2. 了解热分析法的测量技术，掌握热电偶测量温度的方法。

3. 用热分析法测定 Pb-Sn 二组分金属相图。

二、实验原理

金属相图是采用热分析法由一系列组成不同的样品的步冷曲线进一步绘制而成的。所谓步冷曲线（即冷却曲线），是将体系加热熔融成均匀液相后，使之逐渐冷却，在冷却过程中，每隔一定时间记录一次温度，将所得的一系列温度对时间的数据，绘制成表示温度与时间关系的曲线。图 4.30 是 Pb-Sn 二组分金属体系的步冷曲线及相图。

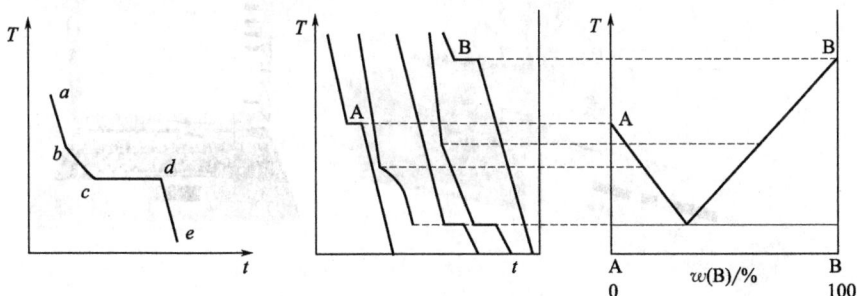

图 4.30　热分析法绘制相图

熔融体系在均匀冷却过程中无相变时，温度将连续均匀下降，得到一条连续的冷却曲线；若在冷却过程中发生了相变，则因放出相变热，使热损失有所抵偿，温度变化将减缓或维持不变，冷却曲线就出现转折或呈水平线段，转折点所对应的温度即为该体系的相变温度，所以，由体系的冷却曲线可知体系在冷却过程中的热量变化，从而确定有无相变及相变温度，此方法称为热分析法。

纯物质的步冷曲线如图 4.30 中 A、B 所示,熔融态从高温冷却,开始降温很快,当开始凝固时,体系出现固、液两相平衡,由于相变放出潜热,温度维持不变,此时步冷曲线上出现水平段,直至液相全部凝固,温度才下降。

混合物的步冷曲线与纯物质的步冷曲线不同,体系均匀冷却到开始有固溶体析出时,液相成分不断改变,平衡温度不断变化,因为不断放出相变热,所以体系冷却速度减慢,曲线陡度变小,出现转折点,到了低共熔点温度时,β 固溶体同时析出,体系出现 α、β 及液相三相平衡。

绘出一系列组成不同体系的步冷曲线后,由转折点找出所对应体系相变温度,则可由熔点组成数据绘制出二组分体系的金属相图。

三、仪器与试剂

仪器:装砂杯 2 个,500W 加热炉 1 个,1 kW 调压器一台,杜瓦瓶 1 个,试管架 1 个,秒表 1 块,硬质玻璃管 6 支,小烧杯 1 个,表面皿 1 块,酒精灯 1 盏,电压表(0~25mV)1 台,热电偶 1 支(铜-康铜热电偶装入小玻璃套管内,连同套一起使用,热端与玻璃管端头处装入少量 Al_2O_3)。

试剂:纯铅,锡,铋,石墨粉。

四、实验操作

(1) 按表 4.12 中的质量分数配制样品。

表 4.12　合金组成

Pb 质量分数/%	100	70	38.1	20	0
Sn 质量分数/%	0	30	61.9	80	100

将样品分别装入硬质玻璃试管中,上面覆盖一层石墨粉,以防止金属加热时被氧化。

(2) 按图 4.31 安装仪器。本实验是高温体系,用热电偶配合电压表(mV)测定体系的温度,热电偶热端插入样品试管中,样品试管再放入加热炉中,热电偶冷端插入杜瓦瓶中,瓶中水温恒定在 0℃或其他温度。

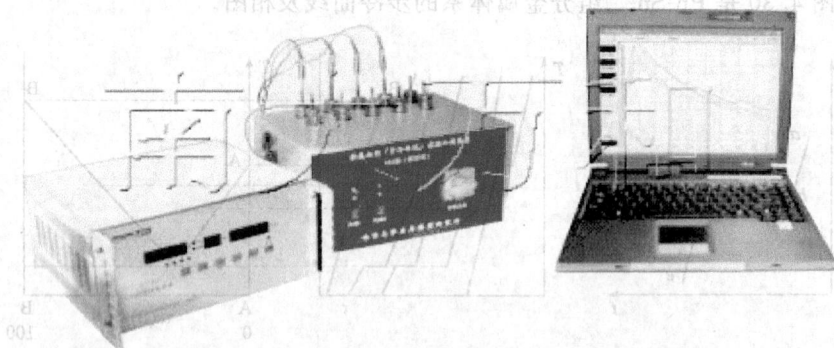

图 4.31　实验装置图

(3) 依次测定各样品的步冷曲线。将样品试管放入加热炉中,接通电炉电源,加热样品,用热电偶搅拌,直到没有固体存在的感觉,则样品熔融(纯铅熔融温度最高,控制电压110V,其余样品均低于110V。若升温太高,样品易氧化变质,且会延长冷却时间;若没有完全熔化,则不能明显地测得转折点)。样品熔化,调压器电压调回到零位,停止电炉加热。将样品试管移入冷却保温炉中缓慢冷却,用夹子夹住热电偶,使热电偶热端固定在样品中部，离样品管底约 1cm，并每隔 0.5min 记录一次电压表（mV）上的读数，至样品完全凝固后再记录 7～8 次。

（4）热电偶测定水的沸点。烧杯中装入 2/3 杯水，盖上表面皿，在电炉或酒精灯上煮沸，将热电偶热端插入沸水中央（热端不接触烧杯底部），测定水沸腾时对应的电压值，作为标定热电偶的一个定点。

五、数据记录与处理

1. 数据记录

将实验数据填入表 4.13。

表 4.13　热分析法测绘二组分金属相图实验记录

室温：_____　气压_____

时间/min	电压/mV					
	100%Pb	70%Pb	38.1%Pb	20%Pb	0%Pb	100%Bi
0.0						
0.5						
1.0						
15.0						
15.5						

2. 数据处理

① 以电压表读数（mV）为纵坐标、时间为横坐标，作各样品的电压值随时间变化的步冷曲线。

② 以纯 Pb、Sn、Bi 的熔点和水的沸点为标准温度作纵坐标，冷却曲线上相应转折点电压读数为横坐标，作温度-电压（mV）的关系曲线（数据列表 4.14）

表 4.14　温度-电压关系

标准物	熔（沸）点/℃	电压/mV
Pb	327	
Sn	232	
Bi	271	
水	100	

③ 从温度-电压关系曲线上查出各曲线转折点温度，记入表 4.15。

表 4.15　各曲线转折点温度

组成	转折点 I		转折点 II	
	电压/mV	查图温度/℃	电压/mV	查图温度/℃
100%Pb				
70%Pb				
38.1%Pb				
20%Pb				
0%Pb				

④ 以温度（查图）为纵坐标、质量分数为横坐标，作 Pb-Sn 体系相图。

⑤ 从相图求出低共熔点及低共熔混合物的成分。

[注释]

1. 因为固溶体相变热小，因此用本实验的方法不易测出相变点，比较好的方法是差热分析法。

2. 金属在高温下极易氧化，氧化使金属组成不断发生变化，而且氧化物影响热的传导，致使相变点移位，氧化严重时，甚至无法测出相变点，所以一个样品如要进行多次重复测量，防止氧化就变得十分重要。对于 Pb，未熔之前就已有一层 PbO，熔完后橙黄色的 PbO 的量已经是相当可观了。为防止氧化，一是用惰性气体（如 N_2）保护，把氧赶走；二是加隔离剂，使氧与样品隔离。固体粉末隔离剂，如石墨，可用于任意温度，但隔离不彻底，且易混入金属中，影响热传导。

液体隔离剂隔离较彻底，但要求在测定温度范围内始终保持液态而无相变，故没有普遍适用的液体隔离剂。液体隔离剂有蜡、松香，也可用金属热处理熔盐，如 NaOH、KOH、KNO_3、$NaNO_3$、KNO_2、$NaNO_2$、NaCl、$BaCl_2$ 等其中几种的混合物，其中 55% $NaNO_3$ + 45% $NaNO_2$ 的低共熔点是 137℃，很适合该体系，但用后需盖严，以免吸潮。

3. 热电偶测温有感温滞后的问题，这是由于热电偶通常安装在一个结实的套管中，热从套管传入热电偶需要一定的时间，如果这段时间太长，相变的转折点就会不明显，甚至步冷曲线的平台（如 Sn 的熔点）都不明显，为此，要尽量使热电偶的热传导性能良好。如果在测定的温度范围内，热电丝仍有较好的机械强度，则可使热电偶热端露出，这是最理想的，如用套管，则套管材料热容应小、导热要好，套管不能太大，壁不能太厚，并在套管中加入耐温液体（如加石蜡，温度 440℃ 以上，石蜡蒸气可能炭化而导电，热电偶无法测温）或充入固体（如 Al_2O_3）粉末。

4. 样品在冷却过程中要控制好冷却速度，冷却太快，熔点偏低，相变点不明显，最好将样品放入一个能控制冷却速度的保温电炉中冷却（用调压变压器控制加热）；或是用绝热材料（如硅铝酸纤维）包裹样品管（不要留空隙），也可以增加样品的量，使其有足够的相变热供散失。

5. 测温时要注意选择测温点，因样品的温度两边低、中间高，因此热电偶热端应放在样品中间稍偏下处，并且测每个样品时都要保持同一标准，更要注意热电偶热端始终在套管的底部，否则相变点会偏移，低共熔点都不在一个温度上。

六、思考题

1. 热电偶测量温度的原理是什么？为什么要保持冷端温度恒定？怎样恒定？

2. 金属熔融体冷却时，冷却曲线上为什么会出现转折点？水平段的长短与什么有关？

3. 应用相律说明所作相图上各点、线、区域的自由度，并解释其物理意义。

4. 试分析测得的各样品低共熔点不一致的可能原因。

实验十四　偏摩尔体积的测定

一、实验目的

1. 测定 NaCl 水溶液中各个组分的偏摩尔体积。

2. 掌握测定液体密度的比重瓶法。

二、实验原理

在恒温恒压下，设某二组分溶液由物质的量为 n_A 的组分 A 和物质的量为 n_B 的组分 B

所组成，那么，溶液的任何广度性质 Y 可以表示为：

$$dY = \left(\frac{\partial Y}{\partial n_A}\right)_{T,p,n_B} dn_A + \left(\frac{\partial Y}{\partial n_B}\right)_{T,p,n_A} dn_B \tag{4.38}$$

定义　$Y_A \equiv \left(\frac{\partial Y}{\partial n_A}\right)_{T,p,n_B}$，$Y_B \equiv \left(\frac{\partial Y}{\partial n_B}\right)_{T,p,n_A}$

分别为物质 A 和物质 B 的性质 Y 的偏摩尔量，积分式(4.38) 可得偏摩尔量的集合公式：

$$Y = n_A Y_A + n_B Y_B \tag{4.39}$$

再定义二组分溶液中物质 B 的表观摩尔体积为 $\phi_V \equiv \dfrac{V - n_A V_A^*}{n_B}$ \tag{4.40}

式中　V——溶液的总体积；

　　　V_A^*——指定 T、p 下纯 A 的摩尔体积。

由式(4.40) 可得 $V = n V_A^* + n_B \phi_V$ \tag{4.41}

式(4.41) 在恒 T、p 及 n_A 条件下对 n_B 微分，可得 $V_B = \phi_V + n_B\left(\dfrac{\partial \phi_V}{\partial n_B}\right)_{T,p,n_A}$ \tag{4.42}

再以 V、V_A 和 V_B 分别代替式(4.39) 中的 Y、Y_A 和 Y_B，则

$$V = n_A V_A + n_B V_B \tag{4.43}$$

由式(4.41)、式(4.42) 和式(4.43) 可得

$$V_A = \frac{1}{n_A}\left[n_A V_A^* - n_B^2\left(\frac{\partial \phi_V}{\partial n_B}\right)\right]_{T,p,n_A}$$

即

$$V_A = V_A^* - \frac{n_B^2}{n_A}\left(\frac{\partial \phi_V}{\partial n_B}\right)_{T,p,n_A} \tag{4.44}$$

在已知 n_A、n_B 和 V_A^*，并求出 ϕ_V 和 $\dfrac{\partial \phi_V}{\partial n_B}$ 的情况下，可用式(4.44) 和式(4.42) 计算 V_A 和 V_B。

溶液体积可表示为：

$$V = \frac{n_A M_A + n_B M_B}{\rho} \tag{4.45}$$

式中　ρ——溶液密度；

M_A、M_B——物质 A 和 B 的摩尔质量。

代入式(4.40) 得

$$\phi_V = \frac{1}{n_B}\left(\frac{n_A M_A + n_B M_B}{\rho} - n_A V_A^*\right) \tag{4.46}$$

若选取包含 1kg 溶剂 A 的溶液来讨论，则 $n_A = 1\text{kg}/M_A$，$n_B = 1\text{kg} \cdot b_B$，其中 b_B 为溶质的质量摩尔浓度。代入式(4.46) 得：

$$\phi_V = \frac{1}{b_B}\left(\frac{1 + b_B M_B}{\rho} - \frac{V_A^*}{M_A}\right) = \frac{1}{b_B}\left(\frac{1}{\rho} - \frac{1}{\rho_A^*}\right) + \frac{M_B}{\rho} \tag{4.47}$$

即

$$\phi_V = \frac{1}{b_B \rho \rho_A^*}(\rho_A^* - \rho) + \frac{M_B}{\rho} \tag{4.48}$$

式中　ϕ_V——物质 B 的表观摩尔体积，$\text{m}^3 \cdot \text{mol}^{-1}$；

　　　b_B——溶液中溶质 B 的质量摩尔浓度，$\text{mol} \cdot \text{kg}^{-1}$；

　ρ、ρ_A^*——溶液及纯物质 A 的密度，$\text{kg} \cdot \text{m}^{-3}$；

M_A、M_B——A、B 二组分的摩尔质量，$\text{kg} \cdot \text{mol}^{-1}$。

由式(4.48) 对 n_B 微商可得 $(\partial \phi_V / \partial n_B)$，但 $\phi_V - n_B$ 并非直线关系。德拜-休格尔 (Debye-

Htickel) 证明，对于强电解质的稀水溶液，$\phi_V - b_B^{1/2}$ 为线性关系。仍选包含 1kg 物质 A 的溶液来讨论，变化率 $(\partial\phi_V/\partial n_B)_{T,p,n_A}$ 的数值可表示为：

$$\left(\frac{\partial\phi_V}{\partial b_B}\right)_{T,p} = \left(\frac{\partial\phi_V}{\partial b_B^{1/2}} \cdot \frac{\partial b_B^{1/2}}{\partial b_B}\right)_{T,p}$$

即

$$\left(\frac{\partial\phi_V}{\partial b_B}\right)_{T,p} = \frac{1}{2b_B^{1/2}}\left(\frac{\partial\phi_V}{\partial b_B^{1/2}}\right)_{T,p} \tag{4.49}$$

故计算过程可简单归纳为：用式(4.48) 计算出 ϕ_V，以 ϕ_V 对 $b_B^{1/2}$ 作图，画出最佳直线并求出直线斜率，由斜率按式(4.49) 求出 $(\partial\phi_V/\partial n_B)_{T,p,n_A}$。采取匀整的数据处理方法，在 $\phi_V - b_B^{1/2}$ 直线上找出每个样品的质量摩尔浓度所对应的 ϕ_V 值（记为 ϕ_V'），将 ϕ_V' 和 $(\partial\phi_V/\partial n_B)_{T,p,n_A}$ 值分别代入式(4.42) 和式(4.44)，即可求出 V_A 和 V_B。

三、仪器与试剂

仪器：恒温槽 1 套、50mL 磨口锥形瓶 6 个、10mL 比重瓶（见图 4.32）12 个、量筒 1 个。

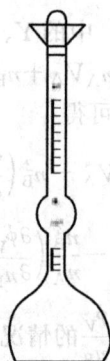

图 4.32　比重瓶

试剂：分析纯的 NaCl。

四、实验操作

(1) 调节恒温槽至设定温度（如 25℃），恒温槽水温至少应比室温高 5℃。

(2) 配制不同组成的 NaCl 水溶液。用称量法配制质量分数约为 1％、4％、8％、12％ 和 16％ 的 NaCl 水溶液，先称锥形瓶（注意带盖），然后小心地加入适量的 NaCl 再称量，用量筒加入所需蒸馏水（约 40mL）后再称量。用减量法分别求出 NaCl 和水的质量，并求出它们的百分浓度。各溶液所需 NaCl 和水的量，应在实验前估算好。

(3) 了解用比重瓶测液体密度的方法。洗净、干燥比重瓶，将比重瓶先用自来水洗涤，再用去离子水洗涤，然后用无水乙醇洗涤，最后进行干燥。在分析天平上称量空比重瓶。

(4) 将比重瓶装满去离子水，放入恒温槽内恒温 10min，然后调整比重瓶内液体的量，使比重瓶内液面一端在刻度线上，另一端与瓶口齐平，注意比重瓶内液体中不应有气泡。将比重瓶盖上盖子，注意盖盖子时要小心，不能将瓶内液体挤出。擦干比重瓶外部，在分析天平上再称量。重复本步骤一次。

(5) 将已进行步骤（4）操作的比重瓶用待装溶液洗涤 3 次（或干燥），再装满 NaCl 水溶液，放入恒温槽内恒温 10min。为了节省时间，可以将盛 NaCl 水溶液的磨口塞锥形瓶放入恒温槽内恒温 10min 以上，将恒温后的溶液装入比重瓶后再放入恒温槽内恒温 2min。然后调整比重瓶内液体的量，使比重瓶内液面一端在刻度线上，另一端与管口齐平，注意比重瓶内液体中不应有气泡。将比重瓶盖上盖子，注意盖盖子时要小心，不能将管内液体挤出。擦干比重瓶外部，在分析天平上称量。重复本步骤操作一次。

用上述步骤（5）的方法对其他浓度 NaCl 溶液进行操作。

五、数据记录与处理

（1）由测量温度下水的密度（见 6.2.13）和空气的密度计算比重瓶的精确体积和各溶液的密度。空气的密度（kg·m^{-3}）为：

$$\rho_{空}=\frac{1.293}{1+0.00367t}\times\frac{p}{101325}$$

式中　　t——室温，℃；

　　　　p——大气压力，Pa。

（2）计算各溶液的质量摩尔浓度 b_B 和 $b_B^{1/2}$ 以及 NaCl 的摩尔分数 x_B。

（3）由式(4.48)计算各浓度下的 ϕ_V，作 ϕ_V-$b_B^{1/2}$ 图，由直线斜率和截距求出 $\frac{\partial\phi_V}{\partial n_B}$ 和 ϕ'_V。

（4）由式(4.44)和式(4.42)分别计算 V_A 和 V_B。

（5）作 V_A-x_B 和 V_B-x_B 图。

［注释］

1. 恒温时间一定不能少于 30min，以保证系统达到恒温要求。

2. 称量前一定要把比重瓶外的液体擦干。称量操作要迅速，且用手指抓住瓶颈处，不要抓瓶体，以免温升过高，液体外溢。

3. 如果水样不是蒸馏水而是去离子水，或者蒸馏水放置时间较长，则应进行煮沸除气处理。

六、思考题

1. 影响实验结果精度的主要因素是什么？

2. 如果研究的系统不是强电解质的稀水溶液，如何进行数据处理？

3. 对比水的摩尔体积与偏摩尔体积，分析引起这种差别的原因。

4. 使用比重瓶应注意哪些问题？

5. 如何使用比重瓶测量粒状固体物的密度？

6. 为提高溶液密度测量的精度，可作哪些改进？

实验十五　迁移数的测定

一、实验目的

1. 加深理解离子迁移数的含义。

2. 掌握用希托夫法测迁移数的方法。

二、实验原理

电解质溶液通电时，在电极上发生电解作用，电极上物质变化量的多少与电量有关（法拉第定律），在溶液中则发生离子迁移现象。阳离子向阴极移动，阴离子向阳极移动，各自担负了输电任务。电解质溶液之所以能导电，就是离子迁移的结果，通过溶液的总电量等于阴、阳离子迁移电荷之和，如果两种离子的迁移速度不同，那么它们各自所分担的输电百分数也不同（输电量与速度成正比），它们在阴、阳两极区的浓度变化也不同。

$$\frac{阳离子迁移的电量\ Q_+}{阴离子迁移的电量\ Q_-} = \frac{阳离子运动速度\ v_+}{阴离子运动速度\ v_-} = \frac{阳离子迁出阳极区的物质的量}{阴离子迁出阴极区的物质的量}$$

某种离子迁移的电量与通过溶液的总电量之比称为该离子的迁移数，以符号 t 表示。若溶液中有一种阳离子和一种阴离子，则可将阳离子迁移数 t_+ 和阴离子迁移数 t_- 分别表示如下：

$$t_+ = \frac{Q_+}{Q_+ + Q_-}$$

$$t_- = \frac{Q_-}{Q_+ + Q_-}$$

由上式可得

$$t_+ = \frac{阳离子迁出阳极区的物质的量}{通过电解池电荷的物质的量} = \frac{阳离子迁出阳极区的物质的量}{电极反应的物质的量}$$

$$t_- = \frac{阴离子迁出阴极区的物质的量}{通过电解池电荷的物质的量} = \frac{阴离子迁出阴极区的物质的量}{电极反应的物质的量}$$

根据上式通过实验测定分子、分母所需的量以计算迁移数的方法称为希托夫法。值得指出的是，该法有一重要假设，即溶剂水分子不迁移。

电解质溶液中通电时引起电极附近浓度变化的原因有二：一是电极反应，二是离子迁移。因此如果用分析的方法知道了电极附近部分电解质浓度的变化，再用库仑计测定了电解过程中通过的总电量，就可以依物料平衡算出迁移离子的数量和迁移数。

以 Cu 电极电解 $CuSO_4$ 溶液为例，阳极附近浓度变化为：

$n_前$＝电解前阳极区 Cu^{2+} 的物质的量

$n_后$＝电解后阳极区 Cu^{2+} 的物质的量

$n_电$＝电量计电极反应的物质的量

$n_迁$＝电解过程中 Cu^{2+} 迁出阳极区的物质的量

故 $n_后 = n_前 + n_电 - n_迁$

$n_后$、$n_前$ 和 $n_电$ 均可由实验测出，即 $n_迁 = n_前 + n_电 - n_后$

得 $$t_{Cu^{2+}} = \frac{n_迁}{n_电} \qquad t_{SO_4^{2-}} = 1 - t_{Cu^{2+}}$$

三、仪器与试剂

仪器：移液管 1 支，铜库仑计 1 个，电压表（0～50mA）1 个，直流稳压电源（0～50V，1A）1 台，带塞锥形瓶（250mL）4 个，碱式滴定管 1 支。

试剂：$0.05mol \cdot L^{-1} CuSO_4$ 溶液，$1mol \cdot L^{-1} HAc$ 溶液，10％KI 溶液，10％KSCN 溶液，$0.025mol \cdot L^{-1} Na_2S_2O_3$ 标准溶液，用作指示剂的淀粉溶液，纯乙醇等。

四、实验操作

迁移数测定装置如图 4.33 所示。洗净直形迁移管，用 $0.05mol \cdot L^{-1} CuSO_4$ 溶液洗涤 2 次，最后盛装 $0.05mol \cdot L^{-1} CuSO_4$ 溶液（注意活塞以下的尖端部分也要冲洗并充满 $CuSO_4$ 溶液），将迁移管直立夹持，并把铜电极浸入（两电极在浸入前也要用少量 $CuSO_4$ 溶液冲洗），阳极须近管底，两极间的距离约为 20cm（电极上若有空气泡应设法除去，以免通电时气泡上升而搅动溶液），最后增减管内 $CuSO_4$ 溶液使阴极在液面下约 4cm。

将库仑计中的阴极铜片取下，用蒸馏水洗净，再蘸以酒精并吹干（注意温度不能太高，以免铜氧化），冷却后在分析天平上称其质量，仍放回库仑计中。

按图 4.33 接好线路，注意阴、阳极的位置切勿弄错，调节电流强度约为 12mA（如电

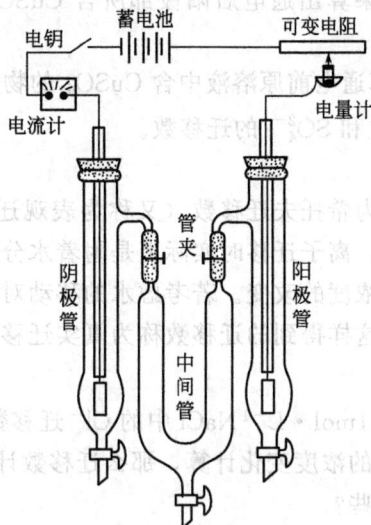

图 4.33 迁移数测定装置图

流强度过大，库仑计中 Cu 沉集不牢，易掉），连续通电 1.5～2h（在通电时需注意电流保持稳定并防止振动），并记下平均室温。

在通电过程中，可进行以下工作，洗净带塞锥形瓶 4 个，分别编号并称其质量，准确至 0.01g（各瓶一经称妥即应注意勿使外部沾水，以免引起质量变化）。

停止通电后，从库仑计中取出阴极铜片，用水冲洗后，蘸酒精吹干，冷却后称其质量，并将库仑计中溶液倒回原来的大瓶中。

将迁移管中的溶液细分为"阳极"、"近中阳极"、"近中阴极"和"阴极"四部分，分别从管底放到已编号、称量过的 4 个锥形瓶中，其体积比例为 4 : 1 : 1 : 4（事先估计好，当液面降至预估处时停止、换瓶，溶液放出的速度应极缓慢，不可开大活塞任其倾注。最后用原来的 $CuSO_4$ 溶液 2～3mL 淋洗迁移管，淋洗液加入阴极部的锥形瓶中，再称各瓶准至 0.01g。（阴极部的溶液可以保留暂不滴定，等阳极部的分析结果计算后，如误差过大时再滴定。）

每瓶中各加 10％KI 溶液 10mL、1mol·L⁻¹HAc 溶液 10mL，用标准 $Na_2S_2O_3$ 溶液滴定其放出的 I_2，滴定至溶液黄色较淡后，加入淀粉指示剂约 3mL，此时溶液呈蓝色，继续滴定至蓝色褪去，再加 10％KCNS 溶液 10mL，剧烈摇动，此时溶液又变蓝色，继续滴定至蓝色消失即为终点。（注意：此时仅需数滴 $Na_2S_2O_3$ 溶液，终点颜色为淡红色或乳白色。）

五、数据记录与处理

（1）由"近中阳极部"及"近中阴极部"的分析结果计算 1g 水中所含 $CuSO_4$ 的质量（g），计算公式为：

$$\left[V/mL \times \frac{c/mol \cdot L^{-1}}{2}\right]_{Na_2S_2O_3} \times \frac{159.6}{1000} = CuSO_4 \text{ 的质量}$$

溶液质量－$CuSO_4$ 质量＝水质量

由于中部溶液在通电前、后浓度不变，因此其值应为原 $CuSO_4$ 溶液的浓度，若两者的计算结果相差很远，则实验需重做。

（2）由库仑计中铜阴极所增加的质量，算出 Cu 阳极溶入阳极部溶液中的物质的量（$n_{电}$）。

（3）由"阳极"的滴定结果算出通电后阳极部所含 $CuSO_4$ 的物质的量（$n_{后}$），同时算出阳极部中水的质量（m）。

（4）根据（1）中的值计算通电前原溶液中含 $CuSO_4$ 的物质的量（$n_{前}$）。

（5）由上面结果算出 Cu^{2+} 和 SO_4^{2-} 的迁移数。

[注释]

由实验所得的迁移数，称为希托夫迁移数（又称为表观迁移数）。计算过程中假定水是不移动的，因为离子水化作用，离子迁移时实际上是附着水分子的，所以由于阴、阳离子水化不同，在迁移过程中会引起浓度的改变。若考虑水的移动对浓度的影响，则可算出阳离子或阴离子实际上迁移的数量，这样得到的迁移数称为真实迁移数。

六、思考题

1. $0.1mol \cdot L^{-1}KCl$ 和 $0.1mol \cdot L^{-1}NaCl$ 中的 Cl^- 迁移数是否相同？为什么？

2. 如以阴极部电解质溶液的浓度变化计算，那么迁移数计算公式应该如何变化？

3. 影响本实验的因素有哪些？

实验十六　电解质溶液活度系数的测定

一、实验目的

1. 掌握用电动势法测定电解质溶液平均离子活度系数的基本原理和方法。

2. 通过实验加深对活度、活度系数、平均活度、平均活度系数等概念的理解。

3. 学会应用外推法处理实验数据。

二、实验原理

通过测定电池的电动势 E，用作图法求得电池的标准电动势 $E^{\ominus}$，从而由公式计算不同浓度的盐酸溶液中的离子平均活度系数及活度。

电池 $(-)Pt|H_2(100kPa)|HCl(b)|AgCl|Ag(+)$ 的电池反应为：

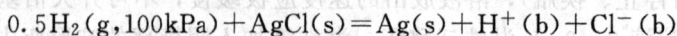

$$0.5H_2(g,100kPa)+AgCl(s)=Ag(s)+H^+(b)+Cl^-(b)$$

其电动势为

$$E=E^{\ominus}-\frac{RT}{F}\ln(a_{H^+} \cdot a_{Cl^-})$$

其中，$a_{H^+}a_{Cl^-}=a_{\pm}^2=(\gamma_{\pm}b)^2$

所以

$$E=E^{\ominus}-\frac{2RT}{F}\ln b-\frac{2RT}{F}\ln\gamma_{\pm}$$

移项得

$$E+\frac{2RT}{F}\ln b=E^{\ominus}-\frac{2RT}{F}\ln\gamma_{\pm} \tag{4.50}$$

由式(4.50)可知，只要知道 E 和 $E^{\ominus}$ 就可求得离子平均活度系数 $\gamma_{\pm}$。E 可直接测定，$E^{\ominus}$ 可用作图法求得。根据 Debye-Huckel 关于活度系数的极限公式，对于 1-1 价型强电解质，有：

$$\ln\gamma_{\pm}=-B\sqrt{b}$$

在一定温度下 B 为常数。代入式(4.50)得：

$$E+\frac{2RT}{F}\ln b=E^{\ominus}+\frac{2RT}{F}B\sqrt{b} \tag{4.51}$$

式(4.51)表明，温度一定时，$E+\frac{2RT}{F}\ln b$ 与 $\sqrt{b}$ 成直线关系（注意：只在溶液很稀时成

立）。因此，用不同浓度的盐酸溶液构成上述电池，分别测定它们的电动势后，用 $E + \dfrac{2RT}{F}$

$\ln b$ 对$\sqrt{b}$作图得一直线。将其外推至$\sqrt{b} \to 0$ 时的 $E + \dfrac{2RT}{F}\ln b$ 值就是 $E^{\ominus}$。

将 E 和 $E^{\ominus}$ 代入式(4.50)可求得各个浓度下的离子平均活度系数 $\gamma_{\pm}$，而 $(\gamma_{\pm}b)^2$ 就等于溶液中盐酸的活度 a_{HCl}。

三、仪器与试剂

仪器：电池装置 1 套，UJ-25 型电位差计 1 套，250mL 烧杯 6 个，100mL 移液管 3 支，50mL 移液管 2 支，25mL 移液管 1 支，100mL 容量瓶 3 个。

试剂：$0.1 mol \cdot L^{-1}$、$0.01 mol \cdot L^{-1}$、$0.001 mol \cdot L^{-1}$ 标准盐酸溶液（浓度允许稍偏离上述数值，但需准确到 4 位有效数字），$0.01 mol \cdot L^{-1} AgNO_3$ 溶液，氢气 1 瓶。

四、实验操作

（1）分别用 100mL 移液管取 $0.1 mol \cdot L^{-1}$、$0.01 mol \cdot L^{-1}$、$0.001 mol \cdot L^{-1}$ 标准盐酸溶液各 100mL 注入 3 个烧杯中，另用 50mL 移液管分别取 $0.1 mol \cdot L^{-1}$、$0.01 mol \cdot L^{-1}$、$0.001 mol \cdot L^{-1}$ 标准盐酸各 50mL 分别注入 3 个 100mL 容量瓶中，用水稀释至刻度，然后倒入另外 3 个烧杯中，向上述 6 个烧杯的溶液中各加 1 滴 $0.01 mol \cdot L^{-1} AgNO_3$ 溶液。

（2）依次将上述 6 种浓度的溶液分别装入电池，在测量其电动势前应预先通较多的氢气（在比较精确的测定中，氢气还需纯化），将气路中的空气赶出，然后控制通入氢气的速度为每秒约 3 个气泡，并保持 15min 不变后，测定电动势，记录盐酸浓度所对应的电动势值。

五、数据记录与处理

（1）以 $E + \dfrac{2RT}{F}\ln b$ 为纵坐标、$\sqrt{b}$ 为横坐标作图，用外推法求出 $E^{\ominus}$，并和文献值比较。不同温度下氯化银电极的标准电极电势见表 4.16。

表 4.16　不同温度下氯化银电极的标准电极电势

$T/℃$	5	10	15	20	25	30	35	40
$E^{\ominus}/V$	0.23413	0.23142	0.22857	0.22557	0.22234	0.21904	0.21565	0.21208

（2）用外推法求得的 $E^{\ominus}$ 计算上述 6 种浓度盐酸溶液的离子平均活度系数 $\gamma_{\pm}$ 和盐酸的活度 a_{HCl}。

［注释］

1. 本实验中电池的电动势存在平衡问题，电动势由小到大，也需 15min 左右才能稳定不变，开始时可以较大的氢气流速把管路中的空气赶尽，随后应以稳定不变的氢气流进行工作。

2. 铂黑电极有较强的吸附性能，在测定很稀的溶液时，需多次用待测液淋洗，否则可能改变电池的浓度。

六、思考题

1. $E + \dfrac{2RT}{F}\ln b = E^{\ominus} + \dfrac{2RT}{F}B\sqrt{b}$ 的适用条件是什么？原因何在？

2. 铂黑电极上铂黑的作用是什么？

3. 被测盐酸溶液中加 1 滴 $0.01 mol \cdot L^{-1} AgNO_3$ 的作用是什么？多加行吗？

实验十七 表面活性剂临界胶束浓度（CMC）的测定

一、实验目的

1. 巩固常用实验仪器的使用方法。

2. 学习与理解表面活性剂的特性、胶束形成原理与临界胶束浓度的概念。

3. 用电导法测定十二烷基磺酸钠的临界胶束浓度。

二、实验原理

在表面活性剂溶液中，当浓度增大到一定值后，表面活性剂离子或分子将发生缔合而生成胶束。对于表面活性剂，其溶液开始形成胶束的浓度称为该表面活性剂的临界胶束浓度，简称 CMC。随着胶束的形成，表面活性剂溶液的许多物理化学性质，如表面张力、电导率等都将发生突变。本实验采用电导法，通过测定离子型表面活性剂溶液电导率随浓度的变化，来确定 CMC。

三、仪器与试剂

仪器：电导率仪、DJs-1 型铂黑电极、W. MZK-01 型温度指示控制仪、恒温槽、移液管（50mL、20mL、10mL）各两支、锥形瓶（50mL）两个、洗耳球一个。

试剂：十二烷基磺酸钠溶液（30.00mol·L^{-1}）。

四、实验操作

(1) 按表 4.17 配制不同浓度的十二烷基磺酸钠溶液。

(2) 调节恒温槽的温度至 25℃。

(3) 按浓度由低到高的顺序依次测量各溶液的电导率。测量时将待测溶液注入锥形瓶，然后将锥形瓶放入恒温槽，恒温约 3min 后再测量电导率。

五、数据记录与处理

将测量数据填入表 4.17。

表 4.17 十二烷基磺酸钠临界胶束浓度测定实验记录

编 号	溶液的配制		浓度/mol·L^{-1}	电导率/μS^{-1}·cm^{-1}
	原液/mL	水/mL		
1	100	0	30.00	
2	90	10	27.00	
3	80	20	24.00	
4	70	30	21.00	
5	60	40	18.00	
6	50	50	15.00	
7	40	60	12.00	
8	30	70	9.00	
9	25	75	7.50	
10	20	80	6.00	
11	10	90	3.00	
12	5	95	1.50	

绘制电导率与浓度关系图，从图中求出 CMC。

六、思考题

1. 何谓 CMC?
2. 表面活性剂的哪些性质与 CMC 有关?

实验十八　蔗糖水解反应速率常数的测定

一、实验目的

1. 了解旋光仪的基本原理，掌握旋光仪的正确使用方法。
2. 熟悉反应物和产物的浓度与其旋光度之间的关系。
3. 用自动旋光仪测定蔗糖在酸催化下水解的反应速率常数和半衰期。

二、实验原理

（1）蔗糖在水中转化为葡萄糖和果糖，反应式为：

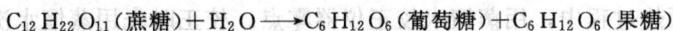

$$C_{12}H_{22}O_{11}(蔗糖) + H_2O \longrightarrow C_6H_{12}O_6(葡萄糖) + C_6H_{12}O_6(果糖)$$

此反应的反应速率与蔗糖、水及催化剂 H^+ 的浓度有关。由于 H^+ 及水的浓度可近似认为不变，因此，蔗糖水解反应可看作一级反应（准一级反应）。

（2）蔗糖是右旋性物质，比旋光度为 66.6°；生成物葡萄糖也是右旋性物质，比旋光度为 52.5°；果糖是左旋性物质，比旋光度为 −91.9°。由于果糖的左旋光性比葡萄糖的右旋光性大，所以生成物呈左旋光性。故随着反应的不断进行，反应体系的旋光性将由右旋变为左旋，直到蔗糖完全水解，这时的左旋角度达到最大值。

（3）反应速率可表示为：

$$-dc/dt = kc \tag{4.52}$$

积分后可得：

$$\ln(c_0/c_t) = kt \tag{4.53}$$

式中 c_t——时间 t 时反应物的浓度；

$\quad c_0$——反应开始时反应物的浓度；

$\quad k$——反应速率常数。

本实验体系的旋光度与各组分浓度成线性关系，因此，可以用体系的旋光度表示浓度。式(4.53)表示为：

$$\ln\frac{\alpha_0 - \alpha_\infty}{\alpha_t - \alpha_\infty} = kt \tag{4.54}$$

以 $\ln(\alpha_t - \alpha_\infty)$ 对 t 作图，直线斜率即为 $-k$。

通常可由两种方法测定 α_∞，一是将反应液放置 48h 以上，让葡萄糖完全分解后测定；二是将反应液在 50～60℃水浴中加热 0.5h 以上再冷却到室温测定。前一种方法时间长，后一种方法容易发生副反应，影响测量结果。为避免这些问题，可采用 Guggenheim 法处理数据，此法不需要测 α_∞。

把在 t 和 $t+\Delta$（Δ 代表一定的时间间隔）测得的旋光度分别用 α_t 和 $\alpha_{t+\Delta}$ 表示，则有：

$$\alpha_t - \alpha_\infty = (\alpha_0 - \alpha_\infty)e^{-kt} \tag{4.55}$$

$$\alpha_{t+\Delta} - \alpha_\infty = (\alpha_0 - \alpha_\infty)e^{-k(t+\Delta)} \tag{4.56}$$

式(4.55)～式(4.56)得：

$$\alpha_t - \alpha_{t+\Delta} = (\alpha_0 - \alpha_\infty)(1 - e^{-k\Delta})e^{-kt} \tag{4.57}$$

取对数得：

$$\ln(\alpha_t - \alpha_{t+\Delta}) = \ln[(\alpha_0 - \alpha_\infty)(1 - e^{-k\Delta})] - kt \tag{4.58}$$

从式(4.58)可以看出,只要 Δ 不变,右端第一项为常数,从 $\ln(\alpha_t - \alpha_{t+\Delta})$ 对 t 作图所得直线的斜率即可求得 k。

Δ 可选为半衰期的 2～3 倍,或反应接近完成的时间之半。本实验取 $\Delta = 30\text{min}$,每隔 5min 取一次读数。

三、仪器与试剂

仪器:WZZ-2B 自动旋光仪,带塞锥形瓶(150mL),烧杯(100mL),秒表,电子天平,移液管(25mL),玻璃棒,洗耳球。

试剂:蔗糖(分析纯),HCl($4\text{mol} \cdot \text{L}^{-1}$)。

四、实验操作

(1)插上电源,打开仪器电源开关。这时钠光灯在交流工作状态下起辉,预热 5min,至钠光灯从紫色变为黄色,钠光灯才发光稳定。

(2)在仪器预热过程中,用蒸馏水校正仪器零点。校正时先用蒸馏水洗净样品管,后用蒸馏水装满样品管,并不能有任何气泡。用布将样品管外的水擦干净后放入旋光仪里,合上样品盖,按"测量"键,待示数稳定后按"清零"键,至液晶显示屏上显示 0.000 不变为止。然后将样品管里的蒸馏水倒净,尽量晾干备用。

(3)在电子天平上称量蔗糖 0.5g 放于烧杯中,用移液管加蒸馏水 25mL,用玻璃棒搅拌至蔗糖完全溶解,然后转移至锥形瓶中。再用另一支移液管取 4mol 的 HCl 溶液 25mL 加到蔗糖溶液中,边加边搅拌,至 HCl 溶液加到一半时用秒表开始计时,当加完且混合均匀后,立即用混合液润洗样品管,然后在样品管里装满混合液且不能有任何气泡,把外表擦干净后放入已经预热好且调好零点的旋光仪中,分别在不同时间测量其旋光度值。

(4)反应液的旋光度测量完毕后,把废液倒入废液桶。

(5)数据经检查合格后将所用仪器的样品管、锥形瓶、烧杯以及玻璃棒分别用蒸馏水洗干净。样品管中装满蒸馏水,外面擦干净放入样品室,仪器复原。

[注释]

1.动力学实验中,反应温度对所测数据和处理结果影响很大,所用旋光仪本身会发热,故测量时间不宜太长。

2.把 HCl 溶液加到蔗糖溶液中,而不能把蔗糖溶液加入到 HCl 溶液中。

3.样品管用后必须用蒸馏水洗干净,并装满蒸馏水,防止酸对样品管的腐蚀。

五、数据记录与处理

(1)将实验数据填入表 4.18。

表 4.18 蔗糖水解反应速率常数测定实验数据

t/min	α_t	$t+\Delta$/min	$\alpha_{t+\Delta}$	$\alpha_t - \alpha_{t+\Delta}$	$\ln(\alpha_t - \alpha_{t+\Delta})$
5		35			
10		40			
15		45			
20		50			
25		55			
30		60			

（2）以 $\ln(\alpha_t - \alpha_{t+\Delta})$ 对 t 作图，从所得直线的斜率求 k。

六、思考题

1. 蔗糖水解的反应速率与哪些条件有关？
2. 本实验称取蔗糖时为什么可以用电子天平而不必用分析天平？
3. 如果实验所用蔗糖不纯，对实验有没有影响？为什么？
4. 本实验是否一定要矫正旋光仪的零点？

实验十九　电导滴定

一、实验目的

1. 掌握电导滴定的原理。
2. 掌握电导率仪的使用方法。
3. 用电导法测定 HCl 和 HAc 溶液的浓度。

二、实验原理

电导滴定是利用溶液电导率的变化来指示滴定终点的一种容量分析方法，这种方法特别适用于有色或混浊的电解质溶液。对于强酸和弱酸的混合溶液，用一般的有色指示剂进行容量分析时，只能知道酸的总含量，而无法确定强酸和弱酸的相对含量。但用电导滴定法，可根据电导率的改变，分别求出强酸和弱酸的相对含量。

电导滴定过程中，溶液中一种离子被另一种具有不同电导率的离子置换，或因溶液中离子浓度的变化而引起溶液的电导率变化，若在滴定终点时电导率有突变，则可利用这一特性来确定等当点。下面分别就强碱滴定强酸、弱酸以及混合酸的情况加以说明。

强碱滴定强酸（NaOH 滴定 HCl）：滴定过程中，OH^- 与 H^+ 结合生成 H_2O，电导率较小的 Na^+ 代替了溶液中电导率较大的 H^+，使溶液的电导率逐渐减小，滴定终点时溶液的电导率达到最小。若过了滴定终点继续加入 NaOH，则溶液中有了过量的 OH^-，其电导率较大，所以溶液的电导率又重新增大。若以电导率对碱的用量作图，可得两条相交的直线，交点即为滴定终点，如图 4.34(a) 所示。

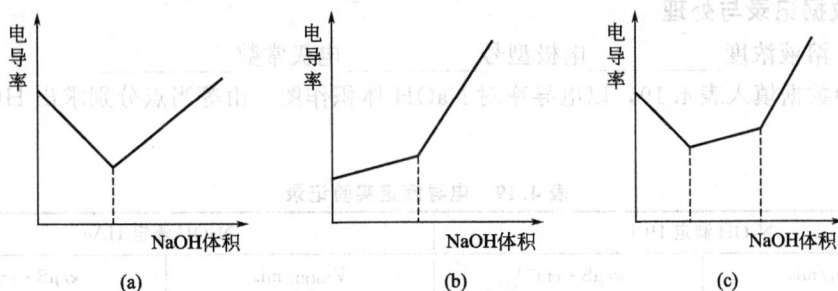

图 4.34　电导滴定曲线

强碱滴定弱酸（NaOH 滴定 HAc）：在滴定过程中，弱电解质 HAc 被 Na^+ 和 Ac^- 代替，使溶液的电导率不断增大。达到滴定终点后，溶液出现过量的 OH^-，此时电导率增大的速度变大，滴定曲线在滴定终点处出现转折，如图 4.34(b) 所示。

强碱滴定混合酸（NaOH 滴定 HCl 和 HAc 的混合溶液）：在滴定的开始阶段，混合液中的强酸首先被碱中和，溶液的电导率逐渐减小。当强酸被完全中和后，碱才与弱酸发生反应，这时溶液的电导率开始缓慢地增大，滴定曲线出现第一个转折点，为强酸的等当点。当弱酸也被完全中和后，继续滴定，溶液出现过量的 OH^-，此时电导率迅速增大，滴定曲线出第二个转折点，为弱酸的滴定终点。滴定曲线如图 4.34(c) 所示。

在电导滴定过程中，由于溶液的稀释也可引起电导率的变化，因此为了减少这一因素的影响，用来滴定的溶液的浓度应比被滴定的溶液的浓度大许多倍。

三、仪器和试剂

仪器：DDS-12A 型电导率仪 1 台，磁力搅拌器 1 台，碱式滴定管 1 支，移液管（100mL、50mL 各 2 支），250mL 烧杯 3 个，洗耳球 1 个；

试剂：HCl（$0.025mol \cdot L^{-1}$），HAc（$0.025mol \cdot L^{-1}$），NaOH（$0.5mol \cdot L^{-1}$）。

四、实验操作

(1) 调节电导率仪。

① 开启电导率仪，在电极空载的情况下用调零旋钮调零。

② 调节温度补偿旋钮和常数调节旋钮至所需位置。

③ 接入电极，按下最小量程按钮，用电容补偿旋钮调零。

④ 选择测量用合适的量程。

(2) 用移液管移取 100mL HCl 溶液加入 250mL 的烧杯中，放入搅拌棒，将烧杯放在电磁搅拌器上。在 25mL 碱式滴定管中加入 NaOH 标准溶液。

(3) 将电极插入 HCl 溶液中，开启搅拌。待显示数字稳定后记录，该数字为 NaOH 体积为零时 HCl 溶液的电导率值。

(4) 用 $0.5mol \cdot L^{-1}$ NaOH 标准溶液滴定 HCl 溶液。每加入 0.5mL NaOH，读一次溶液的电导率数值，直至共加入 10mL NaOH 溶液。记录 NaOH 消耗的累积体积和溶液的电导率。取出电极，用蒸馏水冲洗干净，用滤纸吸干。

(5) 按上述步骤（2）~（4）测定 NaOH 滴定 HAc 过程的电导率变化。

(6) 取 HCl 和 HAc 溶液各 50mL，按上述步骤（2）~（4）测定 NaOH 滴定混合酸过程的电导率变化。

(7) 实验完毕后，将电极取出，用蒸馏水冲洗干净，并用滤纸吸干。

五、数据记录与处理

NaOH 溶液浓度＿＿＿＿＿＿＿ 电极型号＿＿＿＿＿＿＿ 电极常数＿＿＿＿＿＿＿

将实验数据填入表 4.19，以电导率对 NaOH 体积作图，由等当点分别求出 HCl 和 HAc 的浓度。

表 4.19　电导滴定实验记录

NaOH 滴定 HCl		NaOH 滴定 HAc	
V_{NaOH}/mL	$\kappa/\mu S \cdot cm^{-1}$	V_{NaOH}/mL	$\kappa/\mu S \cdot cm^{-1}$

六、思考题

1. 什么是电极常数？本实验是否需要测量电极常数？

2. 为什么测定溶液的电导率要用交流电？

实验二十　氢超电势的测定

一、实验目的

1. 掌握用"三电极"法测定不可逆电极过程的电极电势。
2. 通过氢超电势的测量加深理解超电势及极化曲线的概念。

二、实验原理

可逆电动势及可逆电极电势 $E_{可}$ 为热力学平衡值。当电极上无电流通过时，电极处于平衡状态，与之相对应的电势是平衡电势。无论是原电池还是电解池，只要有电流通过，就有极化作用发生，该过程是不可逆过程；随着电极上电流密度的增大，电极的不可逆程度越来越大，其电势值对平衡电势的偏离也越来越大，描述电流密度与电极电势关系的曲线称为极化曲线。极化时，电极的实测电势与平衡（可逆）电势偏离的现象称为电极的极化，其偏离值为超电位或超电势，用 η 表示。当极化出现时，阳极的电势 $\varphi_{阳}$ 必定向正移，阴极的电势 $\varphi_{阴}$ 必定向负移，习惯上取 η 为正值，所以阳极超电势为：

$$\eta_{阳} = \varphi_{阳} - \varphi_{可}$$

阴极超电势为：

$$\eta_{阴} = \varphi_{可} - \varphi_{氢}$$

例如：氢气（H_2）和 H^+ 构成氢电极，当没有电流通过时，H^+ 和 H_2 处于热力学平衡；当电流通过氢电极时，H^+ 在氢电极上发生反应，此时氢电极电势偏离可逆电势，产生了氢超电势，即：

$$\eta_{氢} = \varphi_{可} - \varphi_{氢}$$

氢超电势 $\eta_{氢}$ 与电极材料、溶液组成、电流密度、温度等诸多因素有关。$\eta_{氢}$ 主要由三部分组成：电阻超电势、电化学极化超电势和浓差超电势。电阻超电势是由电极氧化膜及溶液中的电阻（也称内阻）产生的。电化学极化超电势是由于电极反应具有较高的活化能，为克服反应的活化能，而需外加电压所产生的超电势。浓差超电势是由于反应物及产物的扩散迁移速度低于电极反应速度，引起电极附近浓度与溶液浓度的差别产生的。电阻电势和浓差电势可人为降至较小，所以实际测量的氢超电势，主要是活化氢超电势。

1905 年，塔菲尔（Tafel）总结了大量的实验材料，在一定电流密度范围内，得出超电势与电流密度的关系式，称为塔菲尔公式：

$$\eta = a + b\ln i$$

式中　η——电流密度为 i 时的氢超电势；

　　a，b——常数，V。

a 是指电流密度为 $1A \cdot cm^{-2}$ 时的氢超电势的数值。b 为氢超电势与电流密度自然对数的线性方程式的斜率，依赖于电极材料的性质、表面状态、溶液组成和温度，它基本上表征着电极上不可逆程度的大小。a 值越大，在给定电流密度下氢超电势也就越大，即与可逆电势的偏差越大。b 值随电极性质等的变化通常是不大的。氢超电势的大小基本取决于 a 的数值，因此 a 的数值越大，氢超电势也越大，其不可逆程度也越大。

如果以氢超电势为纵坐标、$\ln i$ 为横坐标作图，塔菲尔关系是一条直线。但从理论及实验上都证实了当电流密度极低时，并不服从塔菲尔公式。这是因为当 $i \to 0$ 时，电极的情况接近于可逆电极，此时超电势不遵守塔菲尔公式而出现了另一种性质的关系，即氢超电势与通过电极的电流密度成正比 $\eta = \omega i$，ω 值与金属电极的性质有关，可表示出指定条件下氢电极的不可逆程度。

研究氢超电势通常采用三电极的方法，其装置如图 4.35 所示。参比电极与研究电极组成电池，用对消法测其电动势，从而计算出研究电极的电极电势。辅助电极的作用则是与被测电极组成一个电解池，使电解电流不断通过被测电极，借以改变研究电极的电势。

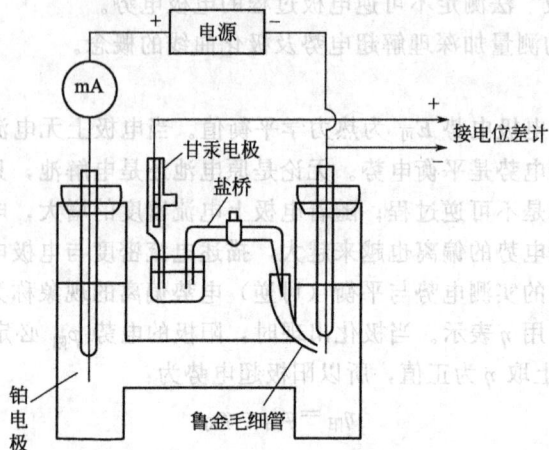

图 4.35　氢超电势测定装置

氢超电势的测定归结为如何测量一系列不同电流密度下的电极电势，以及在实验中如何避免电阻超电势及浓差超电势等问题。

浓差超电势可通过搅拌或使电解液快速流动的方法来减小，在电解电流密度不太大时，一般浓差超电势比较小，可以忽略不计。为避免溶液的电阻超电势，可用鲁金毛细管来连接被测电极和参比电极，使毛细管尖端紧靠被测电极，而毛细管内的溶液又没有电流通过，故电阻超电势可忽略不计。

注意事项如下：本实验在测定氢超电势前，为避免受电极表面吸附的 O_2 或溶液中溶解的 O_2 及杂质的干扰，必须将待测电极预极化。通过较长时间的极化，使电极获得稳定的表面状态后，从大电流密度向小电流密度逐点向下测量其电极电势。

三、仪器与试剂

仪器：UJ-25 型电位差计 1 台，AC 检流计 1 台，标准电池 1 只，直流稳压电源 1 台，H 管电解池 1 个，微安表 1 台，饱和甘汞电极 1 支，自制盐桥 1 个，铂电极 1 支，铜电极 1 支，50mL 烧杯 1 个。

试剂：HCl 溶液（$0.1000 \text{mol} \cdot \text{L}^{-1}$），饱和 KCl 溶液。

四、实验操作

（1）在干净的 H 管中注入 $0.1 \text{mol} \cdot \text{L}^{-1}$ 的 HCl（液面低于鲁金毛细管口面 1cm），分别插入铂电极和铜电极，铜电极尽量靠近鲁金毛细管。按图 4.35 接好电解线路，调整电解电流为 1mA，电解一段时间，以便除去电极表面吸附的杂质和溶液中溶解的氧，直至电极电位稳定（1mA 电流时电极电势为 0.8V 左右，铜电极面积视为 1cm^2）。在测定极化电势之前，为了使铜电极表面保持干净，可直接将电解铜电极电镀或者用细砂纸打磨。

（2）制备盐桥。将带有小孔活塞的两通弯管（见图 4.36）一端注入 $0.1 \text{mol} \cdot \text{L}^{-1}$ 的盐酸溶液，另一端注入饱和 KCl 溶液。注入方法是：先将有孔活塞小孔对准一端，用洗耳球从活塞上方吸气将溶液充满一端，然后旋转小孔对准另一端同样吸满溶液。两端溶液吸满后，将活塞小孔旋在两道口的正中，则两端溶液不会漏下去。

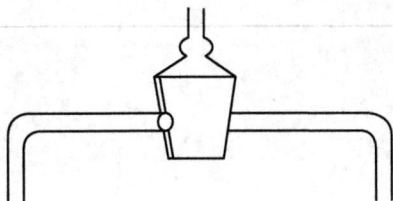

图 4.36　盐桥

（3）将制备好的盐桥如图 4.36 所示架好，注入盐酸的一端架在鲁金毛细管管口中，另一端插入盛有饱和 KCl 溶液的小烧杯中。

（4）UJ-25 型电位差计的操作方法同"实验二　电动势的测定与应用"。

（5）按图 4.36 接好测量线，通过电源面板上的粗、细可调旋钮调节电解电流的大小，顺序由大到小如下：1.0mA、0.7mA、0.5mA、0.4mA、0.3mA、0.2mA、0.1mA，测出每个电流下的电极电势值。

（6）不换电极及溶液，按电流大小顺序重复测量一次。

五、数据记录与处理

（1）测得电势 $E_{测}$，根据公式 $E_{测}＝\varphi_{甘}－\varphi_{氢气}$ 计算出电极电势 $\varphi_{氢气}$，则氢超电势 $\eta＝\varphi_{平}－$ $\varphi_{氢气}$，其中，$\varphi_{平}＝\varphi^{\ominus}_{H^+/H_2}－\dfrac{RT}{2F}\ln\dfrac{a_{H_2}}{a^2_{H^+}}$，式中，$a_{H_2}＝1$，0.1mol·L^{-1} HCl 的平均活度系数 $\gamma_{\pm}＝0.796$，$a_{H^+}＝0.1\times0.796$。

（2）将电流值换算成电流密度 i（A·cm^{-2}），并取对数值。最好将所有数据列表格。

（3）以 η 对 $\ln i$ 作图，连接线性部分，求出直线斜率 b，并根据塔菲尔公式计算 a 值。

六、思考题

在测量极化曲线时为什么要用三个电极？各起什么作用？

第5章

综合性、研究性和设计性实验部分

5.1 综合性、研究性实验

实验一 从茶叶中提取咖啡因

一、实验目的

1. 学习从茶叶中提取咖啡因的基本原理和方法，了解咖啡因的一般性质。
2. 掌握用索氏（Soxhlet）提取器提取有机物的原理和方法。
3. 进一步熟悉萃取、蒸馏、升华等基本操作。

二、实验原理

咖啡因又称为咖啡碱，是一种生物碱，存在于茶叶、咖啡、可可等植物中，例如茶叶中含有 1%～5% 的咖啡因，同时还含有单宁酸、色素、纤维素等物质。

咖啡因是弱碱性化合物，可溶于氯仿、丙醇、乙醇和热水中，难溶于乙醚和苯（冷）。纯物质熔点为 235～236℃，含结晶水的咖啡因为无色针状晶体，在 100℃ 时失去结晶水，并开始升华，120 ℃ 时显著升华，178℃ 时迅速升华。利用这一性质可纯化咖啡因。咖啡因的结构式为：

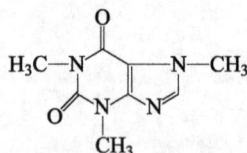

$$
\text{H}_3\text{C}-\text{N} \cdots \text{N}-\text{CH}_3
$$

咖啡因（1,3,7-三甲基-2,6-二氧嘌呤）是一种温和的兴奋剂，具有刺激心脏、兴奋中枢神经和利尿等作用，故可以作为中枢神经兴奋药，它也是复方阿司匹林（A.P.C）等药物的组分之一，工业上咖啡因主要是通过人工合成制得。

提取咖啡因的方法有碱液提取法和索氏提取器提取法。本实验以乙醇为溶剂，用索氏提取器提取，再经浓缩、中和、升华，得到含结晶水的咖啡因。

实验流程：茶叶末 $\xrightarrow[\text{95\%乙醇}]{\text{回流提取}}$ 提取液 $\xrightarrow{\text{蒸馏}}$ 粗提取液 $\xrightarrow{\text{蒸干}}$ 粗提取物 $\xrightarrow[\text{收集}]{\text{升华}}$ 咖啡因

实验升华装置如图 5.1 所示。索氏提取器由烧瓶、提取筒、回流冷凝管 3 部分组成，装置如图 5.2 所示。索氏提取器是利用溶剂的回流及虹吸原理，使固体物质每次都被纯的热溶剂所萃取，减少了溶剂用量，缩短了提取时间，因而效率较高。萃取前，应先将固体物质研细，以增加溶剂浸溶面积。然后将研细的固体物质装入滤纸筒内，再置于抽提筒内。烧瓶内盛溶剂，并与抽提筒相连。抽提筒上端接冷凝管。溶剂受热沸腾，其蒸气沿抽提筒侧管上升至冷凝管冷凝为液体，滴入滤纸筒中，并浸泡筒中样品。当液面超过虹吸管最高处时，即虹吸流回烧瓶，从而萃取出溶于溶剂的部分物质。如此多次重复，把要提取的物质富集于烧瓶内。提取液经浓缩除去溶剂后，即得产物，必要时可用其他方法进一步纯化。

图 5.1　实验升华装置　　　　　　　　图 5.2　索氏提取器

三、仪器与试剂

仪器：索氏提取器，蒸馏装置，小试管，蒸发皿，玻璃漏斗，表面皿。

试剂：干茶叶，95％乙醇，生石灰粉，碘化钾试剂，浓氨水。

四、实验操作

1. 咖啡因的提取

称取 10g 干茶叶，装入滤纸筒内，轻轻压实，滤纸筒上口塞一团脱脂棉，置于抽提筒中，圆底烧瓶内加 90mL95％乙醇，用电热套加热乙醇至沸，连续抽提 2～3h，待冷凝液刚刚虹吸下去时，立即停止加热。

将仪器改装成蒸馏装置，加热回收大部分乙醇。然后将残留液（约 10～15mL）倾入蒸发皿中，烧瓶用少量乙醇洗涤，洗涤液也倒入蒸发皿中，蒸发至近干。加入 3～4g 生石灰粉，搅拌均匀，用电热套加热（100～120V），蒸发至干，除去全部水分。冷却后，擦去沾在边上的粉末，以免升华时污染产物。

将一张刺有许多小孔的圆形滤纸盖在蒸发皿上，取一只大小合适的玻璃漏斗罩于其上，漏斗颈部疏松地塞一团棉花。

用电热套小心加热蒸发皿，慢慢升高温度，使咖啡因升华。咖啡因通过滤纸孔遇到漏斗内壁凝为固体，附着于漏斗内壁和滤纸上。当纸上出现白色针状晶体时，暂停加热，冷至100℃左右，揭开漏斗和滤纸，用小刀仔细地把附着于滤纸及漏斗壁上的咖啡因刮入表面皿中。对蒸发皿内的残渣加以搅拌，重新放好滤纸和漏斗，用较高的温度再加热升华一次。此时，温度也不宜太高，否则蒸发皿内大量冒烟，产品既受污染又遭损失。合并两次升华所收集的咖啡因，测定熔点。

2. 咖啡因的鉴定

（1）生物碱试剂。取咖啡因结晶的一半于小试管中，加 4mL 水，微热，使固体溶解。分装于两支试管中，一支加入 1～2 滴 5％鞣酸溶液，记录现象。另一支加 1～2 滴 10％盐酸（或 10％硫酸），再加入 1～2 滴碘—碘化钾试剂，记录现象。

（2）氧化。在表面皿剩余的咖啡因中，加入 30% H_2O_2 8~10 滴，置于电热套上蒸干，记录残渣颜色。再加一滴浓氨水于残渣上，观察并记录颜色有何变化。

五、注意事项

1. 滤纸筒的直径要略小于抽提筒的内径，其高度一般要超过虹吸管，但是样品不得高于虹吸管。如无现成的滤纸筒，可自行制作。其方法为：取脱脂滤纸一张，卷成圆筒状（其直径略小于抽提筒内径），底部折而封闭（必要时可用线扎紧），装入样品，上口盖脱脂棉，以保证回流液均匀地浸透被萃取物。

2. 提取过程中，生石灰起中和及吸水作用。索式提取器的虹吸管极易折断，装配和取拿时必须特别小心。

3. 提取时，如烧瓶里有少量水分，升华开始时，将产生一些烟雾，污染器皿和产品。

4. 蒸发皿上覆盖刺有小孔的滤纸是为了避免已升华的咖啡因回落入蒸发皿中，纸上的小孔应保证蒸气通过。漏斗颈塞棉花是为防止咖啡因蒸气逸出。

5. 在升华过程中必须始终严格控制加热温度，温度太高，将导致被烘物和滤纸炭化，一些有色物质也会被带出来，影响产品的质量。进行再升华时，加热温度也应严格控制。

六、咖啡因的其他鉴别方法

咖啡因可以通过测定熔点及光谱法加以鉴别。此外，还可以通过制备咖啡因水杨酸盐衍生物进一步验证。咖啡因作为碱，可与水杨酸作用生成水杨酸盐，此盐的熔点为 137℃。

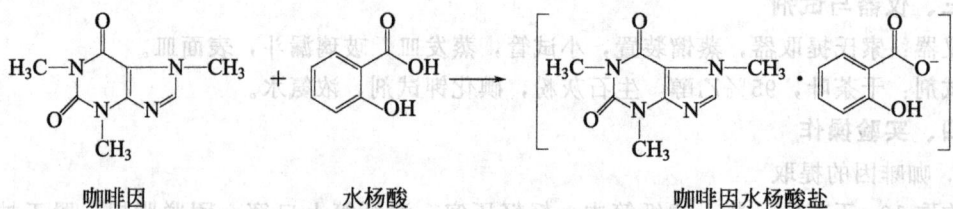

咖啡因　　　　　　　　水杨酸　　　　　　　　　　咖啡因水杨酸盐

咖啡因水杨酸盐衍生物的制备方法：在试管中加入 50mg 咖啡因、37mg 水杨酸和 4mL 甲苯，在水浴上加热摇振使其溶解，然后加入约 1mL 石油醚（60~90℃），在冰浴中冷却结晶。如无晶体析出，则可以用玻璃棒或刮刀摩擦管壁。用玻璃漏斗过滤收集产物，测定熔点。

七、思考题

1. 索式提取器的工作原理是什么？索式提取器的优点是什么？

2. 对索式提取器滤纸筒的基本要求是什么？为什么要将固体物质（茶叶）研细成粉末？为什么要放置一团脱脂棉？

3. 生石灰的作用是什么？为什么必须除净水分？

4. 升华装置中，为什么要在蒸发皿上覆盖刺有小孔的滤纸？漏斗颈为什么塞棉花？升华过程中，为什么必须严格控制温度？

5. 咖啡因与鞣酸溶液作用生成什么沉淀？

6. 咖啡因与碘-碘化钾试剂作用生成什么颜色的沉淀？咖啡因与过氧化氢等氧化剂作用的实验现象是什么？

实验二　色素的提取和分离

一、实验目的

1. 了解提取天然物质的原理与操作方法。

2. 学习柱色谱和薄层色谱的分离原理。

二、实验原理

本实验以菠菜叶为提取对象。绿色植物如菠菜叶中含有叶绿素（绿色）、胡萝卜素（橙色）和叶黄素（黄色）等多种天然色素。叶绿素属于卟啉化合物，有 A 和 B 两种异构体，不溶于水，而溶于苯、乙醚、氯仿和丙酮等有机溶剂中。叶绿素 A 为蓝黑色固体，在乙醇溶液中呈蓝绿色；叶绿素 B 为暗绿色固体，在乙醇溶液中呈黄绿色。叶绿素是植物进行光合作用必需的催化剂。

胡萝卜素是一种橙黄色的天然色素，属于四萜，有 α、β、γ 三种异构体。三种异构体在结构上的区别只在于分子的末端。在植物体中，以 β-异构体的含量最高。叶黄素是一种黄色色素，是胡萝卜素的羟基衍生物，较易溶于乙醇，在石油醚中溶解度较小。秋天，植物的叶绿素被破坏后，叶黄素的颜色才显示出来。

本实验以石油醚和乙醇为混合溶剂，从菠菜叶中提取上述各种色素，再用薄层色谱和柱色谱法进行分离。分离时，因胡萝卜素的极性最弱，用石油醚-丙酮即可将其洗脱；叶黄素的极性稍强，可增加洗脱机中丙酮的比例；叶绿素的极性最强，可改用极性较强的混合溶剂。

叶绿素、胡萝卜素和叶黄素的结构式如下：

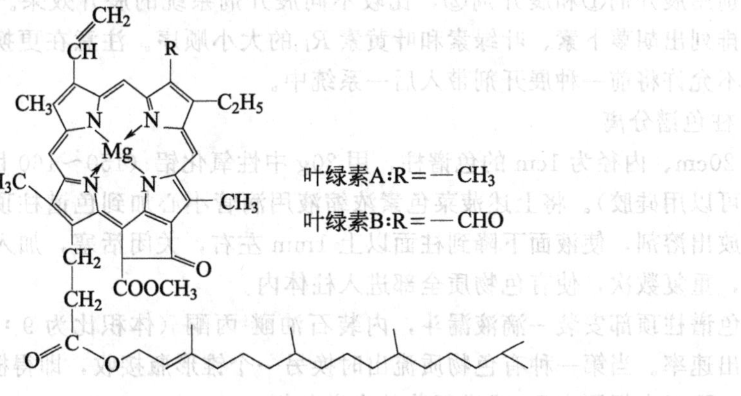

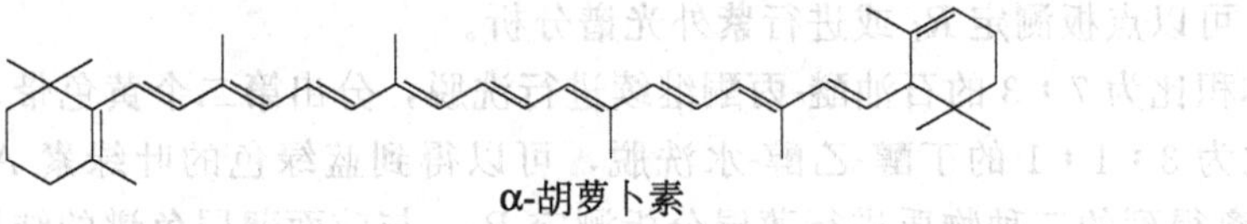

α-胡萝卜素

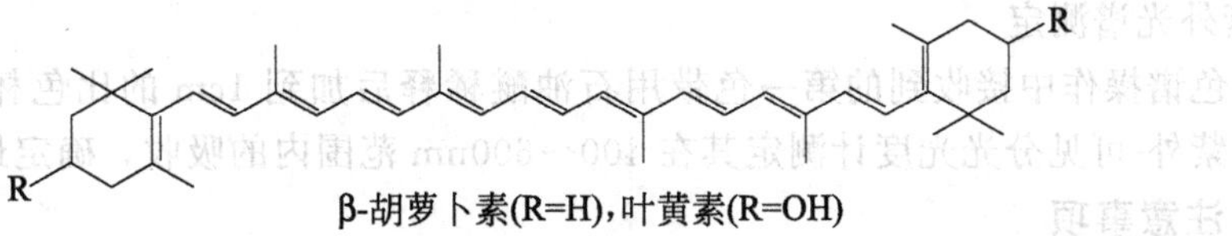

β-胡萝卜素(R=H),叶黄素(R=OH)

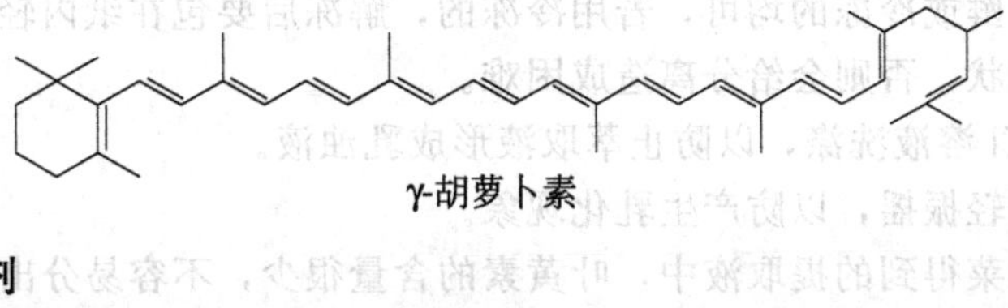

γ-胡萝卜素

三、仪器与试剂

仪器：研钵，分液漏斗，锥形瓶，蒸馏装置，层析瓶，色谱柱，中性氧化铝（150～160目），滴液漏斗，紫外-可见分光光度计。

试剂：菠菜叶，石油醚，乙醇，饱和 NaCl 溶液，无水 Na₂SO₄，薄层色谱板，乙酸乙酯，丙酮，丁醇。

四、实验操作

1. 菠菜叶色素的提取

称取 5g 洗净后的新鲜（或冷冻）菠菜叶，剪碎后放于研钵中，加入 10mL 石油醚和乙醇的混合溶液（体积比 2∶1），适当研磨约 5min 后，减压过滤，滤渣放回研钵，用 20mL 石油醚和乙醇的混合溶液（体积比 2∶1）萃取两次，每次需研磨并且抽滤。

合并深绿色萃取滤液，转入分液漏斗中，加入 10mL 饱和 NaCl 溶液洗涤，分去水层，有机层再用等体积的蒸馏水洗涤两次。将有机层转入一干燥的小锥形瓶中，加 2g 无水 Na₂SO₄ 干燥。干燥后的提取液滤入圆底烧瓶，常压蒸馏（或旋转蒸发）回收有机溶剂，剩余约 5mL 停止蒸馏，得菠菜色素粗品浓缩液。

2. 薄层色谱分离

取 4 块薄层色谱板。

展开剂：①石油醚-丙酮，体积比为 4∶1；②石油醚-乙酸乙酯，体积比为 3∶2。

在薄板上点样后，小心放入加有展开剂的层析瓶中，当溶剂前沿上升至距薄板的上端 1cm 时，取出薄板，在前沿处画一直线，晾干，并进行测量，分别计算 R_f。

分别用展开剂①和展开剂②，比较不同展开剂系统的展开效果。观察斑点在板上的位置，并排列出胡萝卜素、叶绿素和叶黄素 R_f 的大小顺序。注意在更换展开剂时，应干燥层析瓶，不允许将前一种展开剂带入后一系统中。

3. 柱色谱分离

长 20cm、内径为 1cm 的色谱柱，用 20g 中性氧化铝（150～160 目）进行干法或湿法装柱（也可以用硅胶）。将上述菠菜色素浓缩液用滴管小心加到色谱柱顶部，加完后打开下端活塞，放出溶剂，使液面下降到柱面以上 1mm 左右，关闭活塞，加入数滴石油醚，重新打开活塞，重复数次，使有色物质全部进入柱体内。

在色谱柱顶部安装一滴液漏斗，内装石油醚-丙酮（体积比为 9∶1）洗脱剂进行洗脱，保持流出速率。当第一种有色物质流出时换另一个锥形瓶接收，即得橙黄色溶液，这就是胡萝卜素。可以点板测定 R_f 或进行紫外光谱分析。

用体积比为 7∶3 的石油醚-丙酮继续进行洗脱，分出第二个黄色带，这就是叶黄素。再用体积比为 3∶1∶1 的丁醇-乙醇-水洗脱，可以得到蓝绿色的叶绿素 A 和黄绿色的叶绿素 B。将分离得到的三种物质进行薄层分析测定 R_f，与前面薄层色谱的结果进行比较。

4. 紫外光谱测定

将柱色谱操作中接收到的第一色带用石油醚稀释后加到 1cm 的比色杯中，以石油醚对照，利用紫外-可见分光光度计测定其在 400～600nm 范围内的吸收，确定最大吸收波长。

五、注意事项

1. 菠菜叶用新鲜或冷冻的均可，若用冷冻的，解冻后要包在纸内轻压吸去水分。

2. 不要研成糊状，否则会给分离造成困难。

3. 用饱和 NaCl 溶液洗涤，以防止萃取液形成乳浊液。

4. 洗涤时要轻轻振摇，以防产生乳化现象。

5. 从嫩绿的菠菜得到的提取液中，叶黄素的含量很少，不容易分出黄色色带。

六、思考题

1. 比较叶绿素、叶黄素和胡萝卜素三种色素的极性，为什么胡萝卜素在色谱柱中移动最快？

2. 若实验时不小心将斑点浸入展开剂中，会产生什么后果？

3. 若用硅胶柱，色素出来的顺序会有什么不同？为什么？

实验三　乙酰苯胺的制备

一、实验目的

1. 掌握苯胺乙酰化的原理和方法。

2. 掌握重结晶提纯固体有机化合物的原理和方法。

二、实验原理

1. 苯胺乙酰化

乙酰苯胺为白色有光泽片状结晶或白色结晶粉末，是磺胺类药物的原料，可用作止痛剂、退热剂（俗称"退热冰"）、防腐剂和染料中间体。

稳定性：在空气中稳定，遇酸或碱性水溶液易分解成苯胺及乙酸。

苯胺乙酰化的必要性：

① 作为一种保护措施，将一级和二级芳胺（就是伯胺和仲胺）在合成中转化为其乙酰衍生物，降低芳胺对氧化性试剂的敏感性，使其不被反应试剂破坏。

② 氨基经酰化后，降低了在亲电取代反应（特别是卤化）中的活化能力，使其由很强的定位基变成中等强度的定位基，使反应由多元取代变为有用的一元取代。

③ 由于乙酰基具有空间效应，因此往往选择性地生成对位取代产物。

④ 在某些情况下，酰化可以避免氨基与其他功能基或试剂（如 $RCOCl$、$—SO_2Cl$、HNO_2 等）之间发生不必要的反应。

作为氨基保护基的酰基基团可在酸或碱的催化下脱除。

芳胺的乙酰化试剂选择：芳胺可用酰氯、酸酐或冰乙酸加热来进行酰化，冰乙酸试剂易得、价格便宜，但需要较长的反应时间，适合于规模较大的制备。

酸酐一般来说是比酰氯更好的酰化试剂，用游离苯胺与纯乙酸酐进行酰化时，常伴有二乙酰胺 $[ArN(COCH_3)_2]$ 副产物的生成，如果在乙酸-乙酸钠缓冲溶液中酰化，由于酸酐水解速度比酰化速度慢得多，可得到高纯度产物，但此方法不适用于硝基苯胺和其他碱性很弱的芳胺的酰化。

乙酰苯胺的制备反应式：

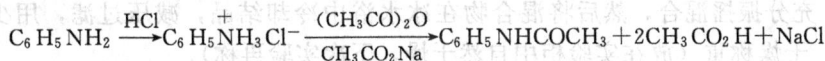

$$C_6H_5NH_2 \xrightarrow{HCl} C_6H_5\overset{+}{N}H_3Cl^- \xrightarrow[CH_3CO_2Na]{(CH_3CO)_2O} C_6H_5NHCOCH_3 + 2CH_3CO_2H + NaCl$$

盐酸的作用：生成胺基正离子，降低了苯胺的亲核能力，减少副产物的生成。

2. 乙酰苯胺的重结晶

固体有机物在溶剂中的溶解度一般随温度的升高而增大。把固体有机物溶解在热的溶剂中使之饱和，冷却时由于溶解度降低，有机物又重新析出晶体。利用溶剂对被提纯物质及杂质的溶解度不同，使被提纯物质从过饱和溶液中析出，让杂质全部或大部分留在溶液中，从而达到提纯的目的。重结晶只适合于杂质含量在 5% 以下的固体有机混合物的提纯。从反应粗产物直接重结晶是不适宜的，必须先采取其他方法初步提纯，然后再重结晶提纯（具体操作参考 3.1.2 重结晶一节）。重结晶的关键是选择适宜的溶剂。

三、仪器与试剂

仪器：分馏装置，烧杯，减压抽滤装置。

试剂：苯胺，冰乙酸，锌粉（反应物及产物的部分参数列于表 5.1）。

表 5.1 反应物及产物的部分参数

名称	分子量	性状	密度 /g·cm⁻³	熔点/℃	沸点/℃	溶解度 水	油
苯胺	93.12	无色油状液体	1.02	−6.2	184.4	微溶	易溶于乙醇、乙醚等
乙酸	60.05	无色液体	1.05	16.6	118.1	易溶	易溶于乙醇、乙醚和 CCl₄
乙酰苯胺	135.17	白色结晶或粉末	1.22	114.3	304	微溶于冷水，溶于热水	溶解

四、实验操作

1. 酰化

在 100mL 圆底烧瓶中加入新蒸馏过的苯胺 5mL、冰乙酸 7.4mL、锌粉 0.1g，安装仪器。加热使反应溶液在微沸状态下回流，调节加热温度，使柱顶温度约为 105℃，反应 60～80min。反应生成的水及少量乙酸被蒸出，当柱顶温度下降或烧瓶内出现白色雾状物质时，反应已基本完成，停止加热。

2. 结晶抽滤

在搅拌下，趁热将烧瓶中的物料以细流状倒入盛有 100mL 冷水的烧杯中，剧烈搅拌，并冷却至室温，粗乙酰苯胺结晶析出，抽滤。将滤饼压干，用 5～10mL 冷水洗涤，再抽干。得到乙酰苯胺粗产品。

3. 重结晶

将此粗乙酰苯胺滤饼放入盛有 150mL 热水的锥形瓶中，加热，使粗乙酰苯胺溶解。若溶液沸腾时仍有未溶解的油珠，则应补加热水，直至油珠消失为止。稍冷后，加入约 0.2g 活性炭，在搅拌下加热煮沸 1～2min，趁热用保温漏斗过滤或用预先加热好的布氏漏斗减压过滤，将滤液慢慢冷至室温，待结晶完全后抽滤，尽量压干滤饼。产品放在干净的表面皿中晾干，称重，计算产率。

在 500mL 烧杯中加入 5mL 浓盐酸和 120mL 水配成的溶液，搅拌下加入 5.6g（5.5mL）苯胺，待溶解后，再加入少量活性炭（约 1g），将溶液煮沸 5min，趁热滤去活性炭和其他不溶性杂质（如果溶得比较好可不用这一步）。将溶液转移到 500mL 锥形瓶中，冷却至 50℃，加入 7.3mL 乙酸酐，振摇使其溶解，立即加入乙酸钠溶液（9g 结晶乙酸钠溶于 20mL 水），充分振摇混合，然后将混合物在冰水浴中冷却结晶，减压过滤，用少量冷水洗涤 2～3 遍，干燥称重（放在实验柜中自然干燥，下次实验再称）。

五、注意事项

1. 久置的苯胺色深有杂质（暴露于空气中或日光下变为棕色），会影响乙酰苯胺的质量，故最好用新蒸的苯胺。另一原料冰乙酸也最好用新蒸的。苯胺有毒，有强致癌作用，使用时要注意安全，有伤口的同学注意不要与伤口接触。

2. 加入锌粉的目的是防止苯胺在反应过程中被氧化，生成有色的杂质。通常加入后反应液会从黄色变无色。但不宜加得过多，因为被氧化的锌生成的氢氧化锌为絮状物质其会吸收产品。

3. 反应温度的控制：保持分馏柱顶温度不超过 105℃。开始时要缓慢加热，待有水生成后，调节反应温度，以保持生成水的速度与分出水的速度之间的平衡，切忌开始就强烈加热。

4. 因乙酰苯胺熔点较高，稍冷即会固化，因此，反应结束后须立即倒入事先准备好的水中，否则凝固在烧瓶中难以倒出。

5. 本实验用水作重结晶的溶剂，其优点是价格便宜、操作简化、减少实验环境污染等，又将用活性炭脱色与重结晶两个操作结合在一起，进一步简化了分离纯化操作过程。

6. 不可以用过量的水处理乙酰苯胺。乙酰苯胺于不同温度在 100g 不同溶剂中的溶解度为：水，0.56g（25℃）、3.5g（80℃）、18g（100℃）；乙醇，36.9g（20℃）；甲醇，69.5g（20℃）；氯仿，3.6g（20℃）。乙酰苯胺在水中的含量为 5.2% 时，重结晶效率高，乙酰苯胺重结晶产率最高。在体系中的含量稍低于 5.2%，加热到 83.2℃ 时不会出现油相，水相又接近饱和溶液，继续加热到 100℃，进行热过滤除去不溶性杂质和脱色用的活性炭，滤液冷却，乙酰苯胺开始结晶，继续冷却至室温（20℃），过滤得到的晶体乙酰苯胺纯度很高，可溶性杂质留在母液中。一个经验的办法是依据实验给出的产量 5g（初做的学生很难达到），估计需水量为 100mL，加热至 83.2℃，如果有油珠，则补加热水，直至油珠溶完为止。如加水过量，可蒸发部分水，直至出现油珠，再补加少量水即可。

7. 不应将活性炭加入沸腾的溶液中，否则会引起暴沸，会使溶液溢出容器。

六、思考题

1. 乙酰苯胺制备实验为什么加入锌粉？锌粉加入量对操作有什么影响？

2. 乙酰苯胺重结晶时，制备乙酰苯胺热的饱和溶液过程中出现的油珠是什么？它的存在对重结晶质量有何影响？应如何处理？

3. 乙酰苯胺制备实验加入活性炭的目的是什么？怎样进行这一操作？

4. 如何在布氏漏斗中洗涤固体物质？

5. 用什么方法鉴定制备得到的乙酰苯胺？

实验四　叔丁基氯的制备

一、实验目的

1. 学习以浓盐酸、叔丁醇为原料制备叔丁基氯的原理和方法。

2. 进一步认识亲核取代反应。

二、实验原理

叔丁基氯也称为 2-甲基-2-氯丙烷或叔氯丁烷。它的制备可以叔丁醇为原料与氯化氢作用，也可以异丁烯为原料与氯化氢加成，而醇与氢卤酸在酸催化下发生亲核取代反应是合成卤代烃的重要方法之一。本实验采用叔丁醇和浓盐酸反应，无须加热可直接制备叔丁基氯，不像一级醇或二级醇那样与氯化氢反应时需要催化剂，这显示了叔醇在亲核取代反应中的活性。

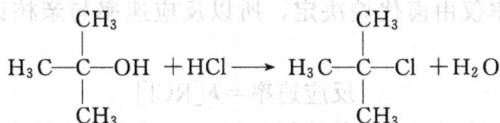

$$H_3C-\underset{\underset{CH_3}{|}}{\overset{\overset{CH_3}{|}}{C}}-OH + HCl \longrightarrow H_3C-\underset{\underset{CH_3}{|}}{\overset{\overset{CH_3}{|}}{C}}-Cl + H_2O$$

三、仪器与试剂

仪器：圆底烧瓶，蒸馏头，冷凝管，锥形瓶，尾接管，温度计，电热套，分液漏斗，阿贝折射仪等。

试剂：叔丁醇，浓盐酸，碳酸氢钠，无水氯化钙，硝酸银，乙醇。

四、实验操作

在 125mL 分液漏斗中，放置 9.5mL 叔丁醇和 25mL 浓盐酸。先勿塞住漏斗，轻轻旋摇

1min，然后将漏斗塞紧，翻转后摇振 2～3min。注意及时打开活塞放气，以免漏斗内压力过高而使反应液喷出。静置分层后分出有机相，依次用等体积的水、5％碳酸氢钠溶液、水洗涤。用碳酸氢钠溶液洗涤时，要小心操作，注意及时放气。产物经无水氯化钙干燥后，滤入蒸馏瓶中，在水浴上蒸馏。接收瓶用冰水浴冷却，收集 48～52℃馏分，产量约 7g。纯叔丁基氯的沸点为 52℃，折射率 $n_D^{20}=1.3877$。

本实验需 2～3h。

五、注意事项

1. 叔丁醇凝固点为 25℃，温度较低时呈固态，需在温热水中熔化后取用。
2. 用 5％碳酸氢钠溶液洗涤时，只需轻轻振荡几下，并注意及时放气。
3. 洗涤时注意上、下层的物质。
4. 精制时所用的仪器要干燥，水浴要从冷水开始加热。

六、思考题

1. 从机理的角度讨论为什么叔醇在酸催化下发生亲核取代反应比较容易？
2. 在洗涤粗产品时，若碳酸氢钠溶液浓度过高，洗涤时间过长，则将对产物产生何种影响？为什么？
3. 本实验中未反应的叔丁醇如何除去？

实验五　叔丁基氯的水解

一、实验目的

1. 加深对反应机理及影响反应的因素的理解。
2. 掌握一些简单的测定反应速率的方法和动力学研究方法。

二、实验原理

不同条件下反应速率的测定（反应动力学）为反应机理提供了重要的线索。叔卤代烷的水解或溶剂解是典型的 S_N1 反应，反应速率主要受下列因素影响，本实验对这些影响因素进行观察和验证。

溶剂：溶剂性质对 S_N1 反应速率影响很大，溶剂极性和质子化性质的增大都有利于加速反应。极性大的溶剂更容易通过溶剂化作用稳定反应的过渡态。

温度：温度的变化直接影响反应速率。估计温度每上升 10℃，反应速率提高一倍。

浓度：S_N1 反应是动力学一级反应，反应速率与反应物（卤代烷）的浓度成正比，而反应的速率常数与反应物的浓度无关。

底物：底物中烷基的结构和离去基团的碱性都会对反应速率产生明显的影响。

由于 S_N1 反应的速率仅由卤代烷决定，所以反应速率与亲核试剂的浓度无关，而只与底物的浓度成正比，即

$$反应速率 = k[RCl] \tag{5.1}$$

速率常数 k 是给定条件下反应进行快慢的标志，对比较彼此类似的反应是一个重要的数值。它等于单位浓度下的反应速率，与反应物的浓度无关，只与反应温度、溶剂和底物的结构有关。

由于浓度随时间不断变化，因此将式（5.1）微分后为：

$$\frac{-d[RCl]}{dt} = k[RCl] \tag{5.2}$$

式（5.2）经移项和积分后可得到如下结果：

$$-\frac{d[RCl]}{[RCl]}=k dt \tag{5.3}$$

$$-\int_{[RCl]_0}^{[RCl]}\frac{d[RCl]}{[RCl]}=\int_0^t dt \tag{5.4}$$

这里 $[RCl]_0$ 是叔丁基氯的起始浓度，并且由于

$$\int\frac{dx}{x}=\ln x \quad 和 \quad \int k dt=kt$$

所以

$$-\ln\frac{[RCl]}{[RCl]_0}=kt \tag{5.5}$$

即

$$kt=2.303\lg\frac{[RCl]_0}{[RCl]} \tag{5.6}$$

根据式(5.6)，可以采用不同的方法测定反应的速率常数。由于时间的限制，本实验中通过测定反应完成 10% 所需要的时间来进行计算。时间是由加入的氢氧化钠的物质的量来控制的。由于在 t 时刻还有 90% 的底物尚未反应，所以 $[RCl]$ 在 t 时刻的浓度为：

$$[RCl]=0.9[RCl]_0 \tag{5.7}$$

将式(5.7)代入式(5.6)，于是有：

$$kt=2.303\lg\frac{[RCl]_0}{0.9[RCl]_0}=2.303\lg\frac{1}{0.9}$$

$$k=\frac{0.104}{t} \tag{5.8}$$

其中时间单位是 s，k 值的单位是 s^{-1}。

实验中加入氢氧化物的量（物质的量）为叔丁基氯的十分之一，这样就可以确保测定 10% 叔丁基氯溶剂解所需要的时间。当溶剂解完成 10% 时，生成的盐酸中和了生成的氢氧化钠。反应中可加入酸碱指示剂溴百里酚蓝，通过指示剂颜色的变化，可简便地测定出反应生成的盐酸量即叔丁基氯消耗的量。因此，准确地观察和判断指示剂的颜色变化是实验的关键。

采用丙酮作为反应溶剂是由于丙酮对卤代烷有良好的溶解性，反应速度较快且与底物不发生作用。

由于反应速度对温度的变化非常敏感，因此为了减小实验的误差，反应最好在水浴中进行，并尽可能保持温度的恒定，特别是温度升高时，反应时间缩短，更要引起注意。

实验中碱的加入量也关系到实验的成败。因为速率常数的计算是以反应完成 10% 为依据的，所以要用吸量管准确量取卤代烷和氢氧化钠溶液。

本实验最好由两名学生合作完成，一名观察指示剂颜色的变化，另一名计时并记录数据。

三、仪器和试剂

仪器：锥形瓶（25mL），吸量管（1.0mL、10mL），水浴锅，量筒（10mL），铁夹，温度计（100℃），秒表，滤纸。

试剂：$0.10mol \cdot L^{-1}$ 叔丁基氯-丙酮溶液，$0.10mol \cdot L^{-1}$ 氢氧化钠水溶液，0.2% 溴百里酚蓝丙酮溶液，叔戊基氯。

四、实验操作

1. 叔丁基氯的水解反应

在三个 25mL 干燥清洁的锥形瓶中，用 1.0mL 的移液管加入 0.30mL $0.10mol \cdot L^{-1}$ 的

氢氧化钠溶液，接着用 10mL 的量筒加入 6.7mL 蒸馏水和 2 滴 0.2％溴百里酚蓝的丙酮溶液，摇匀后塞好瓶塞，记为 A。在另外三个 25mL 的锥形瓶中，用 10mL 的吸量管加入 3.0mL 0.10mol·L^{-1}叔丁基氯的丙酮溶液，塞好瓶塞，计为 B。

将瓶 A 和瓶 B 置于水浴中，调节锥形瓶的高度，使水浴水平面到瓶颈以下，用铁夹固定，记录水浴温度。摇动锥形瓶，使反应物温度达到平衡。5min 之后，从水浴中取出瓶 B，拭干瓶壁上的水，尽快将瓶 B 中的溶液加到瓶 A 中，同时启动秒表。摇荡约 10s，使反应混合物混匀，溶液一旦混合反应即很快进行。观察溶液由蓝变黄时，立即停止秒表，记录反应所需的时间。重复这一操作 2～3 次，时间值的平均误差不能超过 2～3s。取时间平均值，代入式(5.8) 中，计算 k 值。

2. 选做实验

完成上述实验之后，可根据指导教师建议视情况选做以下实验。

(1) 反应物浓度的影响。测定反应物叔丁基氯浓度为上述实验 1/2 时的速率常数 k，实验操作同上，只需在瓶 A 中再加 10mL 30％丙酮水溶液。记录叔丁基氯在此条件下进行 10％水解所需的时间。从计算结果了解反应速度是否取决于反应物的浓度。

(2) 溶剂极性的影响。在 80％水-20％丙酮中进行水解反应。为此，加入 2mL 0.15mol·L^{-1}叔丁基氯的丙酮溶液和 0.3mL 0.10mol·L^{-1}氢氧化钠水溶液和 7.7mL 水，实验操作同上，计算 k 值。从计算结果了解反应速率与溶剂极性的关系。

(3) 反应温度的影响。用恒温水浴控制在高于室温 10℃和低于室温 10℃两种温度条件下，重复叔丁基氯的水解反应实验。两个锥形瓶混合前必须使锥形瓶在水浴中恒温 5min 以上。计算相应温度下的 k 值。从计算结果了解温度对反应速率的影响。

(4) 反应物结构的影响。用叔戊基氯（2-甲基-2-氯丁烷）和叔丁基溴代替叔丁基氯重复叔丁基氯的水解反应实验，分别计算 k 值。了解反应速率与反应物结构之间的关系。

五、思考题

1. 试结合本实验的实验结果，总结 S$_N$1 反应中反应物浓度、溶剂、温度及反应物结构等因素对反应速率常数的影响。

2. 本实验的副反应是什么？副反应对实验结果有何影响？

3. 估计下列两组化合物进行溶剂解反应时的相对速率：

(1) $(CH_3)_3CCl$ 和 $(C_6H_5)_3CCl$

(2) $CH_3CH_2OCH_2Cl$ 和 $CH_3OCH_2CH_2Cl$

实验六 旋光度的测定

一、实验目的

1. 了解旋光仪的构造，掌握旋光仪的使用方法。

2. 掌握比旋光度的计算。

二、实验原理

从有机化学有关立体化学的学习中已经得知，化合物可以分为两类：一类能使偏光振动平面旋转一定的角度，即有旋光性，称为旋光物质或光学活性物质；另一类则没有旋光性。旋光分子具有实物与其镜像不能重叠的特点，即"手征性"（chirality），大多数生物碱和生物体内的大部分有机分子都是光活性的。

定量测定溶液或液体旋光程度的仪器称为旋光仪，其工作原理见图 5.3。常用的旋光仪主要由光源、起偏镜、样品管和检偏镜几部分组成。光源为炽热的钠光灯。起偏镜是由两块光学透明的方解石黏合而成的，也称尼科尔棱镜，其作用是使自然光通过后产生所需要的平面偏振光。尼科尔棱镜的作用就像一个栅栏，普通光是在所有平面振动的电磁波，只有和棱镜晶轴平行的平面振动的光才能通过。这种只在一个平面振动的光称为平面偏振光，简称偏光。样品管装待测的旋光性液体或溶液，其长度有 1dm 和 2dm 等几种，对于旋光度较小或溶液浓度较稀的样品，最好采用 2dm 长的样品管。当偏光通过盛有旋光性物质的样品管后，物质的旋光性使偏光不能通过第二个棱晶（检偏镜），必须将检偏镜扭转一定角度后才能通过，因此要调节检偏镜进行配光。装在检偏镜上的标尺盘转动的角度，可指示出检偏镜转动角度，即为该物质在此浓度的旋光度。使偏振光平面向右旋转（顺时针方向）的旋光性物质称为右旋体，向左旋转（反时针方向）的称为左旋体。

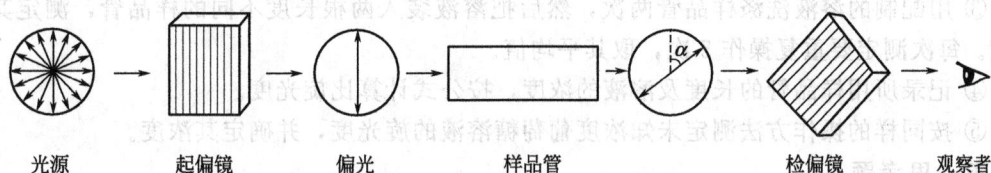

光源　　起偏镜　　偏光　　　　样品管　　　　检偏镜　　观察者

图 5.3　旋光仪工作原理

物质的旋光度与测定时所用溶液的浓度、样品管长度、温度、所用光源的波长及溶剂的性质等因素有关。因此，常用比旋光度 [α] 来表示物质的旋光性。当光源、温度和溶剂固定时，[α] 等于单位长度、单位浓度物质的旋光度（α）。像沸点、熔点一样，比旋光度是一个只与分子结构有关的表征旋光性物质特征的常数。溶液的比旋光度与旋光度的关系为：

$$[\alpha]_\lambda^t = \frac{\alpha}{cl}$$

式中　　$[\alpha]_\lambda^t$——旋光性物质在 t℃、光源波长为 λ 时的比旋光度；

　　　　α——标尺盘转动角度的读数，即旋光度；

　　　　l——旋光管的长度，dm；

　　　　c——溶液浓度，以 1mL 溶液所含溶质的质量表示。

如测定的旋光活性物质为纯液体，则比旋光度可由下式求出：

$$[\alpha]_\lambda^t = \frac{\alpha}{dl}$$

式中　　d——纯液体的密度，$g \cdot m^{-3}$。

为了准确判断旋光度的大小，测定时通常在视野中分出三分视场（见图 5.4）。当检偏镜的偏振面与通过棱镜的光的偏振面平行时，通过目镜可观察到图 5.4(b) 所示的情况（当中明亮，两旁较暗）；当检偏镜的偏振面与起偏镜偏振面平行时，可观察到图 5.4(a) 所示的情况（当中较暗，两旁明亮）；只有当检偏镜的偏振面处于 $1/2i$（半暗角）的角度时，视场内明暗相等，如图 5.4(c) 所示，这一位置作为零度，使标尺上 0°对准刻盘 0°。

测定时，调节视场内明暗相等，以使观察结果准确。一般在测定时选取较小的半暗角，

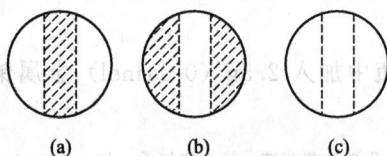

(a)　　　　　　(b)　　　　　　(c)

图 5.4　三分视场

由于人的眼睛对弱照度的变化比较敏感，视野的照度随半暗角 i 的减小而变弱，所以在测定中通常选几度到几十度的结果。

三、仪器与试剂

仪器：旋光仪，分析天平，容量瓶及烧杯。

试剂：蔗糖（化学纯），未知浓度葡萄糖溶液❶，蒸馏水。

四、实验操作

① 准确称取蔗糖 0.5g，在 25mL 容量瓶中加入蒸馏水配成溶液，所配制的溶液应透明无杂质，否则需过滤。

② 校正旋光仪的零点。

③ 用配制的溶液洗涤样品管两次，然后把溶液装入两根长度不同的样品管，测定其旋光度。每次测定要重复操作 5 次，取其平均值。

④ 记录所用样品管的长度及溶液的浓度，按公式计算比旋光度。

⑤ 按同样的操作方法测定未知浓度葡萄糖溶液的旋光度，并确定其浓度。

五、思考题

1. 化合物 A 溶解在某溶剂中（$0.4g \cdot mL^{-1}$），用 5dm 样品管测得旋光度为 $-10°$。试计算该化合物的比旋光度。

2. 232mg 旋光纯甾醇溶于 10mL 氯仿中，在长度为 1dm 的样品管中测得旋光度为 $-0.73°$。试计算其比旋光度。

实验七　乙酰乙酸乙酯的制备

一、实验目的

1. 学习乙酰乙酸乙酯的制备方法，加深对酯缩合反应的理解。
2. 掌握减压蒸馏的操作方法。
3. 掌握无水操作技术。

二、实验原理

具有 α-H 的酯和另一分子酯在醇钠的作用下生成 β-羰基酯的反应称为酯缩合反应。两分子的乙酸乙酯在乙醇钠的作用下缩合，再经水解生成乙酰乙酸乙酯：

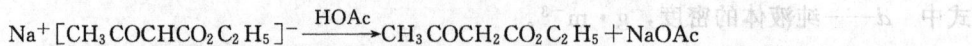

$$2CH_3CO_2C_2H_5 \xrightarrow{NaOC_2H_5} Na^+[CH_3COCHCO_2C_2H_5]^- + C_2H_5OH$$

$$Na^+[CH_3COCHCO_2C_2H_5]^- \xrightarrow{HOAc} CH_3COCH_2CO_2C_2H_5 + NaOAc$$

实验中的乙醇钠由金属钠与乙酸乙酯中残留的乙醇作用得到。一旦反应开始，乙醇就可以不断生成，并和金属钠继续作用生成乙醇钠。由于乙酰乙酸乙酯具有酸性，因此反应得到的是乙酰乙酸乙酯的钠盐，加乙酸可使其变为乙酰乙酸乙酯。

三、仪器与试剂

仪器：冷凝管（带氯化钙干燥管），分液漏斗，常压蒸馏装置，减压蒸馏装置。

试剂：圆底烧瓶，钠，二甲苯，乙酸乙酯，饱和氯化钠溶液，无水硫酸钠。

四、实验操作

在干燥的 100mL 圆底烧瓶中加入 2.5g（0.11mol）金属钠和 12.5mL 二甲苯，装上带

---

❶ 配制方法是：在台秤上称取 2g 化学纯葡萄糖，放入烧杯中，加入 100mL 蒸馏水配成溶液。若有杂质则应过滤，然后装入瓶中，放置 8h 后方可使用。葡萄糖的比旋光度 $[\alpha]_D^{20} = +52.5°$（水）。

氯化钙干燥管的回流冷凝管，加热回流。待金属钠熔融后，停止加热，立即拆去冷凝管，用橡皮塞塞紧圆底烧瓶，用力来回摇振，使钠分散成尽可能小而均匀的细珠。放置片刻，待钠珠沉至瓶底后，将二甲苯倾倒入回收瓶中（切勿倒入水槽或废物缸，以免引起火灾）。迅速向瓶中加入 27.5mL（0.28mol，25g）乙酸乙酯，并立即重新装上冷凝管，并在其顶端装一氯化钙干燥管。反应随即开始，并有氢气泡逸出。如反应不开始或很慢，则可加热并保持微沸状态，直至金属钠几乎全部作用完为止，反应约需 1.5h。此时生成的乙酰乙酸乙酯钠盐为橘红色透明溶液（有时析出黄白色沉淀）。

待反应物稍冷后，在振摇下加入 50％的乙酸溶液，直到反应液呈弱酸性为止（约需15mL），此时，所有的固体物质均已溶解。将反应液转入分液漏斗，加入等体积的饱和氯化钠溶液，用力振摇后静置分出有机层，用无水硫酸钠干燥。干燥后的有机层倾析到蒸馏瓶中，常压蒸去未作用的乙酸乙酯，将剩余液移入 25mL 克氏蒸馏瓶进行减压蒸馏，收集88℃、30mmHg 馏分，产量约 5g（产率约 27.5％）。

纯的乙酰乙酸乙酯为无色透明溶液，沸点为 180.4℃（分解），d_4^{20} 为 1.0282，n_D^{20} 为 1.4194。

五、注意事项

1. 金属钠遇水即燃烧、爆炸，故使用时应严格防止与水接触，一般将其储存在煤油中。在称量或切片时应迅速，以免被空气中的水汽侵蚀或被氧化。

2. 乙酸乙酯必须绝对干燥，但其中含有 1％～2％的乙醇。其提纯方法如下：将普通乙酸乙酯用饱和氯化钙溶液洗涤 2～3 次，再用熔焙过的无水碳酸钾干燥，然后蒸馏收集 76～78℃馏分。

3. 一般要使钠全部溶解，但很少量未反应的钠并不妨碍进一步操作。

4. 用乙酸中和时，开始有固体析出，继续加酸并不断振摇，固体会逐渐消失，最后得到澄清的液体。如尚有少量固体未溶解，则可加少许水使之溶解。但应避免加入过量的乙酸，否则会增大酯在水中的溶解度而降低产量。另外当酸度过高时，会促进副产物"去水乙酸"的生成，降低产量。

5. 乙酰乙酸乙酯在常压蒸馏时，很容易分解而降低产量，故采用减压蒸馏法。乙酰乙酸乙酯沸点与压力的关系如表 5.2 所示。

表 5.2　乙酰乙酸乙酯沸点与压力的关系

压力/mmHg	760	80	60	40	30	20	18	14	12
沸点/℃	180	100	97	92	88	82	78	74	71

注：1mmHg＝133.322Pa。

六、思考题

1. Claisen 酯缩合反应的催化剂是什么？本实验为什么可以用金属钠代替？

2. 仪器未经干燥处理，对反应有什么影响？为什么？

3. 用 50％乙酸溶液中和时要注意什么问题？乙酸浓度过高、过量对反应有何影响？

4. 为何用饱和氯化钠溶液洗涤而不用水洗涤？

5. 什么是互变异构现象？如何用实验证明乙酰乙酸乙酯是两种互变异构体的平衡混合物？

实验八　红外光谱

一、实验目的

1. 学习、掌握有机化合物红外光谱测定的制样方法。

2. 学习、掌握红外光谱仪的操作技术。

3. 学习通过红外光谱图分析物质官能团。

二、实验原理

本实验用 Bruker 公司生产的 FT-IR 傅里叶变换红外分光光度仪进行实验。

1. 红外光谱分析原理

当红外光照射化合物分子时，部分光被吸收，并引起化合物分子振动和转动能级的跃迁而形成的分子吸收光谱称为红外光谱。红外光谱用于测量有机化合物所吸收的红外光的频率和波长。一般常用电磁光谱红外区域的频率范围是 4000～650cm^{-1}（波数），或用波长表示为 2.5～15μm，也称中红外区。波长常用的单位是微米（μm），1μm＝10^{-6}m；频率则常用波数来表示，它与波长的关系为：

$$\nu = (1/\lambda) \times 10^4$$

红外光谱所对应的能量范围为 41.86～4.186kJ·mol^{-1}，相当于分子振动能级跃迁所需要的能量。吸收红外光能后，分子的振动由基态激发到高能态，产生红外吸收光谱。由于分子振动能级跃迁的同时，伴随着转动能级的跃迁，因此吸收峰为宽的谱带而不是类似原子吸收光谱中尖锐的峰线。由于仪器和操作条件不同，红外光谱中吸收峰的强度也有所差异，但其相对强度一般是可靠的。

有机分子不具有刚性结构，组成分子的原子很像由弹簧连接起来的一组球的集合体，弹簧的强度相应于各种强度的化学键，大小不等的球相应于各种质量不同的原子。分子中存在两种基本振动形式，即伸缩振动和弯曲振动。伸缩振动伴随着键长的伸长和缩短，需要较高的能量，往往在高频区产生吸收；弯曲振动（或变角振动）包括面内弯曲振动和面外弯曲振动，伴随着键角的扩大或缩小，需要较低的能量，通常在低频区产生吸收。分子中各种振动能级的跃迁同样是量子化的，并且在红外区内。如果用频率连续改变的红外光照射分子，当分子中某个化学键的振动频率和红外光的振动频率相同时，就产生了红外吸收。需要指出的是并非所有的振动都会产生红外吸收，只有那些偶极矩的大小和方向发生变化的振动，才能产生红外吸收，这称为红外光谱的选择规律。

根据分子对红外光吸收后得到谱带频率的位置、强度、形状以及吸收谱带和温度、聚集状态等的关系便可确定分子的空间构型，求出化学键的力常数、键长和键角。从光谱分析的角度看主要是利用特征吸收谱带的频率推断分子中存在某一基团或键，由特征吸收谱带频率的变化推测临近的基团或键，进而确定各种有机化合物的官能团；如果结合对照标准红外光谱，则还可用以鉴定有机化合物的结构。

2. 红外光谱法对样品的要求

红外光谱的样品可以是液体、固体或气体，一般应满足如下要求。

（1）样品应该是单一组分的纯物质，纯度应＞98％或符合规格，这样才便于与纯物质的标准光谱进行对照。

（2）样品中不应含有游离水。水本身有红外吸收，会严重干扰样品谱，而且会侵蚀吸收池的盐窗。

（3）样品的浓度和测试厚度应适当选择，以使光谱图中大多数吸收峰的透射比处于10％～80％范围内。

3. 样品测定方法

（1）测定液体样品最简便的办法是液膜法。可滴一滴样品夹在两个盐片之间使之成为极薄的液膜，用于测定。滴入样品后应将盐片压紧并轻轻转动，以保证形成的液膜无气泡；也可将液体放入样品池中进行测定，或者将待测样品夹于两层聚乙烯薄膜之间，但这种方法对 $2900cm^{-1}$、$1465cm^{-1}$ 和 $1380cm^{-1}$ 吸收峰产生干扰，仅当无须关注—CH_3 和—CH_2—基团时，才可以用此方法。

（2）固体样品的测定可用以下两种方法。

一种称为液状石蜡研糊法。将 2~3mg 的固体样品与 1~2 滴液状石蜡在玛瑙研钵中研磨成糊状，使样品均匀地分散在液状石蜡中，然后把糊状物夹在盐片之间，放在样品池中进行测定。此法的缺点是液状石蜡本身在 $2900cm^{-1}$、$1465cm^{-1}$ 和 $1380cm^{-1}$ 附近有强烈的吸收。

另一种方法称为溴化钾压片法。将 2~3mg 样品与约 300mg 无水溴化钾放于玛瑙研钵中，研细后放在金属模具中，在真空下用加压机加压制成含有分散样品的卤盐薄片，这样可以得到没有杂质吸收的红外光谱。具体操作方法如下：

① 取 200~300mg 无水溴化钾与 2~3mg 样品于玛瑙研钵中，研细。

② 把研细的粉末放在压样模具内两光面压芯中，将模具放入压片机中进行压片。

③ 将模具置于工作台的中央，用旋转杆拧紧后，前后摇动手动压把，达到所需压力（10~12MPa），保压 2min 后，拆卸压模，取出透明薄片。

三、仪器与试剂

仪器：Bruker 公司生产的 FT-IR 傅里叶变换红外分光光度仪。

试剂：苯甲酸，KBr。

四、实验操作

红外光谱仪的操作步骤：

（1）开启红外光谱仪电源，预热 30min。

（2）打开 Spectrum 程序。

（3）呈现 Login 状态。Login Name 选择 Admin；Instrument 选择 I. Spectrum One；Actrivate IR Assitant 选择 No。

（4）将空白溴化钾片放入样品架上，单击 Background，呈现 Background Collection 状态，单击 OK。

（5）在样品架上放入制备好的待测样品压片。

（6）选择 Instrument，单击 Scan。给出样品名称，单击 Apply，单击 Scan 进行样品测试。

（7）谱图出来后，进行谱图分析，存储谱图，取出样品。

（8）当日样品测试完毕后，依次关闭 Spectrum 程序、红外光谱仪、计算机电源。

本实验的操作步骤：

（1）压片。将少量苯甲酸加入到 KBr 粉末中，碾碎并拌匀，用压片机压成薄片。

（2）测试。将压好的样品薄片放置在红外光谱仪中，测定样品的红外吸收光谱，注意需要扣除背景。

（3）谱图解析。对测得的谱图在谱图库中进行查询比对，判断是不是自己测试的物质，并记录匹配度；分析谱图，将各种官能团指出来。

五、注意事项

1. 待测样品及盐片均需充分干燥处理。

2. 为了防潮，宜在红外干燥灯下操作。

3. 测试完毕后，应及时用丙酮擦洗样品。干燥后，放入干燥器中备用。

六、数据记录与处理

苯甲酸的红外光谱图见图 5.5。

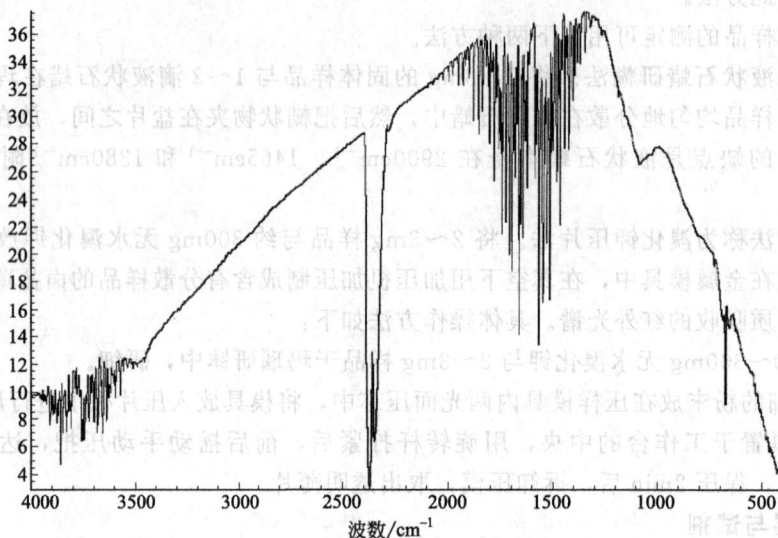

图 5.5　苯甲酸的红外光谱图

1. 在 $1600\sim1581cm^{-1}$、$1419\sim1454cm^{-1}$ 内出现四指峰，由此确定存在单核芳烃 C═C 骨架，所以存在苯环。

2. 在 $2000\sim1700cm^{-1}$ 范围内有锯齿状的倍频吸收峰，所以为单取代苯。

3. 在 $1683cm^{-1}$ 存在强吸收峰，这是由羧酸中羧基的振动产生的。

4. 在 $3200\sim2500cm^{-1}$ 范围内有宽吸收峰，所以有羧酸的 O—H 键伸缩振动。

实验九　流动法测定氧化锌的催化活性

一、实验目的

1. 测量不同温度下氧化锌催化剂对甲醇分解反应的活性。

2. 熟悉流动系统的特点和操作，掌握流动法测量催化剂活性的实验方法。

二、实验原理

催化反应按反应物、产物及催化剂是否处于同一相而分为均相催化反应和多相催化反应。

本实验研究的固体氧化锌催化剂对气相甲醇的反应为多相催化分解反应。甲醇催化分解反应的化学计量式为：

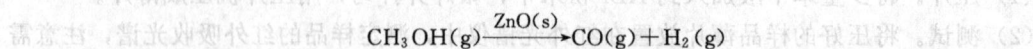

$$CH_3OH(g) \xrightarrow{\text{ZnO(s)}} CO(g) + H_2(g)$$

氧化锌由硝酸锌分解制得，然后将它置于特定的温度下进行灼烧处理，使其处于活化状态，这个过程称为催化剂的活化。催化剂的活性大小表现在它对反应速率影响的程度上。气、固多相催化反应实际上是在固体催化剂表面上进行的，催化剂比表面的大小直接影响其活性，所以催化剂的活性是用单位表面积上的反应速率系数来表示的。在工厂，常以单位质量（或单位体积）的催化剂对反应物的转化率来表示催化剂的活性。

本实验采用流动法装置来测定催化剂的活性。使反应物保持稳定的流速，连续不断地进入反应器，在反应器内进行反应，在物料离开反应器后，形成了产物与反应物的混合物。实验要设法分离、分析产物，从而确定反应物的转化率。流动法的特点是便于自动控制，故广泛应用于动力学实验。但流动法需要长时间地控制整个装置的实验条件（如温度、压力、流量等）稳定不变，所以对设备和技术有较高的要求。

本实验中，催化剂的活性以实验条件下单位质量（或单位体积）催化剂对甲醇的分解率表示。由反应化学计量式可知，甲醇分解是一个增体积反应，催化剂的活性越大，则反应系统的体积增量也越大。本实验用 N_2 作载气，将甲醇蒸气以恒定的流速送入催化反应器，只要测量原料气（甲醇蒸气与载气 N_2）经过催化反应器及捕集器（其作用是将未分解掉的甲醇蒸气在器内冷凝成液体而除去）后的体积增量，便可计算催化剂的活性。

三、仪器与试剂

仪器：催化剂活性测定装置。

试剂：甲醇（A.R），$Zn(NO_3)_2 \cdot 6H_2O$(C.P.)，液体石蜡油（C.P.）。

四、实验操作

1. 氧化锌催化剂的制备

将 $Zn(NO_3)_2 \cdot 6H_2O$ 溶于水中，再将活性氧化铝放入此溶液中，$Zn(NO_3)_2 \cdot 6H_2O$ 与氧化铝的质量比为 $1:2.4$。将溶液搅拌均匀，然后在红外烘箱中将水分蒸发，再置入马弗炉内，在 350℃ 下焙烧 2h，得到白色颗粒状催化剂，取出后自然冷却备用。实验前必须将制得的催化剂在 350℃ 马弗炉内再活化 1h（实验前预先制备好）。

2. 空白实验

取一支干燥的反应管，不装催化剂，置入管式炉内，如图 5.6 所示。

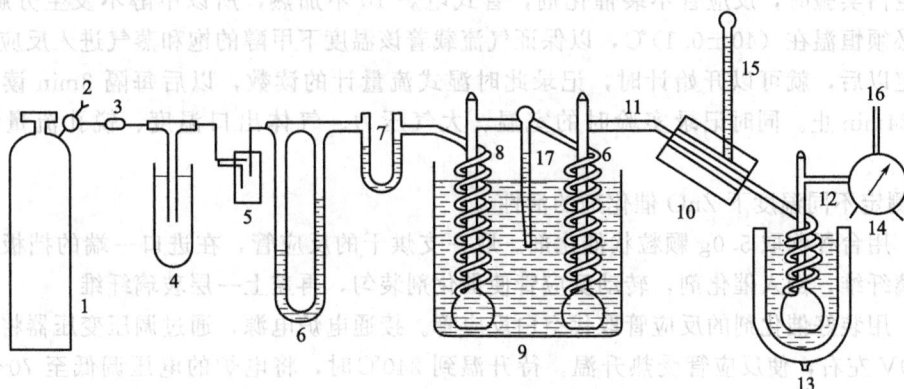

图 5.6　测定催化剂活性的装置

1—氮气钢瓶；2—减压阀；3—针形阀；4—石蜡油稳压管；5—缓冲瓶；6—锐孔流量计；7—干燥管；8—饱和器；9—恒温槽；10—管式电炉；11—反应管；12—捕集器；13—杜瓦瓶；14—湿式流量计；15、16、17—温度计

检查装置的各个部件是否装妥。调节恒温槽 9 的温度为（40±0.1）℃。将碎冰和食盐按质量比 3:1 混匀，制成冷却剂，装入杜瓦瓶 13 中用来冷凝尾气中的甲醇蒸气。检查各个气路阀门是否关闭，打开各个乳胶连接管上的夹子。

开启氮气钢瓶 1，通过减压阀 2 减压至 1.5×10^3 kPa。微开针形阀 3，调节石蜡油稳压管 4 中 T 形管的高度，控制锐孔流量计 6 两侧的液面差在某一数值。此时必须保持有少量气泡从 T 形管底部稳定地逸出，使进入饱和器 8 的气流压力 p 稳定在一定数值（见图5.7），其值为：

$$p = p(大气) + \rho(油)g\Delta h \tag{5.9}$$

式中　p、p（大气）——系统的气流压力和大气压力；

$\qquad\qquad$ ρ（油）——石蜡油的密度；

$\qquad\qquad\qquad$ g——重力加速度；

$\qquad\qquad$ Δh——T形管中石蜡油的高度。

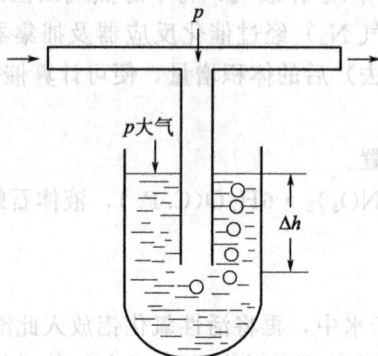

图 5.7　稳压管的工作

所以，通过调节 T 形管中石蜡油的高度 Δh，可以改变气流的压力 p。T 形管中石蜡油的高度应以湿式流量计 14 的读数控制在 $90\sim100\text{cm}^3 \cdot \text{min}^{-1}$ 为宜。如果不能调节到此范围，则应适当调节针形阀。

做空白实验时，反应管不装催化剂，管式电炉 10 不加热，所以甲醇不发生分解反应。恒温槽必须恒温在（40 ± 0.1）℃，以保证气流载着该温度下甲醇的饱和蒸气进入反应管。待气流稳定以后，就可以开始计时，记录此时湿式流量计的读数，以后每隔 3min 读一次流量，至 24min 止。同时记录实验时的室温、大气压力、气体出口温度、锐孔流量计的液面差。

3. 测定不同温度下 ZnO 催化剂的活性

（1）用台秤称取 5.0g 颗粒状催化剂。取一支烘干的反应管，在进口一端的挡板上填入少量玻璃纤维，倒入催化剂，转动反应管使催化剂装匀，再盖上一层玻璃纤维。

（2）用装好催化剂的反应管取代空白反应管。接通电炉电源，通过调压变压器将电压升高到 180V 左右，使反应管受热升温。待升温到 240℃时，将电炉的电压调低至 $70\sim80$V，使电炉的温度稳定在（280 ± 5）℃。为了稳定电炉的温度，必须反复调节其电压，直至确定保温所需的电压大小。保温所需的电压大小与室温有关。

由于反应管内装了催化剂，系统的阻力增大，气体流量会略有下降。此时必须稍调节稳压管中 T 形管的高度，使锐孔流量计两侧液面差的数值与空白实验时一致，以确保氮气流量与空白实验时一致。

在（280 ± 5）℃下，炉温保持稳定 10min 后，就可以开始计时，记录此时湿式流量计的读数，以后每隔 3min 读一次流量，至 24min 止。同时记录炉温、气体出口温度、锐孔流量计的液面差。

（3）将电炉温度升高并稳定在（320 ± 5）℃，按（2）同样的操作步骤测定该温度下的数据。

（4）实验结束后，关闭氮气钢瓶总阀、减压阀、针形阀、电源，将调压变压器的电压降至零，并将各个乳胶连接管上的夹子锁紧。

五、注意事项

1. 系统必须不漏气。

2. N_2 的流速在实验过程中必须保持恒定。

3. 实验前需检查湿式流量计的水平和水位，并预先使其运转数圈，使水与气体饱和后才可进行计量。

4. 在对比不同温度下 ZnO 催化剂的活性时，实验条件（例如装样、催化剂在电炉中的位置）应尽量保持相同。

5. 甲醇对人体有毒，严重时可导致眼睛失明，实验时必须严格防止甲醇泄漏。另外，尾气中含有 CO、H_2、少量甲醇蒸气，必须排放至室外或下水道中。

6. 实验结束后，需用夹子使饱和器 8 不与反应管 11 和干燥管 7 相通，以免炉温下降时甲醇被倒吸入反应管内。

六、数据记录与处理

1. 数据记录

室温 _____ 大气压力 _____

（1）空白实验数据填入表 5.3。

表 5.3 空白实验数据

锐孔流量计液面差 _____ 气体出口温度 _____

时间 t/min	湿式流量计体积示值 V/dm³	3min 累计体积 V/dm³	24min 累计体积 $V_空$/dm³
0			
3			
……			
24			

（2）280℃下催化反应实验数据填入表 5.4。

表 5.4 280℃下催化反应实验数据

电炉温度 _____ 气体出口温度 _____

锐孔流量计液面差 _____

时间 t/min	湿式流量计体积示值 V/dm³	3min 累计体积 V/dm³	24min 累计体积 $V_催$/dm³
0		—	
3			
……			
24			

（3）采用与表 5.4 类似的表格记录 320℃下催化反应实验数据。

2. 数据处理

（1）以 V 对 t 作图，将 V-t 直线延长至 60min，读取 60min 时空白曲线相应的 $V_空$ 以及加入催化剂后各温度曲线的 $V_催$。

（2）求算不同反应温度时的分解率。

① 计算通入甲醇物质的量。

计算 60min 内通入甲醇物质的量 n（甲醇，通入）：

$$n(甲醇,通入)=\frac{p(甲醇)}{p(N_2)}\times n(N_2)=\frac{p(甲醇)}{p(大气)-p(甲醇)}\times\frac{p(大气)V_空}{RT} \quad (5.10)$$

式中　　T——气体出口温度；

p（大气）——大气压力；

p（甲醇）——40℃时甲醇的饱和蒸气压，40℃时甲醇的饱和蒸气压为 35.28kPa；

$p(N_2)$——氮气的分压力；

$V_空$——60min 内通入氮气的体积；

R——摩尔气体常数。

② 计算分解甲醇物质的量。

计算在不同温度下，1h 所分解甲醇的物质的量 n（甲醇，分解）：

$$n(甲醇,分解)=\frac{p(大气)(V_催-V_空)}{3RT} \quad (5.11)$$

式中　　$V_催$——60min 内通过湿式流量计的总体积（即气体 N_2、H_2 和 CO 的总体积）。

③ 计算甲醇的分解率。

计算在不同温度下，60min 内甲醇的分解率 α：

$$\alpha=n(甲醇,分解)/n(甲醇,通入) \quad (5.12)$$

④ 计算所用催化剂中 ZnO 的质量。算出不同温度下单位质量 ZnO 在 1h 内使甲醇分解的物质的量及分解率。

七、思考题

1. 本实验为何要使用载气？选择载气的条件是什么？

2. 用饱和器是为了达到什么目的？为什么用二只饱和器比用一只好？

3. 为什么必须控制并稳定 N_2 的流量？在测定催化剂的活性时，如果 N_2 的流量稍低于空白实验，对实验将产生什么影响？

4. 在催化反应的实验中，分解的甲醇的量是怎样计算的？

实验十　固体在溶液中的吸附

一、实验目的

1. 测定活性炭在乙酸溶液中对乙酸的吸附量。

2. 通过实验进一步理解等温线及弗兰德利希吸附等温式的意义。

二、实验原理

① 溶质在溶液中被吸附于固体表面是一种普遍现象，也是物质提纯的主要方法之一。活性炭是用途最广的吸附剂，它不仅可用于吸附气体物质，也可在溶液中吸附溶质。

② 吸附量通常以每克吸附剂吸附溶质的物质的量来表示。在一定温度下，达到吸附平衡的溶液中，吸附量与溶液浓度的关系符合弗兰德利希吸附等温式：

$$r=\frac{n}{m}\kappa c^\alpha \quad (5.13)$$

式中　　n——吸附质物质的量，mol；

m——吸附剂的质量，g；

r——吸附量，$mol \cdot g^{-1}$；

c——平衡时溶液的浓度，$mol \cdot dm^{-3}$；

κ、α——常数，由温度、溶质、吸附质及吸附剂的性质决定，一般由实验确定。

对式(5.13)取对数，则有：

$$\ln\left\{\frac{n}{m}\right\}=\alpha\ln c+\ln k \qquad (5.14)$$

若以 $\ln(n/m)$ 对 $\ln c$ 作图，则可得一斜率为 α、截距为 $\ln k$ 的直线，由直线可求得 k 和 α 的值。

式(5.14)中 n/m 可以通过吸附前、后溶液浓度的变化及活性炭准确称量值求得，即：

$$\frac{n}{m}=\frac{c_0-c}{m}V \qquad (5.15)$$

式中　V——溶液的总体积，dm^3；

　　　m——活性炭的质量，g。

三、仪器与试剂

仪器：$125cm^3$ 锥形瓶 8 个，$25cm^3$ 酸式、碱式滴定管各一支，$25cm^3$ 移液管一支，$5cm^3$、$10cm^3$ 移液管各一支，漏斗 6 个，振荡机一台。

试剂：$0.4mol \cdot dm^{-3}$ HAc 标准溶液，$0.1mol \cdot dm^{-3}$ NaOH 标准溶液，酚酞指示剂一瓶，活性炭（颗粒状或粉末状）若干。

四、实验操作

1. 吸附液配制

将 $0.4mol \cdot dm^{-3}$ HAc 标准溶液按表 5.5 比例稀释配制成 $50cm^3$ 不同浓度的 HAc 溶液，并分别置于 6 个干燥洁净的锥形瓶中，编好号并盖好瓶塞，防止乙酸挥发。

表 5.5　稀释比例

编　号	1	2	3	4	5	6
$0.4mol \cdot dm^{-3}$ HAc 的体积 V/cm^3	50	25	15	7.5	4	2
蒸馏水的体积 $V_水/cm^3$	0	25	35	42.5	46	48

2. 吸附过程

准确称量 1g 左右活性炭（经 $120℃$ 烘烤且准确称量到 $0.001g$），分别加入各锥形瓶中，盖好瓶塞，在振荡机上振荡 1h，或用手不时摇动下放置 1.5h。

3. 平衡浓度测定

如果采用粉末活性炭，那么应将各溶液过滤并弃去最初 $10cm^3$ 滤液，在剩余溶液中取样。如果用颗粒状活性炭，可直接从锥形瓶中取样。按编号 1~6 分别取 $5cm^3$、$10cm^3$、$25cm^3$、$25cm^3$、$25cm^3$、$25cm^3$，再用 NaOH 标准溶液滴定，根据所用标准碱溶液的体积，确定平衡浓度 c。

4. 实验完毕

倾去所有溶液，将锥形瓶洗干净；清洁桌面，将实验数据交给指导老师检查、签字。

五、注意事项

本实验的关键是吸附一定要达到平衡，6 个瓶的吸附温度要相同。

六、数据记录与处理

(1) 根据 $c_1v_1=c_2v_2$，分别求出 HAc 的初始浓度 c_0 和平衡浓度 c。

(2) 将 c_0 和 c 代入式(5.15)，算出 n/m。

(3) 算出 $\ln(n/m)$ 及 $\ln c$。

将以上数据填入表5.6。

表5.6 活性炭在乙酸溶液中的吸附实验数据

编 号	1	2	3	4	5	6
0.4mol·dm^{-3} HAc 体积 V/cm^3	50	25	15	75	4	2
蒸馏水体积 $V_{水}$/cm^3	0	25	35	42.5	46	48
活性炭质量 m/g						
滴定用碱的体积 V_{OH^-}/cm^3						
取样的体积 V_{HAc}/cm^3	5	10	25	25	25	25
HAc 的平均浓度 c/mol·dm^{-3}						
(n/m)/mol·g^{-1}						
$\ln(n/m)$						
$\ln c$						

（4）根据表5.6内数据作出 n/m 对 c 的吸附等温线。

（5）以 $\ln(n/m)$ 对 $\ln c$ 作图，从所得的直线斜率和截距求出常数 κ 及 α。

七、思考题

1. 影响固体对溶液吸附的因素有哪些？固体吸附气体与吸附溶液中的溶质有何不同？

2. 如何加快吸附达到平衡？如何确定平衡已经达到？

3. 降低吸附温度对吸附有何影响？

实验十一 分解电压及极化曲线的测定

一、实验目的

1. 了解分解电压的测定方法，测定硫酸的分解电压。

2. 了解恒电流极化曲线的测定方法，测定氢的析出电势。

3. 通过实验进一步明确析出电势与超电势的关系、不可逆电势的意义及影响超电势的因素。

二、实验原理

1. 分解电压的测定原理

电解时，电解池中会产生与外加电压方向相反的极化电动势（通常称为反电动势），故只有当外加电压超过此极化电动势时，才能长时间进行电解。此外，外加于电解池的最小电压称为分解电压。

分解电压测试装置如图5.8所示。

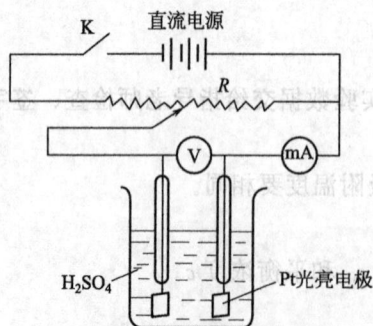

图5.8 分解电压测试装置

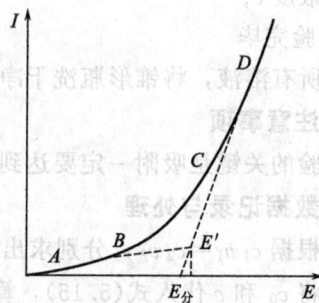

图5.9 I-E 曲线图

在 H_2SO_4 溶液中插入两个铂电极，接上外加直流电源。线路中的毫安表（mA）和电压表（V）分别用来测定电解池的电流和电压。滑线电阻 R 构成的分压电路，用来调节电解池的外加电压。

实验测定时，逐渐加大外加电压，测出相应的电流值，并绘出 I-E 曲线，如图 5.9 所示。当外加电压不大时电流很小，这时电极上观察不到电解现象，当电压逐渐增大到某一数值时，电流几乎直线上升，两极上开始有气泡逸出，继续加大电压，电解显著进行，气泡大量产生。将图 5.9 中直线 DC 延长交横轴于 $E_分$ 点，则 $E_分$ 所示数值为 1mol·dm^{-3}（1/2 H_2SO_4）溶液的分解电压；也有以两条直线 AB、DC 的延长线交点 E' 所对应的电压作为分解电压数值的。

实验证明，分解电压不仅与电解质的性质及浓度有关，而且还与温度、电流密度、电极材料的种类及电极表面加工的粗糙度等诸多因素有关。由于电解过程为不可逆过程，因此实际维持电解进行的外加电压总是比相应的可逆电池的电动势大，两者之差为超电势。

2. 析出电势的测定原理

对电极而言，实际维持电解进行的电势也不等于其平衡时的电解电势。使某种物质在电极上显著析出所需的实际电势称为析出电势，它与平衡电势之差称为物质的超电势（也可称为超电压）。

析出电势可用恒压电流极化曲线测试装置进行测试，如图 5.10 所示。

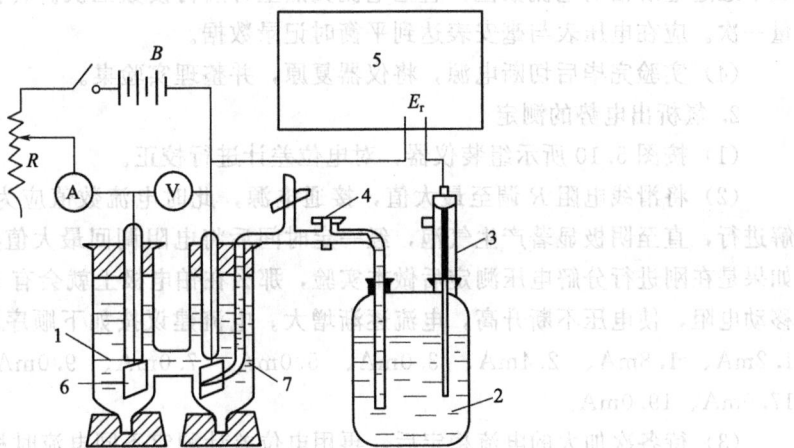

图 5.10　析出电势测试装置示意图

1—H_2SO_4 溶液（1/2mol·dm^{-3}）；2—饱和 KCl 溶液；3—甘汞电极；
4—液体盐桥；5—电位差计；6—铂电极；7—毛细管

为了较准确地测量电极电势，可将一对铂电极（一支作待测电极，另一支作辅助电极）分别放在一个 H 形电解槽的两支管内，以减少电解对测量的干扰。通过盐桥组成一个电池并与电位差计 5 相连，测电池电动势 E 值。在一定温度下，甘汞电极的电势为已知，故阴极的析出电势可以求得。实验时，调节电阻 R，使流经电解槽的电流由小逐渐增大，并相应地通过测量电动势求出在不同电流下的阴极析出电势值。

将求出的不同电流密度 j 下的析出电势作 j-$\Delta\phi$ 图，如图 5.11 所示。此曲线与 I-E 曲线形状相似，称为电极的极化曲线。CB 的延长线与横坐标的交点 $\Delta\phi_析$ 所示值即为硫酸溶液中 H_2 的析出电势。

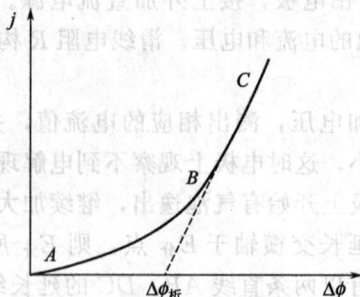

图 5.11　j-$\Delta\phi$ 曲线图

三、仪器与试剂

仪器：分解电压测试装置 1 套，恒电流极化曲线测试装置 1 套。

试剂：$1\text{mol} \cdot \text{dm}^{-3}$（$1/2\ H_2SO_4$）溶液。

四、实验操作

1. 硫酸溶液分解电压的测定

（1）按图 5.8 所示接好线路，注意电压表与毫安表不要与电源正、负极接错。

（2）将滑线电阻调至右端，然后接通电源，此时电压表指针应在零点左右。

（3）由右向左逐渐移动滑线电阻的触头，使电压逐渐增高，0.2V 停 1min，测出相应电压下通过电解槽的电流数值，直至电流突然上升后再读数三次。转折点附近应每隔 0.1V 测量一次。应在电压表与毫安表达到平衡时记录数据。

（4）实验完毕后切断电源，将仪器复原，并整理实验桌。

2. 氢析出电势的测定

（1）按图 5.10 所示组装仪器，对电位差计进行校正。

（2）将滑线电阻 R 调至最大值，接通电源，此时电流数值应为零。慢慢减小电阻使电解进行，直至阴极显著产生气泡，经一定时间后将电阻调回最大值处，即可进行实验测定。如果是在刚进行分解电压测定后做本实验，那么在铂电极上就会有 H_2 存在，一般可以逐步移动电阻，使电压不断升高，电流逐渐增大。电流建议按如下顺序增大：0.4mA、0.8mA、1.2mA、1.8mA、2.4mA、3.0mA、5.0mA、7.0mA、9.0mA、13.0mA、15.0mA、17.0mA、19.0mA。

（3）待各次加大的电流稳定后，再用电位差计测定不同电流时相应甘汞电极与电解槽待测电极（阴极）所组成的电池的电动势，测定 10～12 个数据。

五、数据记录与处理

（1）将分解电压测定数据列表，并注明实验条件（如稳定、试剂浓度等），绘出 I-E 曲线，求出 $1\text{mol} \cdot \text{dm}^{-3}$（$1/2\ H_2SO_4$）的分解电压。

（2）从测得的 E 值和待测电极面积计算不同电流密度 j 下的 $\Delta\phi_{\text{析}}$ 值，并将数据列表，绘制 j-$\Delta\phi$ 极化曲线。从曲线找出氢离子在光亮的铂电极上的析出电势，计算氢的超电势。

六、思考题

1. 为什么很多酸（或碱）的分解电压相近？
2. 在氢的析出电势测定中，为什么要预先电解使之产生氢气？
3. 图 5.10 中三个电极的作用各是什么？

实验十二　分配系数的测定

一、实验目的

1. 测定苯甲酸在苯和水体系中的分配系数。
2. 了解物质在两相间的分配情况和分子的形态。

二、实验原理

在恒定的温度下，将一种溶质溶解在两种互不相溶的液体溶剂中，达到平衡时，此溶质在这两种溶剂中的分配有一定的规律性。如果溶质在此两种溶剂中皆无缔合作用，则溶质在 α、β 两种溶剂中的浓度比（严格地说是活度比）将是一个常数，即：

$$\frac{C_\alpha}{C_\beta}=K \tag{5.16}$$

式中　C_α 和 C_β——平衡时溶质在 α 溶剂和 β 溶剂中的浓度；

　　　　K——分配系数，其值与温度有关。

式(5.16) 所表达的规律称为分配定律，只适用于稀溶液，若溶液浓度较大，则应以活度代替浓度。

如果溶质在溶剂中的分子形态不同，分配系数的形式也要作相应的改变。例如溶质在溶剂 β 中发生缔合现象，则其分配规律的数学表达式为：

$$\frac{C_\alpha^n}{C_\beta}=K \tag{5.17}$$

式中　n——溶质在溶剂 β 中的缔合度；

　　　C_β——缔合分子在 β 溶剂的浓度。

将式(5.17) 取对数，则有：

$$\ln C_\beta=\ln K+n\ln C_\alpha \tag{5.18}$$

以 $\ln C_\beta$ 对 $\ln C_\alpha$ 作图，得一直线，其斜率即为缔合度 n。

三、仪器与试剂

仪器：125mL 分液漏斗，25mL 移液管，2mL 移液管，10mL 移液管，锥形瓶，50mL 磨口锥形瓶。

试剂：苯甲酸，苯，NaOH，酚酞。

四、实验操作

(1) 在三个编号分别为 1、2、3 的 125mL 分液漏斗中，各放入 50mL 蒸馏水，分别加入 0.3g、0.6g、1.2g 苯甲酸。用移液管各加入 25mL 苯，将塞子盖好。经常摇动，使两相充分混合、接触。

摇动时，切勿用手抚握漏斗的膨大部分，避免体系温度改变。因为分配系数是温度的函数，温度改变分配系数也改变。

(2) 如此摇动 0.5h 后，静置数分钟，使苯和水分层（上面是苯层，下面是水层）。

(3) 将各分液漏斗里下层的水溶液分别放入各个干燥的磨口锥形瓶中，苯层仍留在分液漏斗里，盖紧塞子，以免苯挥发。

(4) 进行苯层及水层内苯甲酸浓度的测定。

① 苯溶液分析。用带刻度的移液管吸取 2mL 上层溶液，加入 25mL 蒸馏水，加热至微沸并保持几分钟，以去除苯。冷却后以酚酞为指示剂，用 $0.05\,mol\cdot dm^{-3}$ 的 NaOH 滴定。

② 水溶液分析。用移液管吸取 10mL 水溶液，加入 25mL 蒸馏水，用酚酞作指示剂，以 0.05mol·dm⁻³ 的 NaOH 滴定。

分别对 1、2、3 号分液漏斗中的每个水相和苯相所含的苯甲酸进行测定（总共六种溶液，每个溶液至少测两次）。

五、数据记录与处理

1. 滴定过程计算

将滴定过程中的实验数据填入表 5.7。

表 5.7 滴定过程实验记录

编号		苯层			水层		
		V_{NaOH}/mL	$C_{甲/苯}$	平均 $C_{甲/苯}$	V_{NaOH}/mL	$C_{甲/水}$	平均 $C_{甲/水}$
1	(1)						
	(2)						
2	(1)						
	(2)						
3	(1)						
	(2)						

2. 浓度比计算

根据上面的滴定结果，分别计算三种苯相和水相中苯甲酸的浓度比（见表 5.8），看哪一种是常数，并对所得结果予以解释。

表 5.8 浓度比计算

编号	$C_{甲/苯}/C_{甲/水}$	$C_{甲/苯}^2/C_{甲/水}$	$C_{甲/苯}/C_{甲/水}^2$
1			
2			
3			

3. 以 $\ln C_{甲/苯}$ 对 $\ln C_{甲/水}$ 作图，由直线斜率求出缔合度 n。

六、思考题

1. 在本实验中摇动分液漏斗时，应注意什么？

2. 测定苯层中的苯甲酸浓度时，为什么要加水？为何加水后又加热至沸？

3. 在用碱式滴定管滴定 NaOH 标准溶液时，应注意什么？滴定的准确与否对分配系数的计算有何影响？

实验十三 丙酮碘化反应

一、实验目的

1. 熟悉复合反应速率常数的计算方法。

2. 了解复合反应的反应机理和特征。

3. 掌握分光光度计的正确使用方法。

二、实验原理

在酸性溶液中，丙酮碘化反应是一个复合反应，其反应式为：

$$CH_3COCH_3 + I_2 \xrightarrow[k]{H^+} CH_3COCH_2I + I^- + H^+ \tag{5.19}$$

$$\text{(A)} \qquad\qquad\qquad \text{(E)}$$

其中，H^+ 是催化剂，由于反应本身能生成，所以这是一个自催化反应。

一般认为该反应的反应机理包括下列两个基元反应：

$$CH_3COCH_3 \xrightarrow{H^+} CH_3(OH)C\!=\!\!=\!CH_2 \tag{5.20}$$

$$CH_3(OH)C\!=\!\!=\!CH_2 + I_2 \xrightarrow{H^+} CH_3COCH_2I + H^+ + I^- \tag{5.21}$$

这是一个连续反应。反应（5.20）是丙酮的烯醇化反应，是一个进行得很慢的反应。反应（5.21）是烯醇的碘化反应，是一个快速且趋于进行到底的反应。由于反应（5.20）进行得很慢，而反应（5.21）进行得很快，所以中间产物烯醇一旦生成就马上消耗掉了。根据连续反应的特点，该反应的总反应速率由丙酮的烯醇化反应速率决定，丙酮烯醇化反应的速率与丙酮及 H^+ 的浓度有关。实验测定表明，在高酸度条件下，反应速率与碘的浓度无关，即碘的反应级数为零；实验还表明，H^+ 与丙酮的反应级数分别为 1。故此反应的速率方程可表示为：

$$r = -\frac{dc_A}{dt} = kc_A c_{H^+} \tag{5.22}$$

由式（5.19）可知：$-\dfrac{dc_A}{dt} = -\dfrac{dc_{I_2}}{dt}$

所以式（5.22）可写成：

$$-\frac{dc_{I_2}}{dt} = kc_A c_{H^+} \tag{5.23}$$

本实验选定的范围是：丙酮的浓度 $0.1 \sim 0.6\,mol \cdot L^{-1}$，$H^+$ 的浓度 $0.05 \sim 0.5\,mol \cdot L^{-1}$，碘的浓度 $0.001 \sim 0.005\,mol \cdot L^{-1}$。由此可知，丙酮的浓度远远大于碘的浓度，且 H^+ 作为催化剂的浓度也足够大，故在反应过程中，可视丙酮与 H^+ 的浓度不随时间而改变。故将式（5.23）移项进行不定积分，得：

$$\int dc_{I_2} = \int (-kc_A c_{H^+})\,dt$$

可得：

$$c_{I_2} = -k't + I \tag{5.24}$$

$$k' = kc_A c_{H^+}$$

式中　I——积分常数。

由式（5.24）可知，如果测得反应过程中不同时刻 t 碘的瞬时浓度，然后用 c_{I_2} 对 t 作图得一直线，则通过直线斜率就可求出 k'。由于碘在可见光区有一个比较宽的吸收带，因此本实验可采用分光光度法进行。

根据比尔定律有：

$$A = -\lg T = -\lg \frac{I}{I_0} = \varepsilon b c_{I_2}$$

$$c_{I_2} = \frac{A}{\varepsilon b} \tag{5.25}$$

式中　A——吸光度；

　　　T——透光率；

I、I_0——某一波长光线通过待测溶液和空白溶液后的光强度；

　　　ε——摩尔吸光系数；

　　　b——样品池光径长度。

将式(5.25)代入式(5.24)可得：

$$A = -k''t + m \tag{5.26}$$

$$k'' = \varepsilon bk' = \varepsilon bkc_A c_{H^+} \tag{5.27}$$

式中　m——常数。

只要测出不同时刻 t 反应体系的吸光度，根据式(5.26)用 A 对 t 作图得一直线，则通过直线斜率可求出表观速率常数 k''，另外，根据式(5.25)求得 εb，并利用式(5.27)可进一步求出丙酮碘化反应的速率常数 k。

三、仪器与试剂

仪器：722型分光光度计1台，秒表1块，50mL容量瓶1个，100mL锥形瓶4个，5mL移液管3支，10mL移液管3支。

试剂：$2\text{mol} \cdot \text{L}^{-1}$ 标准丙酮溶液，$1\text{mol} \cdot \text{L}^{-1}$ 标准 HCl 溶液，$0.01\text{mol} \cdot \text{L}^{-1}$ 标准碘溶液。

四、实验操作

(1) 实验在室温下进行。调节分光光度计波长为500nm。

(2) 将装有蒸馏水的比色皿置于光路中，反复调节透光率的"0"点和"100"点。

(3) 配制 $0.001\text{mol} \cdot \text{L}^{-1}$ 碘溶液50mL，用其洗比色皿两次，测透光率三次，取平均值，求 εb 值。

(4) 在锥形瓶中配制反应溶液。加料顺序：水、HCl标准溶液、丙酮，最后加碘（碘加入一半时开始计时）。每分钟记录一次透光率数据。

五、注意事项

1. 反应体系中各物质的浓度要准确。

2. 反应溶液加入比色皿后，应迅速将其擦干净，并马上置于分光光度计中进行测量。

3. 测定过程中要反复用装有蒸馏水的比色皿校正透光率的"0"点和"100"点。

六、思考题

1. 在本实验中，将丙酮溶液加入含有碘、盐酸的容量瓶时并不立即开始计时，而注入比色皿时才开始计时，这样做是否可以？为什么？

2. 影响本实验结果精确度的主要因素是什么？

3. 为什么要选择碘的最大吸收波长为测试波长？

4. 使用分光光度计时要注意哪些问题？

5. 配制反应体系时，为什么要最后加丙酮或碘？

6. 在实验过程中，漏测或少测一个数据对实验是否有影响？

实验十四　氨基甲酸铵分解平衡常数的测定

一、实验目的

1. 掌握用等压计测定静态平衡压力的方法。

2. 掌握空气恒温箱的结构、原理及使用。

3. 测定氨基甲酸铵的分解压力，并求分解反应的标准平衡常数。

二、实验原理

氨基甲酸铵是合成尿素的中间产物，为白色不稳定固体，受热易分解，其分解反应为：

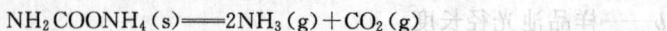

$$\text{NH}_2\text{COONH}_4(s) \rightleftharpoons 2\text{NH}_3(g) + \text{CO}_2(g)$$

该多相反应是容易达成平衡的可逆反应，体系压力不高时，气体可看作理想气体。

上述反应式的标准平衡常数可表示为：

$$K^{\ominus} = \left(\frac{p_{NH_3}}{p^{\ominus}}\right)^2 \left(\frac{p_{CO_2}}{p^{\ominus}}\right) \tag{5.28}$$

式中　p_{NH_3} 和 p_{CO_2}——在实验温度下 NH_3 和 CO_2 的平衡分压。

又因氨基甲酸铵固体的蒸气压可以忽略，设反应体系达平衡时的总压为 p，则有：

$$p_{NH_3} = 2/3p, \quad p_{CO_2} = 1/3p$$

代入式（5.28）可得：

$$K^{\ominus} = \frac{4}{27}\left(\frac{p}{p^{\ominus}}\right)^3 \tag{5.29}$$

因此，由实验测得一定温度下反应体系的平衡总压 p，即可按式（5.29）求出该温度下分解反应的标准平衡常数 $K^{\ominus}$。

反应体系的平衡总压 p（Pa）与温度 T（K）的经验关系式为：

$$\ln p = -\frac{6.314 \times 10^3}{T} + 30.55 \tag{5.30}$$

由范特霍夫（Van't Hoff）等压方程式可得平衡常数与温度的关系为：

$$\frac{d\ln K^{\ominus}}{dT} = \frac{\Delta_r H_m^{\ominus}}{RT^2} \tag{5.31}$$

式中　$\Delta_r H_m^{\ominus}$——该反应的标准摩尔反应焓；

R——摩尔气体常数。

当温度变化范围不大时，可将 $\Delta_r H_m^{\ominus}$ 视为常数，对式（5.31）求积分得：

$$\ln K^{\ominus} = \frac{-\Delta_r H_m^{\ominus}}{RT} + C \tag{5.32}$$

以 $\ln K^{\ominus}$ 对 $1/T$ 作图，通过直线关系可求得实验温度范围内的 $\Delta_r H_m^{\ominus}$。

由某温度下的 $K^{\ominus}$ 可以求算该温度下的标准摩尔反应吉布斯函数。

由

$$\Delta_r G_m^{\ominus} = -RT\ln K^{\ominus}$$

得

$$\Delta_r G_m^{\ominus} = \Delta_r H_m^{\ominus} - T\Delta_r S_m^{\ominus} \tag{5.33}$$

可求算出该温度下的标准摩尔反应焓为：

$$\Delta_r S_m^{\ominus} = \frac{\Delta_r H_m^{\ominus} - \Delta_r G_m^{\ominus}}{T} \tag{5.34}$$

三、仪器与试剂

仪器：实验装置（见图 5.12）1 套，主要由空气恒温箱、样品瓶、数字式低真空测压仪、等压计、机械真空泵、干燥塔等组成。

试剂：氨基甲酸铵（自制固体粉末），硅油。

四、实验操作

1. 准备工作

实验前自福廷式气压计读取大气压并记录室温。按图 5.12 所示连接好装置，并在瓶 6 中装入少量的氨基甲酸铵粉末。

2. 数据测定

（1）打开真空活塞 1、4、5，关闭其余活塞。打开机械真空泵，使系统逐步抽真空。待观察到低真空测压仪上读数不变或变化微小后，关闭真空活塞 4 和 5。

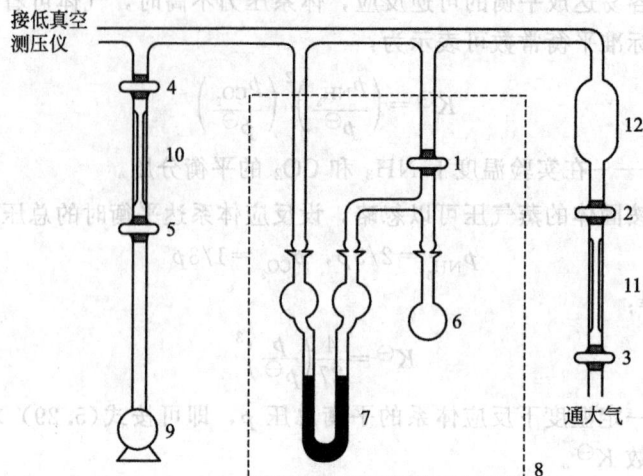

图 5.12　反应装置示意图

1~5—真空活塞；6—样品瓶；7—U 形等压计；8—空气恒温箱；9—真空泵；
10、11—毛细管；12—缓冲管

（2）调节空气恒温箱温度为 25 ℃。

（3）关闭真空活塞 1，随着氨基甲酸铵的分解，U 形等压计中的硅油液面出现高度差。反复调节真空活塞 2、3 或 4、5，使 U 形等压计两侧液面相平，且不随时间而变化，由温度计读取反应体系的温度，由低真空测压仪读取体系的真空度 Δp。

（4）将空气恒温箱的温度分别调到 30 ℃、35 ℃、40 ℃ 和 45 ℃，如上操作，获得不同温度下分解反应达平衡后体系的真空度。

实验结束后，先使所有活塞处于关闭状态，再打开真空活塞 2、3，然后关闭真空泵。再次自福廷式气压计读取大气压，并记录室温。

五、数据记录与处理

（1）将实验始、末的大气压值，经温度校正后取平均值。

（2）将实验数据记录于表 5.9，并求出不同温度下体系的平衡总压：$p = p_{大气压} - \Delta p$。

表 5.9　氨基甲酸铵分解平衡常数测定实验记录

$t/℃$	T/K	真空度 $\Delta p/kPa$	平衡总压 p/kPa	$K^{\ominus}$

（3）由式（5.29）计算各分解温度下的 $K^{\ominus}$。

（4）以 $\ln K^{\ominus}$ 对 $1/T$ 作图，由直线斜率求实验温度范围内分解反应的 $\Delta_r H_m^{\ominus}$。

（5）由式（5.33）和式（5.34）分别计算 25 ℃ 下分解反应的 $\Delta_r G_m^{\ominus}$ 和 $\Delta_r S_m^{\ominus}$。

六、注意事项

1. 氨基甲酸铵易分解，需在实验前制备。制备方法是：在通风橱内将钢瓶中的氨与二氧化碳在常温下同时通入一塑料袋中，一段时间后在塑料袋内壁上附着氨基甲酸铵的白色结晶。

2. 由于氨基甲酸铵易吸水，故在制备与保存时使用的容器都应保持干燥。否则样品会因吸水而生成（NH₄)CO₃ 和 NH₄CO₃，给实验带来误差。

3. 由式(5.30)可知，温度对平衡分解压力的影响很大，尤其是在高温时，因此实验过程中必须精确控制反应温度。

实验十五　中和热的测定

一、实验目的

1. 理解用恒压量热计测定中和热的原理。

2. 掌握量热计热容的标定方法和中和热的测定方法。

3. 通过中和热的测定计算弱酸解离热。

二、实验原理

一定温度、压力和浓度下，1mol 强酸和 1mol 强碱中和时所放出的热量称为中和热。在固定温度和浓度足够稀的情况下，1mol 强酸和 1mol 强碱中和放出来的热几乎是相等的。中和热的经验公式为：

$$\Delta H = -57111.6 + 209.2(T-25) \tag{5.35}$$

式中　T——反应温度，℃；

　　　ΔH——中和热，J。

当酸（或弱碱）在水溶液中仅部分电离时，其与强碱（或强酸）反应所产生的热效应当是中和热（强酸和强碱）和电离热的代数和。例如，有：

$$HAc \Longrightarrow H^+ + Ac^- \qquad \Delta H_{电离}$$
$$H^+ + OH^- \Longrightarrow H_2O \qquad \Delta H_{中和}$$

$+)$
────────────────────────────────
$$HAc + OH^- \Longrightarrow H_2O + Ac^- \qquad \Delta H'_{中和} = \Delta H_{中和} + \Delta H_{电离}$$

实验时，采用化学反应标定量热计的热容，即将盐酸和氢氧化钠的水溶液置于量热计中进行反应，利用其已知的反应热、测得反应前后量热计的温差来计算体系的热容。

在相同条件下，待测反应在量热计中进行，利用已得到的体系热容和测得的反应体系的温差来求出待测反应的反应热。

三、仪器与试剂

仪器：NDZH-1S 型中和热数据采集接口装置，YP-2B 精密稳流电源；HJ-1 型磁力搅拌器（1500mL），中和热专用量热计（含加热器、加料器），NDZH-2S 型一体化实验系统计算机及打印机。

试剂：HCl、NaOH、CH₃COOH、KOH 均为分析纯试剂，配制溶液所用的水为去离子水。

中和热测定系统见图 5.13。技术参数：温度测量分辨率为 0.01℃；温差测量分辨率为 0.001℃；电压测量分辨率为 0.01V；电流测量分辨率为 0.001A。

四、实验操作

1. 溶液的配制

按常规方法对酸和碱的浓度进行标定：盐酸溶液 1（1.0080mol·L⁻¹），氢氧化钠溶液（1.0075mol·L⁻¹）；盐酸溶液 2（0.4964mol·L⁻¹），氢氧化钾溶液（0.4974mol·L⁻¹）。

2. 量热计热容的测定

在量热计中先加入已恒温的 1.0075mol·L⁻¹氢氧化钠溶液（和盐酸一起）992.50mL，开电磁搅拌器搅拌，待精密数字温差仪读数稳定后，迅速加入 1.0080mol·L⁻¹盐酸

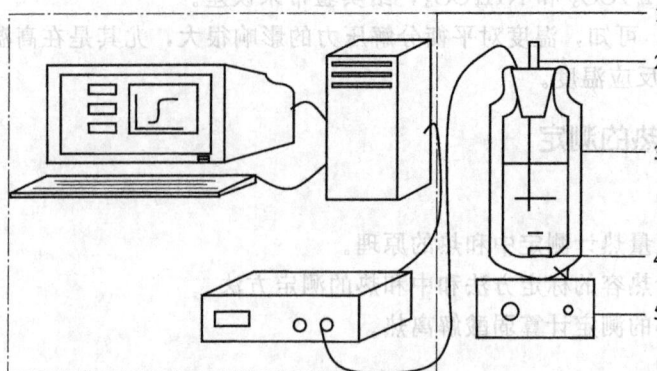

图 5.13　中和热测定系统示意图
1—计算机温差测量仪；2—精密数字温差仪；3—量热计；4—电磁搅拌子；5—磁力搅拌器

992.00mL。设定计算机跟踪读数，每 20s 读一次，直至计算机自动辨认反应结束（此时，各点之间的温度差不超过 0.01℃）。反应完毕后，倒出反应溶液，用蒸馏水和丙酮清洗量热计，在空气中自然晾干 45min，使体系恢复原状。重复测量 6 次，记录实验数据，至各次测定结果之间的误差不超过千分之三。

3. 乙酸和氢氧化钠反应中和热的测定

按上面 2. 的方法重复测量 9 次。氢氧化钠的浓度为 $1.0137mol \cdot L^{-1}$，所用体积为 986.50mL。乙酸浓度为 $1.0238mol \cdot L^{-1}$，所用体积为 976.75mL。

4. 氢氧化钾和盐酸反应中和热的测定

按上面 2. 的方法重复测定 3 次。氢氧化钾的浓度为 $0.4974mol \cdot L^{-1}$，所用体积为 1005.20mL。盐酸的浓度为 $0.4964mol \cdot L^{-1}$，所用体积为 1007.30mL。

五、数据记录与处理

1. 量热计热容标定结果

6 次重复标定实验的结果见表 5.10。

表 5.10　量热计热容标定结果

室温/℃						
ΔT/℃						
$-\Delta H_{中和}$/J						
C/J·K^{-1}						

2. 乙酸和氢氧化钠反应的中和热

9 次实验的结果示于表 5.11。

表 5.11　CH_3COOH 与 NaOH 反应的中和热测定结果

室温/℃									
ΔT/℃									

3. 氢氧化钾和盐酸反应的中和热

9 次反应测定的结果示于表 5.12。

表 5.12　KOH 与 HCl 反应中和热测定结果

室温/℃		
ΔT/℃		
$C_{平均}$/J·K^{-1}		
ΔH/J		

六、思考题

1. 影响本实验结果的主要因素有哪些？CH_3COOH 与 NaOH 在 298 K 时中和热的文献值为 -52.9×103 J·mol^{-1}，将测量结果与文献值进行对比，分析产生误差的原因。

2. 测定酸碱中和热时为什么要用稀溶液？

3. 为什么不同强酸和强碱的中和热是相同的？

5.2　设计性实验

设计性实验的要求及成绩评定标准：

（1）提前一周将实验设计方案和所需要的试剂、仪器清单交给指导教师。得到指导教师同意后方可进行，实验时小组之间不得相互交流。

（2）制定设计实验成绩评定标准，包括查阅资料、方案设计、实验方法、环境保护、实验操作、实验结果、协作精神、实验安排、创新内容、清洁安全和实验报告。

设计实验一　NaCl 在 H_2O 中活度系数测定的研究

一、实验目的

1. 了解电导法测定电解质溶液活度系数的原理。

2. 了解电导率仪的基本原理并熟悉其使用方法。

二、实验原理

由 Debye-Hücker 公式 $\lg f_{\pm} = -\dfrac{A|Z_+ Z_-|\sqrt{I}}{1+B\overset{0}{a}\sqrt{I}}$

和 Osager-Falkenhangen 公式 $\lambda = \lambda_0 - \dfrac{(B_1\lambda_0 + B_2)\sqrt{I}}{1+B\overset{0}{a}\sqrt{I}}$

其中，$B = 10^{-8}\left(\dfrac{8\pi N\varepsilon^2}{1000K}\right)^{1/2}\dfrac{1}{(DT)^{1/2}}$

式中，$\overset{0}{a}$ 为长度，单位埃；π 为圆周率；N 为阿伏伽德罗常数，mol^{-1}；ε 为溶剂的介电常数；k 为玻尔兹曼因子，J·K^{-1}；D 为溶质的介电常数；T 为热力学温度，K。

可以推出公式：

$$\lg f_{\pm} = \dfrac{A|Z_+ Z_-|}{B_1\lambda_0 + B_2}(\lambda - \lambda_0)$$

令

$$a = \dfrac{A|Z_+ Z_-|}{B_1\lambda_0 + B_2}$$

则

$$\lg f_{\pm} = a(\lambda - \lambda_0)$$

式中，$A = \dfrac{1.8246 \times 10^6}{(\varepsilon T)^{3/2}}$；

$$B_1 = \frac{2.801 \times 10^6 |Z_+ Z_-| q}{(\varepsilon T)^{3/2} (1 + \sqrt{q})};$$

$$B_2 = \frac{41.25(|Z_+| + |Z_-|)}{\eta(\varepsilon T)^{1/2}};$$

ε——溶剂的介电常数；

η——溶剂的黏度；

T——热力学温度；

λ_0——电解质无限稀释摩尔电导率；

I——溶液的离子强度；$q = \dfrac{|Z_+ Z_-|}{|Z_+| + |Z_-|} \times \dfrac{L_+^0 + L_-^0}{|Z_-|L_+^0 + |Z_+|L_-^0}$，

L_+^0、L_-^0 是正、负离子的无限稀释摩尔电导，Z_+、Z_- 是正、负离子的电荷数。

对于实用的活度系数（电解质正、负离子的平均活度系数）$\gamma_\pm$ 则有：

$$f_\pm = \gamma_\pm (1 + 0.001 vmM)$$

所以
$$\lg\gamma_\pm = \lg f_\pm - \lg(1 + 0.001 vmM)$$

$$\lg\gamma_\pm = a(\lambda - \lambda_0) - \lg(1 + 0.001 vmM)$$

其中：M 为溶剂的摩尔质量，g/mol；v 为一个电解质分子中所含正、负离子数目的总和。即：$V = V_+ + V_-$；m 为电解质溶液的质量摩尔浓度，mol/kg。

上式只适用于非缔合式电解质溶液且浓度在 $0.1\text{mol} \cdot \text{kg}^{-1}$ 以下的情况。

根据 $\lambda = (\kappa_{液} - \kappa_{剂}) \times 10^{-3}/c$ 求 NaCl 的摩尔电导率 λ。

三、实验要求

只进行 298K、NaCl 浓度为 $0.01\text{mol} \cdot \text{kg}^{-1}$ 时的实验，此时 $m \approx c$，请设计实验，列出以下内容。

① 实验仪器与试剂。

② 实验步骤。

③ 数据处理过程。

④ 注意事项。

⑤ 参考文献。

设计实验二　液体燃烧热和苯共振能的测定

一、实验目的

1. 设计 1～2 种实验方法，利用氧弹式量热计测量液体的燃烧热。

2. 测定苯、环己烯和环己烷的燃烧热，求算苯分子的共振能。

二、实验原理

苯、环己烯和环己烷三种分子都含有碳六元环，环己烯和环己烷的燃烧热 ΔH 的差值 ΔE 与环己烯上孤立双键的结构有关，它们之间存在下述关系：

$$|\Delta E| = |\Delta H_{环己烷}| - |\Delta H_{环己烯}| \tag{1}$$

如将环己烷与苯的经典定域结构相比较，两者燃烧热的差值似乎应等于 $3\Delta E$，但事实证明：

$$|\Delta H_{环己烷}| - |\Delta H_苯| > 3|\Delta E|$$

显然，这是因为共轭结构导致苯分子的能量降低，其差值正是苯分子的共轭能 E，即满足：

$$|\Delta H_{环己烷}| - |\Delta H_苯| - 3|\Delta E| = E \tag{2}$$

将（1）式代入（2）式，再根据 $\Delta H=Q_p=Q_v+\Delta nRT$，经整理可得到苯的共振能与恒容燃烧热的关系式：

$$E=3|Q_{v,环己烯}|-2|Q_{v,环己烷}|-|Q_{v,苯}| \tag{3}$$

也可以通过测定其他物质的燃烧热来求算苯的共振能，如邻苯二甲酸酐、四氢邻苯二甲酸酐和六氢邻苯二甲酸酐都是可选用的物质，而且因它们都是固体，测定更为方便。

三、仪器与试剂

仪器：氧弹式量热计 1 套，氧气钢瓶（带氧气表），台秤 1 台，电子天平 1 台（0.0001g）。

试剂：苯，环己烯，环己烷。

四、实验要求

1. 阅读有关设计性实验的要求，查阅 2～3 篇相关文献，了解共振能的知识和实验测试方法。

2. 根据本实验提供的仪器与试剂等，设计出两种以上测定液体燃烧热的方法，并对两种方法的优缺点进行比较。

设计实验三　磁化率法研究 $Fe(ClO_4)_3$ 的水解反应

一、实验目的

1. 初步了解磁化率法在化学研究中的应用。

2. 用磁化率法研究三价铁盐的水解反应。

二、实验原理

顺磁性物质的质量在磁场中会发生变化，由此可得到物质结构等方面的信息。溶液的磁化率可用水作为校准剂来测定：

$$\kappa_{溶液}=\frac{\Delta W_{溶液}}{\Delta W_{水}}(\kappa_{水}-\kappa_0)+\kappa_0$$

$$\chi_{溶液}=\frac{\kappa_{溶液}}{\rho_{溶液}}$$

式中　$\kappa_{溶液}$、$\chi_{溶液}$——溶液的表观磁化率和真实磁化率；

κ_0——空气的体积磁化率。

溶液的磁化率是由溶质磁化率和溶剂磁化率加合而成的，有如下关系：

$$\chi_{溶液}=\chi_{溶质}Y\%+\chi_{溶剂}(100\%-Y\%)$$

由于溶质在溶液中可以多种形式存在，因此由实验得到的溶质离子的磁化率或磁矩实际上是其平均结果。由于铁在不同状态下磁矩不同，因而可以通过磁技术测定 Fe^{3+} 的水解或缔合。

三、仪器与试剂

仪器：古埃磁天平。

试剂：$Fe(ClO_4)_3$，$NaClO_4$，$NaOH$。

四、实验要求

阅读有关设计性实验的要求，查阅 1～3 篇相关文献。根据本实验所提供的仪器与试剂，用磁化率法研究 $Fe(ClO_4)_3$ 的水解反应，并对实验结果进行分析讨论。

设计实验四　反应热的测定

一、实验目的

1. 掌握热化学实验的一般知识和技术。

2. 掌握量热法、平衡浓度法、电动势法测定反应热的原理。

3. 学会测定下列反应的反应热：

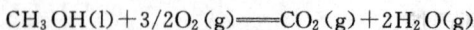

$$CH_3OH(l) + 3/2O_2(g) = CO_2(g) + 2H_2O(g)$$

$$3/2H_2(g) + 1/2N_2(g) = NH_3(g)$$

$$Ag(s) + HCl(aq) = AgCl(s) + 1/2H_2(g)$$

二、实验原理

（1）对于反应

$$CH_3OH(l) + 3/2O_2(g) = CO_2(g) + 2H_2O(g)$$

① 用氧弹卡计测出 $CH_3OH(l)$ 的燃烧热 Q_v。

② 用 $Q_p = Q_v + nRT$ 算出 Q_p。

③ 用测定水的饱和蒸汽压的方法测出水的汽化热，反应热即为 Q_p 与汽化热之和。

（2）对于反应

$$3/2H_2(g) + 1/2N_2(g) = NH_3(g)$$

用测平衡常数的方法测反应热，即测定在指定温度下反应达到平衡时各物质的平衡浓度，其值可通过硫酸吸收氨并用碱回滴而得到，由各物质的平衡浓度算出平衡常数 K_p。

测出不同温度下的 K_p，用 $\dfrac{\mathrm{d}\ln K_p}{\mathrm{d}T} = \dfrac{\Delta H}{RT^2}$ 算出反应热 ΔH。

（3）对于反应

$$Ag(s) + HCl(aq) = AgCl(s) + 1/2H_2(g)$$

① 用对消法测下列电池的电动势

$$Pt, H_2(1p^{\ominus}) \mid HCl(aq) \mid AgCl\text{-}Ag$$

② 测定不同温度下电池的电动势，并求出 $\left(\dfrac{\partial E}{\partial T}\right)_p$。

③ 用 $\Delta H = -nFE + nFT\left(\dfrac{\partial E}{\partial T}\right)_p$ 算出反应热 ΔH。

三、实验要求

阅读有关设计性实验的要求，查阅 1～3 篇相关文献。根据本实验所提供的实验原理，选用合适的仪器与试剂，求出反应热，并对实验结果进行分析讨论。

设计实验五　表面活性剂溶液临界胶束浓度测定的研究

一、实验目的

1. 了解表面活性剂溶液临界胶束浓度（CMC）的定义及常用测定方法。

2. 设计两种以上实验方法测定表面活性剂溶液的 CMC。

3. 配制简单的洗涤剂，并探讨临界胶束浓度与洗涤剂洗涤能力的关系。

二、实验原理

凡能显著改变体系表面（或界面）状态的物质都称为表面活性剂。表面活性剂分子具有双亲结构特点，有自水中逃离水相而吸附于界面上的趋势。但当表面吸附达到饱和后，即使浓度再增大，表面活性剂分子也无法再在表面上进一步吸附，这时为了降低体系的能量，活性剂分子会相互聚集，形成胶束。开始明显形成胶束的浓度称为临界胶束浓度（CMC）。表面活性剂溶液的许多性质在 CMC 附近发生突变，可以此来确定 CMC，所以测定 CMC 的方法有很多，比如：表面张力法、电导法、折射率法和染料增溶法等。

三、仪器与试剂

仪器：自动表面张力测定仪，分光光度计，电导率仪，折射仪。

试剂：十二烷基硫酸钠（SDS），十二烷基苯磺酸钠（SDBS），十二烷基三甲基溴化铵（DTAB）。

四、实验要求

阅读有关设计性实验的要求，查阅 1～3 篇相关文献。根据本实验所提供的仪器与试剂，设计出两种以上测定 CMC 的实验方法，用这些方法测定选定表面活性剂的 CMC，并对其中两种方法测得的数据进行比较，据此分析两种方法的优缺点。

第6章

附　录

6.1　有机化学实验中的常用数据

6.1.1　常见有机化合物的物理常数

名称	分子式	M_r	ρ /g·mL^{-1}	t_m/℃	t_b/℃	n_D^t	溶解性	
							水	其他溶剂
甲烷	CH_4	16.04	0.5547 (0℃)	-182.48	-164	—	微溶	溶于乙醇或苯,微溶于丙酮
氯仿	$CHCl_3$	119.38	1.4840	-63.5	61.7	1.4459^{20}	不溶	溶于乙醇、乙醚和苯
四氯化碳	CCl_4	153.82	1.595	-23	76.5	1.4601	微溶	溶于乙醇、乙醚或氯仿
乙烷	CH_3CH_3	30.07	—	-183.3	-88.6	—	不溶	溶于苯
氯乙烷	C_2H_5Cl	64.51	0.8978	-136.4	12.3	1.3676^{20}	不溶	溶于乙醇和乙醚
溴乙烷	C_2H_5Br	108.97	1.4604	-118.6	38.4	1.4239^{20}	不溶	溶于乙醇、乙醚和氯仿
碘乙烷	CH_3CH_2I	155.97	1.9358	-108.0	72.3	1.5133^{20}	不溶	溶于乙醇和乙醚
1,2-二溴乙烷	$BrCH_2CH_2Br$	187.87	2.1792	9.79	131.36	1.5387	难溶	与乙醚混溶,溶于乙醇、丙酮或苯
环氧乙烷	C_2H_4O	44.06	—	-111.0	—	1.3597	易溶	溶于乙醇、乙醚、丙酮和苯
硝基乙烷	$C_2H_5NO_2$	75.07	1.0448^{25}	-50.0	115.0	1.3917^{20}	不溶	溶于乙醇、乙醚和丙酮
环丙烷	C_3H_6	42.08	—	-127.6	-32.7	—	不溶	溶于乙醇、乙醚和苯
己烷	$CH_3(CH_2)_4CH_3$	86.18	0.6603	-95	68.95	1.37506	不溶	溶于乙醇或乙醚
环己烷	C_6H_{12}	84.16	0.7786	6.5	80.7	1.4266	不溶	与乙醇、乙醚、丙酮或苯混溶
乙烯	$CH_2{=}CH_2$	28.05	—	-169.0	-103.7	—	微溶	溶于乙醚
乙炔	$CH{\equiv}CH$	26.04	0.6208 (-82℃)	-80.8	-84.0 (升华)	—	微溶	溶于丙酮、苯或氯仿

名称	分子式	M_r	ρ /g·mL^{-1}	t_m/℃	t_b/℃	n_D^t	溶解性 水	溶解性 其他溶剂
甲醇	CH$_3$OH	32.04	0.7914	−93.9	64.96	1.3288	易溶	与乙醇、乙醚或丙酮混溶,溶于苯
乙醇	CH$_3$CH$_2$OH	46.07	0.7893	−117.3	78.5	1.3611[20]	易溶	与乙醚或丙酮混溶,溶于苯
2-氯乙醇	ClCH$_2$CH$_2$OH	80.51	1.2003	−67.5	128.0	1.4419[20]	易溶	溶于乙醇
2-溴乙醇	BrCH$_2$CH$_2$OH	124.97	1.7629	—		1.4915[20]	易溶	与乙醇或乙醚混溶
丙醇	CH$_3$CH$_2$CH$_2$OH	60.11	0.8036	−126.3	97.4	1.3850[20]	易溶	与乙醇或乙醚混溶
乙二醇	HOCH$_2$CH$_2$OH	62.07	1.1088	−11.5	198.0	1.4318[20]	互溶	溶于乙醇、乙醚或丙酮
异丙醇	(CH$_3$)$_2$CHOH	60.11	0.7855	−89.5	82.4	1.3776	易溶	与乙醇混溶,溶于丙酮或苯
丙三醇(甘油)	HOCH$_2$CH(OH)CH$_2$OH	92.09	1.2613	20.0	—	1.4746[20]	易溶	与乙醇混溶,微溶于乙醚
丁醇	CH$_3$(CH$_2$)$_2$CH$_2$OH	74.12	0.8098	−89.53	117.2	1.39931	微溶	与乙醇或乙醚混溶,溶于丙酮或苯
异丁醇	(CH$_3$)$_2$CHCH$_2$OH	74.12	0.7982 (25℃)	−108	108	1.3939	易溶	与乙醇或乙醚混溶
仲丁醇	CH$_3$CH$_2$CHOHCH$_3$	74.12	0.8063	−114.7	99.5	1.3978	易溶	与乙醇或乙醚混溶
叔丁醇	(CH$_3$)$_3$COH	74.12	0.7887	25.5	82.2	1.3878	易溶	与乙醇或乙醚混溶
异戊醇	(CH$_3$)$_2$(CH$_2$)$_2$CH$_2$OH	88.15	0.8092	−117.2	128.5	1.4053	微溶	与乙醇或乙醚混溶,溶于丙酮
己醇	CH$_3$(CH$_2$)$_4$CH$_2$OH	102.18	0.8136	−46.7	158	1.4078	不溶	溶于乙醇或丙酮,与乙醚或苯混溶
环己醇	C$_6$H$_{11}$OH	100.16	0.9624	25.15	161.1	1.4641	难溶	与苯混溶,溶于乙醇、乙醚和丙酮
甲酸	HCO$_2$H	46.03	1.220	8.4	100.7	1.3714[20]	易溶	与乙醇或乙醚混溶,溶于丙酮和苯
乙酸	CH$_3$CO$_2$H	60.05	1.0492	16.6	117.9	1.3716[20]	易溶	与乙醇、乙醚、丙酮或苯混溶
氯乙酸	ClCH$_2$COOH	94.50	—	63.0	187.8	—	易溶	溶于乙醇、乙醚、苯和氯仿
溴乙酸	BrCH$_2$CO$_2$H	138.95	—	50.0	208.0	1.4804[50]	易溶	溶于乙醇、乙醚、苯和丙酮
丙酸	CH$_3$CH$_2$COOH	74.08	0.9930	−20.8	140.99	1.3869	易溶	与乙醇混溶,溶于乙醚
己酸	CH$_3$(CH$_2$)$_4$COOH	116.16	0.9274	−3.9	205.4	1.4163	微溶	溶于乙醇或乙醚
乙二酸(草酸)	HOOCCOOH	90.04	1.900 (17℃)	189.5	157 (升华)	—	易溶	溶于乙醇
乙酸酐	(CH$_3$CO)$_2$O	102.09	1.0820	−73.1	139.55	1.39006	热水中分解	与乙醚混溶,溶于乙醇和苯

续表

名称	分子式	M_r	ρ /g·mL^{-1}	t_m/℃	t_b/℃	n_D^t	溶解性	
							水	其他溶剂
叶绿素 a	$C_{55}H_{72}MgN_4O_5$	893.53	—	150～153	—	—	不溶	易溶于热乙醇或热醚
叶绿素 b	$C_{55}H_{70}MgN_4O_6$	907.51	—	120～130	—	—	不溶	易溶于热乙醇或热乙醚
甲基红	$C_{15}H_{15}N_3O_2$	269.31	—	183	—	—	微溶	溶于乙醇,易溶于热丙酮或热苯,微溶于乙醚
甲基橙	$C_{14}H_{14}N_3O_3SNa$	327.34	—	分解	—	—	难溶	微溶于乙醇
甲苯	$C_6H_5CH_3$	92.15	0.8699	−95	110.6	1.4861	不溶	与乙醇、乙醚或苯混溶,溶于丙酮
甲醛	HCHO	30.03	0.815	−92.0	−21.0	—	易溶	溶于乙醇、乙醚、丙酮和苯
乙醛	CH_3CHO	44.05	—	−121.0	20.8	1.3316^{20}	溶于热水	与乙醇、乙醚或苯混溶
三氯乙醛	Cl_3CCHO	147.39	1.5121	−57.5	97.8	1.4557^{20}	可溶	溶于乙醇、乙醚和氯仿
三溴乙醛	Br_3CCHO	280.74	2.6650^{25}	—	174.0	1.5939^{20}	可溶	溶于乙醇和乙醚
乙腈	CH_3CN	41.05	0.7857	−45.7	81.6	1.3442^{20}	易溶	与乙醇、乙醚、丙酮或苯混溶
溴乙腈	$BrCH_2CN$	119.95	—	—	—	—	不溶	溶于乙醚
二氯乙腈	Cl_2CHCN	109.94	1.369	—	112～113	1.4391	不溶	溶于乙醇
乙酰水杨酸(阿司匹林)	$CH_3COOC_6H_5COOH$	180.17	—	135	—	—	溶于热水	溶于乙醇或乙醚
乙酰苯胺	$C_6H_5NHCOCH_3$	135.17	1.2190 (15℃)	114.3	304	—	难溶	溶于乙醇、乙醚、丙酮或苯
乙酰氯(氯化乙酰)	CH_3COCl	78.50	1.1051	−112	50.9	1.38976	分解	在乙醇中分解,与乙醚、丙酮或苯混溶
氯乙酰氯	$ClCH_2COOCl$	112.94	1.4202	—	107.0	1.4541^{20}	不溶	溶于乙醇或乙醚
苯	C_6H_6	78.12	0.87865	5.5	80.1	1.5011	难溶	与乙醇、乙醚或丙酮混溶
苯乙烯	$C_6H_5CH{=}CH_2$	104.16	0.9096	−30.65	145.2	1.5468	不溶	与苯混溶,溶于乙醇、乙醚或丙酮
苯乙酮	$C_6H_5COCH_3$	120.16	1.0281	20.5	202.0	1.5371	不溶	溶于乙醇、乙醚、丙酮或苯
苯酚	C_6H_5OH	94.11	1.07	43	181.75	1.5509^{21}	65℃以上能与水混溶	溶于乙醇、乙醚和氯仿
苯胺	$C_6H_5NH_2$	93.13	1.02173	−6.3	184.13	1.5863	3.6 (18℃)	与乙醇、乙醚、丙酮或苯混溶
α-萘酚	$C_{10}H_7OH$	144.19	1.0989	96	288	1.6224	微溶(热)	溶于乙醇、乙醚、丙酮或苯
β-萘酚	$C_{10}H_7OH$	144.19	1.28	123～124	295	—	难溶	溶于乙醇、乙醚或苯
硝基苯	$C_6H_5NO_2$	123.11	1.2037	5.7	210.8	1.5562	难溶	易溶于乙醇、乙醚、丙酮或苯
亚甲基蓝	$C_{16}H_{18}ClN_3S$	319.86	1	190	—	—	可溶	溶于乙醇或氯仿

名称	分子式	M_r	ρ /g·mL^{-1}	t_m/℃	t_b/℃	n_D^t	溶解性 水	溶解性 其他溶剂
咖啡因	$C_8H_{10}N_4O_2$	194.19	1.2	237	178(升华)	—	微溶	溶于氯仿
苯甲酸	C_6H_5COOH	122.12	1.2659[15]	122.4	249	1.504[132]	微溶	易溶于乙醇或乙醚
甲酰胺	$HCONH_2$	45.04	1.1334	2.5	—	1.4472[20]	易溶	与乙醇混溶,微溶于苯、三氯甲烷和乙醚
N-甲基甲酰胺	$HCONHCH_3$	59.07	1.011[19]	—	180.0～185.0	1.4319[20]	易溶	溶于乙醇和乙醚
乙酰胺	CH_3CONH_2	59.07	0.9986[85]	82.3	221.2	1.4278[78]	易溶	溶于乙醇
氯乙酰胺	$ClCH_2CONH_2$	93.51		121.0	—	—	易溶	溶于乙醇
溴乙酰胺	$BrCH_2CONH_2$	137.96	—	91.0	—	—	易溶	溶于苯
N-甲基乙酰胺	$CH_3CONHCH_3$	73.09	0.9517[25]	28.0	204～206	1.4301[20]	易溶	溶于乙醇、乙醚、丙酮或苯
N,N-二甲基苯胺	$C_6H_5N(CH_3)_2$	121.18	0.9557	2.45	194.15	1.5582	微溶	溶于乙醇、乙醚、丙酮或苯
尿素(脲,碳酰胺)	$CO(NH_2)_2$	60.06	1.3230	135	分解	4	可溶	溶于乙醇
甲酸甲酯	HCO_2CH_3	60.05	0.9742	−99.0	31.5	1.3433[20]	难溶	溶于乙醇和乙醚
甲酸乙酯	$HCO_2C_2H_5$	74.08	0.9168	−80.5	54.5	1.3598[10]	难溶	溶于乙醇、乙醚或丙酮
乙酸甲酯	$CH_3CO_2CH_3$	74.08	0.9330	−98.1	57.0	1.3595[20]	难溶	溶于乙醇、乙醚、丙酮、苯或氯仿
乙酸乙酯	$CH_3COOC_2H_5$	88.12	0.9003	−83.58	7.06	1.3723	难溶	与乙醇或乙醚混溶,溶于丙酮或苯
二甲胺	$(CH_3)_2NH$	45.08	0.680[40]	−93.0	7.4	1.350[17]	易溶	溶于乙醇或乙醚
乙胺	$C_2H_5NH_2$	45.08	0.6829	−81.0	16.6	1.3663[20]	易溶	溶于乙醇或乙醚
乙二胺	$H_2NCH_2CH_2NH_2$	60.10	0.8977	8.5	116.5	1.4568[20]	易溶	溶于乙醇
丙酮	CH_3COCH_3	58.08	0.7899	−95.35	56.2	1.3588[20]	易溶	溶于乙醇、乙醚
氯丙酮	$ClCH_2COCH_3$	92.53	1.15	−44.5	—	—	易溶	溶于乙醇、乙醚或氯仿
溴丙酮	$BrCH_2COCH_3$	136.98	1.634[23]	−36.5	—	1.4697[15]	微溶	溶于乙醇、乙醚或丙酮
丙酮肟	$(CH_3)_2C=NOH$	73.09	—	61.0	—	1.4156[20]	易溶	溶于乙醇或乙醚
乙醛肟	$CH_3CH=NOH$	59.07	0.9656	47.0	115.0	1.4257[20]	易溶	溶于乙醇和乙醚
环己酮	$C_6H_{10}O$	98.15	0.9478	−16.4	155.65	1.4507	可溶	溶于乙醇、乙醚、丙酮或苯混溶
呋喃	C_4H_4O	68.08	0.9514	−85.6	31.4	1.4214[20]	不溶	溶于乙醇、乙醚、丙酮或苯
四氢呋喃	C_4H_8O	72.11	0.8892	−108.4	67	1.4073	易溶	溶于水、乙醇、乙醚、丙酮或苯
苯甲酸甲酯	$C_8H_8O_2$	136.15	1.09	−12.3	198	1.5164[16]	不溶	可混溶于甲醇、乙醇、乙醚
对氨基苯磺酸	$C_6H_7NO_3S$	173.20	1.5	280	—	—	微溶	不溶于乙醇、乙醚、苯,溶于氢氧化钠水溶液
己二酸	$C_6H_{10}O_4$	146.14	1.36	152	330.5 (分解)	—	微溶	微溶于乙醚,易溶于乙醇

注：M_r：相对分子质量；ρ：密度，g·mL^{-1}。除注明者外，均指在 20.0℃状态下，其上标若有其他数值，则表示在该温度下测得的密度；t_m：熔点，在大气压（101.325kPa）下的测定值，℃；t_b：沸点，在大气压（101.325kPa）下的测定值，℃；n_D^t：折射率，是用 D 光线（波长 589nm），温度为 t（℃）时测得的折射率，数据的上标为测定时的温度，未标温度的均表示在 25.0℃测定；溶解性：只说明可溶解该物质的一些常规溶剂，没有给出溶解度的具体数据。

6.1.2 常用酸碱的相对密度及组成

酸/碱	质量分数/%	相对密度 d_4^{20}	g(酸或碱)/100mL (水溶液)	质量分数/%	相对密度 d_4^{20}	g(酸或碱)/100mL (水溶液)
盐酸	1	1.0032	1.003	22	1.1083	24.38
	2	1.0082	2.006	24	1.1187	26.85
	4	1.0181	4.007	26	1.1290	29.35
	6	1.0279	6.167	28	1.1392	31.90
	8	1.0376	8.301	30	1.1492	34.48
	10	1.0474	10.47	32	1.1593	37.10
	12	1.0574	12.69	34	1.1691	39.75
	14	1.0675	14.95	36	1.1789	42.44
	16	1.0776	17.24	38	1.1885	45.16
	18	1.0878	19.58	40	1.1980	47.92
	20	1.0980	21.96			
硫酸	1	1.0051	1.005	65	1.5533	101.0
	2	1.0118	2.024	70	1.6105	112.7
	3	1.0184	3.055	75	1.6692	125.2
	4	1.0250	4.100	80	1.7272	138.2
	5	1.0317	5.159	85	1.7786	151.2
	10	1.0661	10.66	90	1.8144	163.3
	15	1.1020	16.53	91	1.8195	165.6
	20	1.1394	22.79	92	1.8240	167.8
	25	1.1783	29.46	93	1.8279	170.2
	30	1.2185	36.56	94	1.8312	172.1
	35	1.2599	44.10	95	1.8337	174.2
	40	1.3028	52.11	96	1.8355	176.2
	45	1.3476	60.64	97	1.8364	178.1
	50	1.3951	67.76	98	1.8361	179.9
	55	1.4453	79.49	99	1.8342	181.6
	60	1.4983	89.90	100	1.8305	183.1
硝酸	1	1.0036	1.004	65	1.3913	90.43
	2	1.0091	2.018	70	1.4134	98.94
	3	1.0146	3.044	75	1.4337	107.5
	4	1.0201	4.080	80	1.4521	116.2
	5	1.0256	5.128	85	1.4686	124.8
	10	1.0543	10.54	90	1.4826	133.4
	15	1.0842	16.26	91	1.4850	135.1
	20	1.1150	22.30	92	1.4873	136.8
	25	1.1469	28.67	93	1.4892	138.5
	30	1.1800	35.40	94	1.4912	140.2
	35	1.2140	42.49	95	1.4932	141.9
	40	1.2463	49.85	96	1.4952	143.5
	45	1.2783	57.52	97	1.4974	145.2
	50	1.3100	65.50	98	1.5008	147.1
	55	1.3393	73.66	99	1.5056	149.1
	60	1.3667	82.00	100	1.5129	151.3

酸/碱	质量分数/%	相对密度 d_4^{20}	g(酸或碱)/100mL (水溶液)	质量分数/%	相对密度 d_4^{20}	g(酸或碱)/100mL (水溶液)
	1	1.0083	1.008	28	1.2695	35.55
	2	1.0175	2.035	30	1.2905	38.72
	4	1.0359	4.144	32	1.3117	41.97
	6	1.0554	6.326	34	1.3331	45.33
	8	1.0730	8.584	36	1.3549	48.78
	10	1.0918	10.92	38	1.3769	52.32
氢氧	12	1.1108	13.33	40	1.3991	55.96
化钾	14	1.1299	15.82	42	1.4215	59.70
	16	1.1493	19.70	44	1.4443	63.55
	18	1.1588	21.04	46	1.4673	67.50
	20	1.1884	23.77	48	1.4907	71.55
	22	1.208	26.58	50	1.5143	75.72
	24	1.2285	29.48	52	1.5382	79.99
	26	1.2489	32.47			
	1	1.0095	1.010	26	1.2848	33.40
	2	1.0207	2.041	28	1.3064	36.58
	4	1.0428	4.171	30	1.3279	39.84
	6	1.0648	6.389	32	1.3490	43.17
	8	1.0869	8.695	34	1.3696	46.57
	10	1.1089	11.09	36	1.3900	50.04
氢氧	12	1.1309	13.57	38	1.4101	53.58
化钠	14	1.1530	16.14	40	1.4300	57.20
	16	1.1751	18.80	42	1.4494	60.87
	18	1.1972	21.55	44	1.4685	64.61
	20	1.2191	24.38	46	1.4873	68.42
	22	1.2411	27.30	48	1.5065	72.31
	24	1.2629	30.31	50	1.5253	76.27
	1	1.0086	1.009	12	1.1244	13.49
	2	1.0190	2.038	14	1.1463	16.05
碳酸钠	4	1.0398	4.159	16	1.1682	18.50
	6	1.0606	6.364	18	1.1905	21.33
	8	1.0816	8.653	20	1.2132	24.26
	10	1.1029	11.03			

6.1.3　二元共沸混合物的沸点及组成

组分(沸点/℃)		共沸点/℃	共沸物质量分数/%	
A	B		A	B
	苯(80.6)	69.3	9	91
	甲苯(231.08)	84.1	19.6	80.4
水(100)	氯仿(61)	60.8	28	72
	乙醇(78.3)	78.1	4.5	95.5
	丁醇(117.8)	92.4	38	62

组分(沸点/℃)		共沸点/℃	共沸物质量分数/%	
A	B		A	B
水(100)	异丁醇(108)	90.0	33.2	66.8
	仲丁醇(99.5)	88.5	32.1	67.9
	叔丁醇(82.8)	79.9	11.7	88.3
	烯丙醇(97.0)	88.2	27.1	72.9
	苄醇(205.2)	99.9	91	9
	乙醚(34.6)	34.2	1.3	98.7
	二氧六环(101.3)	87.8	18	82
	四氯化碳(76.8)	66	4.1	95.9
	丁醛(75.7)	68	6	94
	三聚乙醛(115)	91.4	30	70
	甲酸(100.8)	107.3(最高)	22.5	77.5
	乙酸乙酯(77.1)	70.4	8.2	91.8
	苯甲酸乙酯(212.4)	99.4	84	16
乙醇(78.3)	苯(80.6)	68.2	32	68
	氯仿(61)	59.4	7	93
	四氯化碳(76.8)	64.9	16	84
	乙酸乙酯(77.1)	72	30	70
甲醇(64.7)	四氯化碳(76.8)	55.7	21	79
	苯(80.6)	58.3	39	61
乙酸乙酯(77.1)	四氯化碳(76.8)	74.8	43	57
	二硫化碳(46.3)	46.1	7.3	92.7
丙酮(56.5)	二硫化碳(46.3)	39.2	34	66
	氯仿(61)	65.5	20	80
	异丙醚(69)	54.2	61	39
己烷(69)	苯(80.6)	68.8	95	5
	氯仿(61)	60.0	28	72
环己烷(80.8)	苯(80.6)	77.8	45	55

6.1.4 三元共沸混合物的沸点及组成

组分(沸点/℃)			共沸点/℃	共沸物质量分数/%		
A	B	C		A	B	C
水(100)	乙醇(78.3)	乙酸乙酯(77.1)	70.3	7.8	9	83.2
		四氯化碳(76.8)	61.8	4.3	9.7	86
		苯(80.6)	64.9	7.4	18.5	74.1
		环己烷(80.8)	62.1	7	17	76
		氯仿(61.2)	55.2	3.5	4	92.5
	丙醇(97.2)	乙酸丙酯(101.6)	82.2	21	19.5	59.5
		丙醚(91)	74.8	11.7	20.2	68.1
	异丙醇(82.4)	苯(80.6)	66.5	7.5	18.7	73.8
		甲苯(110.8)	76.3	13.1	38.2	48.7
	正丁醇(117.8)	乙酸丁酯(126.5)	90.7	29	8	63
		丁醚(142.2)	90.6	29.9	34.6	34.5
	丙酮(56.4)	二硫化碳(46.3)	38.04	0.81	23.98	75.21
		氯仿(61.2)	60.4	4	38.4	57.6

6.1.5　水的饱和蒸气压

$t/℃$	$p/mmHg$	$t/℃$	$p/mmHg$	$t/℃$	$p/mmHg$	$t/℃$	$p/mmHg$
0	4.579	15	12.788	29	30.043	75	289.100
1	4.926	16	13.634	30	31.824	80	355.100
2	5.294	17	14.530	31	33.695	85	433.600
3	5.685	18	15.477	32	35.663	90	525.760
4	6.101	19	16.477	33	37.729	91	546.050
5	6.543	20	17.535	34	39.898	92	566.990
6	7.013	21	18.650	35	42.175	93	588.600
7	7.513	22	19.827	40	55.324	94	610.900
8	8.045	23	21.068	45	71.880	95	633.900
9	8.609	24	22.377	50	92.510	96	657.620
10	9.209	25	23.756	55	118.040	97	682.070
11	9.844	26	25.209	60	149.380	98	707.270
12	10.518	27	26.739	65	187.540	99	733.240
13	11.231	28	28.349	70	283.700	100	760.000
14	11.987						

注：表中数据温度范围 0~100℃，$1mmHg=(1/760)atm=133.322Pa$。

6.1.6　常用干燥剂的性能与应用范围

干燥剂	吸水作用	吸水容量	效能	干燥速度	应用范围
氯化钙	$CaCl_2 \cdot nH_2O$ $n=1,2,4,6$	0.97 按 $CaCl_2 \cdot 12H_2O$ 计	中等	较快，但吸水后表面被薄层液体所覆盖，故放置时间长些为宜	烃、烯烃、丙酮、醚和中性气体 由于氯化钙能与醇、酚胺及某些醛、酮形成配合物，因而不能用于干燥这些化合物。其工业品中可能含氢氧化钙和碱式氧化钙，故不能用于干燥酸类
硫酸镁	$MgSO_4 \cdot nH_2O$ $n=1,2,4,5,6,7$	1.05 按 $MgSO_4 \cdot nH_2O$ 计	较弱	较快	中性，应用范围广，可代替 $CaCl_2$，并可用于干燥酯、醛、酮、腈、酰胺等不能用 $CaCl_2$ 干燥的化合物
硫酸钠	$Na_2SO_4 \cdot 10H_2O$	1.25	弱	缓慢	中性，一般用于有机液体的初步干燥
硫酸钙	$2CaSO_4 \cdot H_2O$	0.06	强	快	中性，常与硫酸镁（钠）配合，用于最后干燥
碳酸钾	$K_2CO_3 \cdot \frac{1}{2}H_2O$	0.2	较弱	慢	弱碱性，用于干燥醇、酮、酯、胺及杂环等碱性化合物；不适于酸、酚及其他酸性化合物的干燥
氢氧化钾（钠）	溶于水	—	中等	快	强碱性，用于干燥胺、杂环等碱性化合物； 不能用于干燥醇、醛、酮、酸、酚等
金属钠	$Na+H_2O \longrightarrow$ $NaOH+\frac{1}{2}H_2$	—	强	快	限于干燥醚、烃类中的痕量水分。用时切成小块或压成钠丝

干燥剂	吸水作用	吸水容量	效能	干燥速度	应用范围
氧化钙	$CaO+H_2O \longrightarrow$ $Ca(OH)_2$	—	强	较快	适于干燥低级醇类
五氧化二磷	$P_2O_5+3H_2O \longrightarrow$ $2H_3PO_4$	—	强	快,但吸水后表面被黏浆液覆盖,操作不便	适于干燥醚、烃、卤代烃、腈等化合物中的痕量水分;不适用于干燥醇、酸、胺、酮等
分子筛	物理吸附	约 0.25	强	快	适用于各类有机化合物的干燥

6.1.7 危险化学试剂的使用和保存

分类	危险化学试剂	保存和使用
易燃化学试剂	(1)可燃气体:煤气、氢气、硫化氢、二氧化硫、甲烷、乙烷、乙烯、氯甲烷等 (2)易燃液体:石油醚、汽油、苯、甲苯、二甲苯、乙醚、二硫化碳、甲醇、乙醇、丙酮、乙酸乙酯、苯胺等 (3)易燃固体:红磷、萘、镁、铝等 (4)自燃固体:黄磷等	(1)实验室内不应保存大量易燃溶剂,少量的也需密封,切不可放在开口容器内,需放在阴凉背光和通风处并远离火源,不能接近电源及暖气等。腐蚀橡皮的试剂不能用橡皮塞 (2)蒸馏、回流易燃液体时,不能直接用火加热,必须用水浴、油浴或加热套 (3)易燃蒸气密度大多比空气小,能在工作台面流动,故即使较远处的火焰也有可能使其着火,尤其在处理较大量乙醚时,必须在没有火源且通风的实验室中进行 (4)用过的溶剂不得倒入下水道中,必须设法回收。含有机溶剂的滤渣不能丢入敞口的废物缸内,燃烧的火柴头切不能丢入废物缸内 (5)某些易燃物质,如黄磷在空气中能自燃,必须保存在盛水玻璃瓶中,绝不能放在金属桶中,以免腐蚀。自水中取出后应立即使用,不得露置在空气中过久。用过后必须采取适当方法销毁残余部分,并仔细检查是否散失在桌面或地面上
易爆化学试剂	(1)易爆炸的化学试剂主要有:臭氧、过氧化物、氯酸盐、高氯酸盐、氮的氯化物、硝酸铵、浓高氯酸、亚硝基化合物、重氮及叠氮化合物、雷酸盐、硝基化合物及乙炔化合物等 (2)能混合发生爆炸的试剂:①高氯酸+酒精或其他有机物;②高锰酸钾+甘油或其他有机物;③高锰酸钾+硫酸或碘;④硝酸+镁或碘化氢;⑤硝酸铵+酯类或其他有机物;⑥硝酸铵+锌粉+水滴;⑦硝酸盐+氯化亚锡;⑧过氧化物+铝+水;⑨硫+氧化汞;⑩金属钠或钾	(1)必须做好个人防护,戴面罩或防护眼镜,并在通风橱中进行操作 (2)要设法减少试剂用量或浓度,进行少量实验 (3)平时危险试剂要妥善保存,如苦味酸需存放在水中,某些过氧化物(如过氧化苯甲酸)必须加水保存 (4)易爆炸残渣必须妥善处理,不得随意乱丢
有毒化学试剂	有毒气体:溴、氯、氟、氢氰酸、氟化物、溴化物、氯化物、二氧化硫、硫化氢、光气、氨、一氧化碳等均为窒息或刺激性气体	在使用有毒气体进行实验时,应在通风良好的通风橱中进行,并设法吸收有毒气体,减少环境污染。如遇大量有毒气体逸至室内,应关闭气体发生装置,迅速停止实验,关闭火源、电源,离开现场。如发生中毒事故,应视情况及时采取措施,妥善处理
	强酸或强碱:硝酸、硫酸、盐酸、氢氧化钠、氢氧化钾均刺激皮肤,有腐蚀作用,造成化学烧伤。强酸烟雾会刺激呼吸道	取碱时必须戴防护眼镜及手套。配制碱液时,应在烧杯中进行,不能在小口瓶或量筒中进行,以防容器受热破裂造成事故。开启氨水瓶时,必须事先冷却,瓶口朝无人处,最好在通风橱中进行。如遇皮肤或眼睛受伤,应立刻冷洗。如果被酸损伤,立即用3%碳酸氢钠冲洗;如果被碱损伤,立即用1%~2%乙酸冲洗,眼睛则用饱和硼酸溶液冲洗

续表

分类	危险化学试剂	保存和使用
有毒化学试剂	无机试剂： (1)氰化物及氢氰酸,毒性极强,致毒作用极快,空气中氰化氢含量达到万分之三,即可在数分钟内致人死亡;内服少量氰化物,也可很快中毒死亡 (2)汞,在室温下即能蒸发,毒性极强,能致急性中毒或慢性中毒 (3)溴,溴液可致皮肤烧伤,其蒸气刺激黏膜,甚至使眼睛失明 (4)黄磷	(1)氰化物及氢氰酸取用时,必须特别注意,氰化物必须密封保存。氰化物要有严格的领用保管制度,取用时必须戴防毒口罩、防护眼镜及手套,手上有伤口时不得进行该项实验。使用过的仪器、桌面均亲自收拾,用水冲净,手及脸也应仔细洗净。氰化物的销毁方法是使其与亚铁盐在碱性介质中作用生成亚铁氰酸盐 (2)汞在使用时须注意室内通风;提纯或处理时,必须在通风橱中进行。有汞洒落时,要用滴管收起,分散的小颗粒也要尽量汇拢收集,然后可用硫黄粉、锌粉或三氯化铁溶液清除 (3)溴使用时应在通风橱内进行。当溴洒落时,要立即用沙掩埋。如皮肤烧伤,应立即用稀乙醇洗或甘油按摩,然后涂以硼酸凡士林软膏 (4)黄磷极毒,切不能用手直接取用,否则会引起严重持久的烫伤
	有机试剂： (1)有机溶剂,大多为脂溶性液体。对皮肤黏膜有刺激作用。例如:苯不但刺激皮肤,易引起顽固湿疹,且对造血系统及中枢神经均有严重损害;甲醇对视觉神经特别有害 (2)芳香硝基化合物,化合物中硝基越多毒性就越强,在硝基化合物中增加氯原子,也可增强毒性。这类化合物的特点是能迅速被皮肤吸收,中毒后引起顽固性贫血及黄疸,刺激皮肤引起湿疹 (3)苯酚,能够烧伤皮肤,引起坏死或皮炎 (4)致癌物,国际癌症研究结构(IARc)1999 年 1月公布了对人体肯定有致癌作用的几十种化学物质,其中主要有多环芳烃类、芳香胺类、氨基偶氮染料类、天然致癌物等,如 3,4-苯并芘、1,2,5,6-二苯并蒽、2-萘胺、亚硝基二甲胺、联苯胺、4-二甲氨基偶氮苯、煤焦油、硫酸二甲酯、黄曲霉素等	(1)在条件允许的情况下,最好用毒性较低的有机溶剂石油醚、醚、丙酮、二甲苯代替二硫化碳、苯和氯代烷类 (2)皮肤沾染苯酚应立即用温水及稀酒精清洗

6.1.8　常用有机溶剂和试剂的纯化

在有机合成中,常常根据反应的特点和要求,选用适当规格的溶剂,以便使反应能够顺利地进行而又符合节约的原则。某些有机反应（如 Grignard 反应等）,对溶剂要求较高,即使存在微量杂质或水分,也会对反应速率、产率和纯度带来一定的影响。这里介绍了市售的普通溶剂在实验室条件下常用的纯化方法。

1. 绝对乙醇 (absolute ethyl alcohol)

b. p: 78.5℃, n_D^{20}: 1.3611, d_4^{20}: 0.7893

市售的无水乙醇一般只能达到 99.6% 的纯度,在许多反应中需要用到纯度更高的绝对乙醇,这也经常需自己制备。通常工业用的 95.5% 的乙醇不能直接用蒸馏法制取无水乙醇,因 95.5% 乙醇和 4.5% 的水会形成恒沸点混合物。要把水除去,第一步是加入氧化钙（生石灰）煮沸回流,使乙醇中的水与生石灰作用生成氢氧化钙,然后再将无水乙醇蒸出。这样得到的无水乙醇,纯度最高约 99.5%。纯度更高的无水乙醇可用金属镁或金属钠进行处理。

$$2C_2H_5OH + Mg \longrightarrow (C_2H_5O)_2Mg + H_2 \uparrow, \quad (C_2H_5O)_2Mg + 2H_2O \longrightarrow 2C_2H_5OH + Mg(OH)_2$$

$$\text{或 } C_2H_5OH + Na \longrightarrow C_2H_5ONa + 1/2 \, H_2 \uparrow, \quad C_2H_5ONa + H_2O \longrightarrow C_2H_5OH + NaOH$$

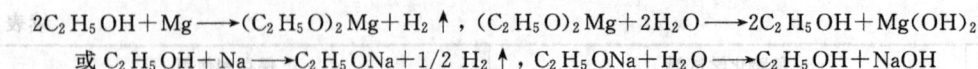

(1) 无水乙醇（含量 99.5%）的制备：在 500mL 圆底烧瓶中，放置 200mL95% 乙醇和 50g 生石灰，装上回流冷凝管，其上端接上氯化钙干燥管，在水浴上回流加热 2～3h，稍冷后取下冷凝管，改成蒸馏装置。蒸去前馏分后，用干燥的吸滤瓶或蒸馏瓶作接收器，其支管接一氯化钙干燥管，使其与大气相通。用水浴加热，蒸馏至几乎无液滴流出为止。称量无水乙醇的质量或量其体积，计算回收率。

(2) 绝对乙醇（含量 99.95%）的制备。

① 用金属镁制取：在 250mL 的圆底烧瓶中，放置 0.6g 干燥纯净的镁条、20mL 99.5% 的无水乙醇，装上回流冷凝管，并在冷凝管上端附加一支无水氯化钙干燥管。在沸水浴上或用火直接加热至微沸，移去热源，立刻加入几粒碘片（此时注意不要振荡），立刻在碘粒附近发生作用，最后可以达到相当剧烈的程度。有时作用太慢则需加热，如果在加碘之后，作用仍不开始，则可再加入数粒碘（乙醇与镁的作用一般是缓慢的，如所用乙醇含水量超过 0.5% 则作用尤其困难）。待全部镁作用完毕后，加入 100mL 99.5% 乙醇和几粒沸石。回流 1h，蒸馏，产物收存于玻璃瓶中，用一橡皮塞或磨口塞塞住。

② 用金属钠制取：在 250mL 圆底烧瓶中，放置 2g 金属钠和 100mL 纯度至少为 99% 的乙醇，加入几粒沸石。加热回流 30min 后，加入 4g 邻苯二甲酸二乙酯，再回流 10min。取下冷凝管，改成蒸馏装置，按收集无水乙醇的要求进行蒸馏。产品储存于带有磨口塞或橡皮塞的容器中。

2. 无水甲醇（absolute methyl alcohol）

b. p: 64.96℃，n_D^{20}: 1.3288，d_4^{20}: 0.7914

市售的甲醇大多由合成而来，含水量不超过 0.5%～1%。由于甲醇和水不能形成具有共沸点的混合物，因此可通过高效的精馏柱将少量水除去。精制甲醇含有 0.02% 的丙酮和 0.1% 的水，一般已可应用。如要制得无水甲醇，可用金属镁进行处理（见无水乙醇）。若含水量低于 0.1%，也可用 3A 或 4A 型分子筛干燥。甲醇有毒，处理时应避免吸入其蒸气。

3. 无水乙醚（absolute ether）

b. p: 34.51℃，n_D^{20}: 1.3526，d_4^{20}: 0.71378

工业乙醚中，常含有水和乙醇。若储存不当，还可能产生过氧化物。这些杂质的存在，对于一些要求用无水乙醚作溶剂的实验是不适合的，特别是有过氧化物存在时，还有发生爆炸的危险。

(1) 过氧化物的检验与除去：取 0.5mL 乙醚，加入 0.5mL 2% 碘化钾溶液和几滴稀盐酸（2mol·L⁻¹）一起振荡，再加几滴淀粉溶液。若溶液显蓝色或紫色，则证明乙醚中有过氧化物存在。除去的方法是：在分液漏斗中加入普通乙醚和相当于乙醚体积 20% 的新配制的硫酸亚铁溶液，剧烈振荡后分去水层，精制乙醚。

硫酸亚铁溶液的制备：取 100mL 水，慢慢加入 6mL 浓硫酸，再加 60g 硫酸亚铁溶解即得。

(2) 无水乙醚的制备：取 500mL 除去过氧化物的普通乙醚，置于 1000mL 的分液漏斗内，加入 50mL 10% 的刚刚配制的亚硫酸氢钠溶液，然后分出醚层，用饱和食盐溶液洗涤两次，再用无水氯化钙干燥数天，也可用 4A 型分子筛干燥，过滤，蒸馏。将蒸出的乙醚放在干燥的磨口试剂瓶中，压入金属钠丝干燥。如果乙醚干燥不够，当加入钠丝时，即会产生大量气泡。遇到这种情况，暂时先用装有氯化钙干燥管的软木塞塞住，放置 24h 后过滤到另一干燥试剂瓶中，再压入金属钠丝，至不再产生气泡，钠丝表面保持光泽，即可盖上磨口玻璃塞备用。为了防止乙醚在储存过程中生成过氧化物，除尽量避免与光和空气接触外，可在乙醚内加入少许铁屑，或铜丝、铜屑，或干燥的固体氢氧化钾，盛于棕色瓶内，储存于阴凉处。为了防止发生事故，对于在一般条件下保存的或储存过久的乙醚，除已鉴定不含过氧化物的以外，蒸馏时，都不要全部蒸干。

4. 丙酮（acetone）

b. p：56.2℃，n_D^{20}：1.3588，d_4^{20}：0.7899

普通丙酮中往往含有少量水及甲醇、乙醛等还原性杂质，可用下列方法精制：

（1）在 100mL 丙酮中加入 0.5g 高锰酸钾回流，以除去还原性杂质，若高锰酸钾紫色很快消失，则需要继续加入少量高锰酸钾继续回流，直到紫色不再消失为止。蒸出丙酮，用无水碳酸钾或无水硫酸钙干燥，过滤，蒸馏收集 55～56.5℃ 的馏分。

（2）于 100mL 丙酮中加入 4mL 10％硝酸银溶液及 35mL 0.1mol·L⁻¹氢氧化钠溶液，振荡 10min，除去还原性杂质。过滤，滤液用无水硫酸钙干燥后，蒸馏收集 55～56.5℃ 的馏分。

5. 乙酸乙酯（ethyl acetate）

b. p：77.06℃，n_D^{20}：1.3723，d_4^{20}：0.9003

市售的乙酸乙酯中通常含有少量水、乙醇和乙酸，可用下述方法精制：

（1）于 100mL 乙酸乙酯中加入 10mL 乙酸酐和 1 滴浓硫酸，加热回流 4h，除去乙醇及水等杂质，然后进行分馏。馏液用 2～3g 无水碳酸钾振荡干燥后蒸馏，最后产物的沸点为77℃，纯度达 99.7％。

（2）将乙酸乙酯先用等体积 5％碳酸钠溶液洗涤，再用饱和氯化钙溶液洗涤，然后用无水碳酸钾干燥后蒸馏。

6. 石油醚（petroleum）

石油醚为轻质石油产品，是相对低分子质量烃类（主要是戊烷和己烷）的混合物。其沸程为 30～150℃，收集的温度区间一般为 30℃ 左右，如有 30～60℃、60～90℃、90～120℃等沸程规格的石油醚。石油醚中含有少量不饱和烃，沸点与烷烃相近，用蒸馏法无法分离，必要时可用浓硫酸和高锰酸钾把它除去。通常将石油醚用其体积十分之一的浓硫酸洗涤两三次，再用 10％的硫酸加入高锰酸钾配成的饱和溶液洗涤，直至水层中的紫色不再消失为止。然后再用水洗，经无水氯化钙干燥后蒸馏。如要绝对干燥的石油醚则加入钠丝（见无水乙醚）。

7. 氯仿（chloroform）

b. p：61.7℃，n_D^{20}：1.4459，d_4^{20}：1.4832

普通氯仿含有 1％的乙醇，这是为了防止氯仿分解为有毒的光气，作为稳定剂而加入的。为了除去乙醇，可以将氯仿用一半体积的水振荡数次，然后分出下层氯仿，用无水氯化钙干燥数小时后蒸馏。另一种精制方法是将氯仿与少量浓硫酸一起振荡两三次，每 1000mL氯仿用浓硫酸 50mL。分去酸层以后的氯仿用水洗涤，干燥，然后蒸馏。除去乙醇的无水氯仿应保存于棕色瓶子里，并且不要见光，以免分解。

8. 吡啶（pyridine, Py.）

b. p：115.5℃，n_D^{20}：1.5095，d_4^{20}：0.9819

分析纯的吡啶含有少量水分，但已可供一般应用。如要制得无水吡啶，则可与粒状氢氧化钾或氢氧化钠一同回流，然后隔绝潮气蒸出备用。干燥的吡啶吸水性很强，保存时应将容器口用石蜡封好。

9. N,N-二甲基甲酰胺（N,N-dimethyl formamide，DMF）

b.p：149～156℃，n_D^{20}：1.4305，d_4^{20}：0.9487

N,N-二甲基甲酰胺含有少量水分。在常压蒸馏时有些分解，产生二甲胺与一氧化碳。有酸或碱存在时，分解加快，在加入固体氢氧化钾或氢氧化钠在室温放置数小时后，即有部分分解。因此，最好用硫酸钙、硫酸镁、氧化钡、硅胶或分子筛干燥，然后减压蒸馏、收集76℃、4.79kPa（36mmHg）的馏分。其中含水较多时，可加入十分之一体积的苯，在常压及80℃以下蒸去水和苯，然后用硫酸镁或氧化钡干燥，再进行减压蒸馏。N,N-二甲基甲酰胺中如有游离胺存在，则可用2,4-二硝基氟苯产生颜色来检查。

N,N-二甲基甲酰胺见光可慢慢分解为二甲胺和甲醛，故宜避光储存。

10. 四氢呋喃（tetrahydrofuran，THF）

b.p：67℃，n_D^{20}：1.4050，d_4^{20}：0.8892

四氢呋喃是具有乙醚气味的无色透明液体，市售的四氢呋喃常含有少量水分及过氧化物。

无水四氢呋喃的制备：1000mL四氢呋喃中加入2～4g氢化锂铝，在隔绝潮气下回流除去其中的水和过氧化物，然后在常压下蒸馏，收集66℃的馏分。精制后的液体应在氮气氛中保存，如需较久放置，应加0.025％ 2,6-二叔丁基-4-甲基苯酚作抗氧剂。处理四氢呋喃时，应先用小量进行实验，以确定只有少量水和过氧化物，作用不致过于猛烈时方可进行。

四氢呋喃中的过氧化物可用酸化的碘化钾溶液来实验。如过氧化物很多，则应另行处理。

11. 二甲亚砜（dimethyl sulfone，DMSO）

b.p：189℃（m.p18.5℃），n_D^{20}：1.4783，d_4^{20}：1.0954

二甲亚砜为无色、无臭、微带苦味的吸湿性液体。常压下加热至沸腾可部分分解。市售试剂级二甲亚砜含水量约为1％，通常先减压蒸馏，然后用4A型分子筛干燥；或加入氢化钙粉末搅拌4～8h，再减压蒸馏收集533Pa（4mmHg）下64～65℃的馏分。蒸馏时，温度不宜高于90℃，否则会发生歧化反应生成二甲砜和二甲硫醚。二甲亚砜与某些物质混合时可能发生爆炸，如氢化钠、高碘酸或高氯酸镁等，应予注意。

12. 正己烷（hexane）

b.p：68.7℃，n_D^{20}：0.6378，d_4^{20}：1.3723

纯化：用35％发烟硫酸分次振摇至酸层无色，再依次用蒸馏水、10％碳酸氢钠溶液、少量水洗涤两次，以无水硫酸钙或硫酸镁干燥，加入金属钠，放置，蒸馏。

13. 亚硫酰氯（thionyl chloride）

b.p：78～79℃，n_D^{20}：1.5170，d_4^{20}：1.656

又称氯化亚砜，为无色或微黄色液体，有刺激性，遇水强烈分解。工业品常含有氯化砜、一氯化硫和二氯化硫，一般经蒸馏纯化，但经常仍有黄色。需要更高纯度的试剂时，可用喹啉和亚麻油依次重蒸纯化，但处理手续麻烦，收率低，剩余残渣难以洗净。使用硫黄处理，操作较为方便，效果较好。搅拌下将硫黄（20g·L^{-1}）加入亚硫酰氯中，加热，回流4.5h，用分馏柱分馏，得无色纯品。

14. 二氯甲烷（dichloromethane）

b.p：39.7℃，n_D^{20}：1.4242，d_4^{20}：1.3266

二氯甲烷为无色挥发性液体，蒸气不燃烧，与空气混合也不发生爆炸，微溶于水，能与醇、醚混合。二氯甲烷可以代替醚作萃取溶剂用。

二氯甲烷纯化时可用浓硫酸振荡数次，至酸层无色为止。用水洗后，用 5% 碳酸钠洗涤，再用水洗。经无水氯化钙干燥后，蒸馏，收集 39.5～41℃ 的馏分。二氯甲烷不能用金属钠干燥，因其会发生爆炸。同时注意不要在空气中久置，以免氧化，应储存于棕色瓶内。

15. 1,2-二氯乙烷 (1,2-dichloroethane)

b. p：83.4℃，n_D^{20}：1.4448，d_4^{20}：1.2531

1,2-二氯乙烷为无色油状液体，有芳香味，溶于 120 份水中可与水形成恒沸混合物，沸点 72℃，其中含 81.5% 的 1,2-二氯乙烷。可与乙醇、乙醚、氯仿等混溶。在结晶和萃取时是极有用的溶剂，比常用的含氯有机溶剂更活泼。一般的纯化可依次用浓硫酸、水、稀碱溶液和水洗涤，用无水氯化钙干燥或加入五氧化二磷分馏即可。

16. 四氯化碳 (tetrachlomethane)

b. p：76.5℃，n_D^{20}：1.4601，d_4^{20}：1.5940

普通四氯化碳中含二硫化碳约 4%。纯化时，可将 1L 四氯化碳与 60g 氢氧化钾溶于 60mL 水和 100mL 乙醇配成的溶液中，在 50～60℃ 时剧烈振荡 0.5h，然后水洗。再将此四氯化碳按上述方法重复操作一次（氢氧化钾的用量减半），分出四氯化碳。再用少量浓硫酸洗至无色，然后再用水洗，用无水氯化钙干燥，蒸馏即可。

四氯化碳不能用金属钠干燥，否则会发生爆炸。

17. 乙腈 (acetonitrile)

b. p：81.5℃，n_D^{20}：1.3441，d_4^{20}：0.7822

乙腈是惰性溶剂，可用于反应及重结晶。乙腈与水、醇、醚可任意混溶，与水生成共沸物（含乙腈 84.2%，b. p：76.7℃）。市售乙腈常含有水、不饱和腈、醛和胺等杂质，三级以上的乙腈含量应高于 95%。

纯化方法：可将试剂乙腈用无水碳酸钾干燥，过滤，再与五氧化二磷加热回流（20g·L⁻¹），直至无色，用分馏柱分馏。乙腈可储存于放有分子筛（2A，0.2mm）的棕色瓶中。乙腈有毒，常含有游离氢氰酸。

18. 异丙醇 (isopropanol)

b. p：82.4℃，n_D^{20}：1.3776，d_4^{20}：0.7855

化学纯或分析纯的异丙醇作为一般溶剂使用不需要进行纯化处理，在要求较高的情况下（如制异丙醇铝）则需要纯化。

纯化方法：化学纯或更高规格的异丙醇可直接用 3A 或 4A 分子筛干燥后使用。含量 91% 左右的异丙醇可与氧化钙回流 5h 左右，然后用高效精馏柱分馏，收集 82～83℃ 馏分，用无水硫酸铜干燥数天，再次分馏至沸点恒定，含水量可低于 0.01%。

19. 正丙醇 (n-butyl alcohol)

b. p：117.3℃，n_D^{20}：1.3993，d_4^{20}：0.8098

用无水碳酸钾或无水硫酸钙进行干燥，过滤后，将滤液进行分馏，收集纯品。

20. 二硫化碳 (carbon disulfide)

b. p：45.25℃，n_D^{20}：1.63189，d_4^{20}：1.2661

二硫化碳为有较高毒性的液体（能使血液和神经中毒），它具有高度的挥发性和易燃性，所以使用时必须十分小心，避免接触其蒸气。一般有机合成实验中对二硫化碳要求不高，可在普通二硫化碳中加入少量研碎的无水氯化钙，干燥后滤去干燥剂，然后在水浴中蒸馏收集。

若要制得较纯的二硫化碳，则需将试剂级的二硫化碳用 0.5％高锰酸钾水溶液洗涤 3 次，除去硫化氢，再用汞不断振荡除去硫，最后用 2.5％硫酸汞溶液洗涤，除去所有恶臭（剩余的硫化氢），再经氯化钙干燥，蒸馏收集。其纯化过程的反应式如下：

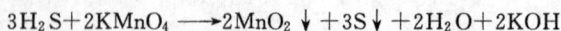

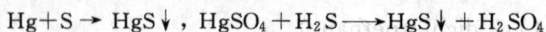

$$3H_2S+2KMnO_4 \longrightarrow 2MnO_2 \downarrow +3S \downarrow +2H_2O+2KOH$$
$$Hg+S \rightarrow HgS \downarrow, \quad HgSO_4+H_2S \longrightarrow HgS \downarrow +H_2SO_4$$

21. 二氧六环（dioxane）

b. p：101.5℃（mp：12℃），n_D^{20}：1.4224，d_4^{20}：1.0336

二氧六环的作用与醚相似，可与水任意混合。普通二氧六环中含有少量二乙醇缩醛与水，长久储存的二氧六环还可能含有过氧化物。

二氧六环的纯化：一般加入 10％（质量分数）的浓盐酸与之回流 3h，同时慢慢通入氮气，以除去生成的乙醛，冷至室温，加入粒状氢氧化钾直至不再溶解。然后分去水层，用粒状氢氧化钾干燥 12h 后，过滤，再加金属钠加热回流数小时，蒸馏后加入钠丝保存。

22. 苯（benzene）

b. p：80.1℃，n_D^{20}：1.5011，d_4^{20}：0.87865

普通苯含有少量的水（可达 0.02％），由煤焦油加工得来的苯还含有少量噻吩（b. p：84℃），不能用分馏或分步结晶等方法分离除去。为制得无水、无噻吩的苯可采用下列方法：在分液漏斗内将普通苯及相当苯体积 15％的浓硫酸一起摇荡，摇荡后将混合物静置，弃去底层的酸液，再加入新的浓硫酸，这样重复操作直到酸层呈现无色或淡黄色，且检验无噻吩为止。分去酸层，苯层依次用水、10％碳酸钠溶液、水洗涤，用氯化钙干燥，蒸馏，收集 80℃的馏分。若要高度干燥，可加入钠丝（见无水乙醚）进一步去水。由石油加工得来的苯一般可省去除噻吩的步骤。

噻吩的检验：取 5 滴苯于小试管中，加入 5 滴浓硫酸及 1～2 滴 1‰α，β-吲哚醌-浓硫酸溶液，振荡片刻，如呈墨绿色或蓝色，则表示有噻吩存在。

23. 苯胺（aniline）

b. p：77～78℃［2.00kPa（15mmHg）］、184.4℃［101.0kPa（760mmHg）］，n_D^{20}：1.5850，d_4^{20}：1.0217

市售苯胺经氢氧化钾（钠）干燥。要除去含硫的杂质，可在少量氯化锌（Ⅱ）存在下，在氮气保护下，用水泵减压蒸馏。在空气中或光照下苯胺颜色变深，应密封储存于避光处。苯胺稍溶于水，能与乙醇、氯仿和大多数有机溶剂混溶，可与酸成盐，苯胺盐酸盐熔点为 198℃。吸入苯胺蒸气或经皮肤吸收会引起中毒症状。

24. 苯甲醛（benzaldehyde）

b. p：64～65℃［1.60kPa（12mmHg）］、179℃［101.0kPa（760mmHg）］，n_D^{20}：1.5448，d_4^{20}：1.0415

苯甲醛是带有苦杏仁味的无色液体，能与乙醇、乙醚、氯仿混溶，微溶于水，由于在空气中易氧化成苯甲酸，因此使用前需经蒸馏。苯甲醛低毒，但对皮肤有刺激，触及皮肤可用水洗。

25. 甲苯（toluene）

b. p：110.8℃，n_D^{20}：1.4961，d_4^{20}：0.8669

用无水氯化钙对甲苯进行干燥，过滤后加入少量金属钠片，再进行蒸馏，即得无水甲苯。普通甲苯中可能含有少量甲基噻吩。

除去甲基噻吩的方法：在 1000mL 甲苯中加入 100mL 浓硫酸，摇荡约 30min（温度不要超过 30℃），除去酸层；然后再分别用水、10%碳酸钠水溶液和水洗涤，以无水氯化钙干燥过夜；过滤后进行蒸馏，收集纯品。

26. 冰乙酸（acetic acid，glacial acetic acid，HAC）

m. p：16～17℃，b. p：117～118℃［101.0kPa（760mmHg）］，n_D^{20}：1.3716，d_4^{20}：1.0415

纯化：将市售乙酸在 4℃下慢慢结晶，并在冷却下迅速过滤，压干。乙酸中少量的水可用五氧化二磷（10g·L⁻¹）回流干燥几小时除去。冰乙酸对皮肤有腐蚀作用，触及皮肤或溅到眼睛时，要用大量水冲洗。

27. 乙酸酐（acetic anhydride，AC₂O）

b. p：139.6℃，n_D^{20}：1.3901，d_4^{20}：1.0828

纯化：加入无水乙酸钠（20g·L⁻¹）回流并蒸馏。对皮肤有严重的腐蚀作用，使用时需使用防护眼镜及手套。

28. 溴（bromine）

m. p：−7.3℃，b. p：58.8℃，n_D^{20}：1.664，d_4^{20}：3.1023

红棕色发烟液体，稍溶于水，溶于醇和醚。用浓硫酸与溴一起摇振使其脱水干燥，将酸分去。溴对呼吸器官、皮肤、眼等均有强腐蚀性，操作时应注意防护。触及皮肤时应迅速用大量水洗，再用酒精洗涤，再依次用水、碳酸氢钠水溶液洗涤。

29. 碘甲烷（iodomethane）

b. p：42～42.5℃，n_D^{20}：1.5380，d_4^{20}：2.2790

无色液体，见光变褐色，游离出碘。纯化时可用硫代硫酸钠或亚硫酸钠的稀溶液反复洗至无色，然后用水洗，用无水氯化钙干燥，蒸馏。碘甲烷应盛于棕色瓶中，避光保存。

注意：与某些物质混合可能发生爆炸，例如氢化钠、高碘酸、高氯酸镁等，应注意安全。

30. 水合肼（hydrazine hydrate）

m. p：−40℃，b. p：118.5℃，d_4^{20}：1.032

水合肼是肼与一分子水的缔合物，在合成中常用 85%肼的水溶液。

制备 85%的水合肼：取 100g 40%～45%市售水合肼和 200g 二甲苯的混合物，进行分馏，可在 99℃时蒸出水-二甲苯共沸物，在 118～119℃蒸出 85%的水合肼。

制备 90%～95%的水合肼：取 114mL 40%～45%的水合肼和 230mL 二甲苯，装高效分馏柱，油浴加热分馏。约带出 85mL 水后，再进行蒸馏，收集 113～125℃馏分。肼浓度越高，越易爆炸，蒸馏时，不宜蒸得过干，应在防爆通风橱内进行。将 85%的水合肼和等量粒状氢氧化钠在油浴中加热至 113℃，并在此温度下保温 2h，再逐渐升温至 150℃，即可蒸出肼，浓度为 95%左右。肼严重腐蚀皮肤、眼、鼻喉，特别是黏膜。如触及皮肤可用稀乙酸洗涤，必要时要用葡萄糖解除毒性。

6. 1. 9　常用试剂（液）的配制

1. 饱和亚硫酸氢钠溶液

在 100mL 40%亚硫酸氢钠溶液中加入 25mL 不含醛的无水乙醇。混合后，如有少量的亚硫酸氢钠结晶析出，则必须滤去，或倾去上层清液，此溶液不稳定，容易被氧化和分解，不能保存很久。因此，实验前配制为宜。

2. 二硝基苯肼试剂

取 2,4-二硝基苯肼 3g，溶于 15mL 浓硫酸，将此酸性溶液慢慢加入 70mL 95％乙醇中，再加蒸馏水稀释到 100mL，过滤，取滤液保存于棕色试剂瓶中备用。

3. 碘-碘化钾溶液

2g 碘和 5g 碘化钾溶于 100mL 水中。

4. 氯化亚铜氨溶液

往 1g 氯化亚铜中加 1～2mL 浓氨水和 10mL 水，用力摇动后静置片刻，倾出溶液，并投入一块铜片（或一根铜丝），储存备用。反应为：

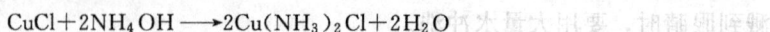

$$CuCl + 2NH_4OH \longrightarrow 2Cu(NH_3)_2Cl + 2H_2O$$

亚铜盐很容易被空气氧化成二价铜，此时试剂呈蓝色将掩盖乙炔亚铜的红色，为了便于观察现象，可在温热的试剂中滴加 20％盐酸羟胺（$HONH_2 \cdot HCl$）溶液，至蓝色褪去后，再通入乙炔，羟胺是一种强还原剂，可将 Cu^{2+} 还原成 Cu^+：

$$4Cu^{2+} + 2NH_2OH \longrightarrow 4Cu^+ + N_2O + H_2O + 4H^+$$

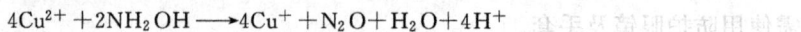

5. 费林试剂（Fehling 试剂）

费林试剂 A：用 100mL 水溶解 3.5g 硫酸铜晶体（$CuSO_4 \cdot 5H_2O$），混浊时过滤。

费林试剂 B：用 15～20mL 热水溶解酒石酸钾钠晶体 17g，再加入 20mL 20％的氢氧化钠，稀释至 100mL。

此两种溶液要分别储存，使用时取等量试剂 A 及试剂 B 混合。由于氢氧化铜是沉淀，不易与样品作用，因此，有酒石酸钾钠存在时，氢氧化铜沉淀溶解，形成深蓝色的溶液。

6. 品红醛试剂（Schiff 试剂）

配制方法有三种：

（1）将 0.2g 品红盐酸盐溶于 100mL 新制的冷却饱和二氧化硫溶液中，放置数小时，直至溶液无色或呈淡黄色，再用蒸馏水稀释至 200mL，储存于玻璃瓶中，塞紧瓶口，以免二氧化硫逸散。

（2）溶解 0.5g 品红盐酸盐于 100mL 热水中，冷却后通入二氧化硫达到饱和，至粉红色消失，加入 0.5g 活性炭，振荡，过滤，再用蒸馏水稀释至 500mL。

（3）溶解 0.2g 对品红盐酸盐于 100mL 热水中，冷却后加入 2g 亚硫酸氢钠和 2mL 浓盐酸，最后用蒸馏水稀释到 200mL。

品红溶液原为粉红色，被二氧化硫饱和后变成无色的 Schiff 试剂。醛类与品红醛试剂作用后，反应液呈紫红色。酮类通常不与品红醛试剂作用，但是某些酮类（如丙酮等）能与二氧化硫作用，故当它与 Schiff 试剂接触后能使试剂脱去亚硫酸，此时反应液就出现品红的粉红色。

7. 刚果红试纸

取 0.2g 刚果红溶于 100mL 蒸馏水制成溶液，把滤纸放在刚果红溶液中浸透后，取出晾干，裁成纸条（长 70～80mm，宽 10～20mm），试纸呈鲜红色。刚果红适用于作酸性物质的指示剂，变色范围 pH 值为 3～5。刚果红与弱酸作用显蓝黑色，与强酸作用显稳定的蓝色，遇碱则又变红。

8. 氯化锌-盐酸试剂（Lucas 试剂）

将 34g 熔融过的无水氯化锌溶于 23mL 纯浓盐酸中，同时冷却以防氯化氢逸出，约得 35mL 溶液，冷却储存于玻璃瓶中，塞紧。

9. 多伦试剂（Tollen 试剂）

加 2mL 5％硝酸银溶液于一干净试管内，加入 1 滴 10％氢氧化钠溶液，然后滴加 2％氨水，随摇，直至沉淀刚好溶解。配制多伦试剂所涉及的化学变化如下：

$$AgNO_3 + NaOH \longrightarrow AgOH + NaNO_3$$

$$2AgOH \longrightarrow Ag_2O + H_2O$$

$$Ag_2O + 4NH_3 + H_2O \longrightarrow 2[Ag(NH_3)_2]^+ + 2OH^-$$

配制多伦试剂时应防止加入过量的氨水，否则将生成雷酸银（$Ag—O—N\equiv C$）。受热后将引起爆炸，试剂本身还将失去灵敏性。多伦试剂久置后将析出黑色的氮化银（Ag_3N）沉淀，它受振动时分解，发生猛烈爆炸，有时潮湿的氮化银也能引起爆炸。因此多伦试剂必须现用现配。

10. 本尼迪克特试剂（Benedict 试剂）

在 400mL 烧杯中用 100mL 热水溶解 20g 柠檬酸钠和 11.5g 无水碳酸钠，在不断搅拌下把含 2g 硫酸铜结晶的 20mL 水溶液慢慢地加到此柠檬酸钠和碳酸钠溶液中。此混合液应十分清澈，否则需过滤。本尼迪克特试剂在放置时不易变质，也不必像费林试剂那样配成 A、B 液分别保存，所以比费林试剂使用方便。

11. α-萘酚酒精试剂

取 α-萘酚 10g 溶于 95%酒精中，再用 95%酒精稀释至 100mL，用前才配制。

12. 间苯二酚-盐酸试剂

间苯二酚 0.05g 溶于 50mL 浓盐酸内，再用水稀释至 100mL。

6.2　物理化学实验中的常用数据

6.2.1　国际单位制的基本单位

量	单位名称	单位符号
长度	米	m
质量	千克（公斤）	kg
时间	秒	s
电流	安[培]	A
热力学温度	开[尔文]	K
物质的量	摩[尔]	mol
光强度	坎[德拉]	cd

6.2.2　国际单位制中具有专用名称的导出单位

量的名称	单位名称	单位符号	其他表示
频率	赫[兹]	Hz	s^{-1}
力	牛[顿]	N	$kg \cdot m \cdot s^{-2}$
压力，压强，应力	帕[斯卡]	Pa	$N \cdot m^{-2}$
能，功，热量	焦[耳]	J	$N \cdot m$
电量，电荷	库[仑]	C	$A \cdot s$
功率	瓦[特]	W	$J \cdot s^{-1}$
电位，电压，电动势	伏[特]	V	$W \cdot A^{-1}$
电容	法[拉]	F	$C \cdot V^{-1}$
电阻	欧[姆]	Ω	$V \cdot A^{-1}$
电导	西[门子]	S	$A \cdot V^{-1}$

量的名称	单位名称	单位符号	其他表示
磁通量	韦[伯]	Wb	$V \cdot s$
磁感应强度	特[斯拉]	T	$Wb \cdot m^{-2}$
电感	亨[利]	H	$Wb \cdot A^{-1}$
摄氏温度	摄氏度	℃	
光通量	流[明]	lm	$cd \cdot sr$
光照度	勒[克斯]	lx	$lm \cdot m^{-2}$
放射性活度	贝可[勒尔]	Bq	s^{-1}
吸收剂量	戈[瑞]	Gy	$J \cdot kg^{-1}$
剂量当量	希[沃特]	Sv	$J \cdot kg^{-1}$

6.2.3 常用物理常数

常数	符号	数值	SI 单位	cgs 单位
标准重力加速度	g	9.80665	$m \cdot s^{-2}$	$\times 10^2 cm \cdot s^{-2}$
光速	C	2.9979	$\times 10^8 m \cdot s^{-1}$	$\times 10^{10} cm \cdot s^{-1}$
普朗克常数	h	6.6262	$\times 10^{-34} J \cdot s$	$\times 10^{-27} erg \cdot s$
玻耳兹曼常数	K	1.3806	$\times 10^{-23} J \cdot K$	$\times 10^{-16} erg \cdot K^{-1}$
阿伏加德罗常数	N_A	6.0222	$\times 10^{23} mol^{-1}$	
法拉第常数	F	9.64867	$\times 10^4 mol^{-1}$	
电子电荷	e	1.60219	$\times 10^{-19} C$	
		4.803		$\times 10^{-10} esu$
电子静质量	m_e	9.1095	$\times 10^{-31} kg$	$\times 10^{-28} g$
质子静质量	m_p	1.6726	$\times 10^{-27} kg$	$\times 10^{-24} g$
玻尔半径	a_0	5.2918	$\times 10^{-11} m$	$\times 10^{-9} cm$
玻尔磁子	μ_B	9.2741	$\times 10^{-24} J \cdot T^{-1}$	$\times 10^{-21} erg \cdot G^{-1}$
核磁子	μ_N	5.0508	$\times 10^{-27} J \cdot T^{-1}$	$\times 10^{-24} erg \cdot G^{-1}$
理想气体标准态体积	V_0	22.4136	$m^3 \cdot kmol^{-1}$	
摩尔气体常数	R	8.31434	$J \cdot (mol \cdot K)^{-1}$	$\times 10^7 erg \cdot (mol \cdot K)^{-1}$
		1.9872	$cal \cdot (mol \cdot K)^{-1}$	
		8.2056	$\times 10^{-2} m^3 \cdot atm \cdot (kmol \cdot K)^{-1}$	
水的冰点		273.15	K	
水的三相点		273.16	K	

6.2.4 力、压力及能量单位换算

	牛顿(N)	千克力(kgf)	达因(dyn)
力	1	0.102	10^5
	9.80665	1	9.80665×10^5
	10^{-5}	1.02×10^{-6}	1

	帕斯卡(Pa)	工程大气压(kgf·cm⁻²)	毫米水柱(mmH₂O)	标准大气压(atm)	毫米汞柱(mmHg)
压力	1	1.02×10^{-5}	0.102	0.99×10^{-5}	0.0075
	98067	1	10^4	0.9678	735.6
	9.807	0.0001	1	0.9678×10^{-4}	0.0736
	101325	1.033	10332	1	760
	133.32	0.00036	13.6	0.00132	1

续表

	尔格(erg)	焦耳(J)	千克力(kgf·m)	千瓦小时(kW·h)	千卡(kcal)(国际蒸气表卡)	升大气压(L·atm)
能量	1	10^{-7}	0.102×10^{-7}	27.78×10^{-15}	23.9×10^{-12}	9.869×10^{-10}
	10^7	1	0.102	277.8×10^{-9}	239×10^{-6}	9.869×10^{-3}
	9.807×10^7	9.807	1	2.724×10^{-6}	2.342×10^{-3}	9.679×10^{-3}
	36×10^{12}	3.6×10^6	367.1×10^3	1	859.845	3.553×10^4
	41.87×10^9	4186.8	426.935	1.163×10^{-3}	1	41.29
	1.013×10^9	101.3	10.33	2.814×10^{-5}	0.024218	1

注：$1Pa=1N \cdot m^{-2}$，1工程大气压$=1kgf \cdot cm^{-2}$，$1mmHg=1Torr$，标准大气压即物理大气压，$1bar=10^5 N \cdot m^{-2}$；$1erg=1dyn \cdot cm$，$1J=1N \cdot m=1W \cdot s$，$1eV=1.602 \times 10^{-19}J$，1国际蒸气表卡$=1.00067$热化学卡。

6.2.5 一些液体的蒸气压

公式	$\lg p = A - B/(t+C)$ 式中：p/mmHg；t/℃			$\ln p = b - M/T$ 式中：p/Pa；T/K	
常数	A	B	C	M	b
丙酮（5～50℃）	7.1171	1210.59	229.66	1654.09	13.6349
乙酸（10～100℃）	7.3878	1533.31	222.31	2160.99	14.1614
苯（8～103℃）	6.9057	1211.03	220.79	1724.91	13.4892
苯（−12～3℃）	9.1064	1885.9	244.2	2370.22	15.7864
环己烷（20～81℃）	6.8413	1201.53	222.65	1693.34	13.3974
环己烯（20～80℃）	6.8862	1229.97	224.10	1714.95	13.4288
乙酸乙酯（15～76℃）	7.1018	1244.95	217.88	1829.92	13.8396
乙醇（−2～100℃）	8.3211	1718.1	237.52	2190.37	14.8405
溴（5～50℃）	6.8778	1119.68	221.38	1606.03	13.4428
碘（5～50℃）	9.8109	2901.0	256.00	3246.67	16.0998
乙醚（−61～20℃）	6.9203	1064.07	228.80	1580.07	13.7790
氯仿（−35～61℃）	6.4934	929.44	196.03	1779.47	13.9681

6.2.6 标准电极电势

电极	ε^0/V	反应式
Li^+, Li	−3.045	$Li^+ + e^- =\!=\! Li$
K^+, K	−2.924	$K^+ + e^- =\!=\! K$
Na^+, Na	−2.7109	$Na^+ + e^- =\!=\! Na$
Ca^{2+}, Ca	−2.76	$Ca^{2+} + 2e^- =\!=\! Ca$
Zn^{2+}, Zn	−0.7628	$Zn^{2+} + 2e^- =\!=\! Zn$
Fe^{2+}, Fe	−0.409	$Fe^{2+} + 2e^- =\!=\! Fe$
Cd^{2+}, Cd	−0.4026	$Cd^{2+} + 2e^- =\!=\! Cd$
Co^{2+}, Co	−0.28	$Co^{2+} + 2e^- =\!=\! Co$
Ni^{2+}, Ni	−0.23	$Ni^{2+} + 2e^- =\!=\! Ni$
Sn^{2+}, Sn	−0.1364	$Sn^{2+} + 2e^- =\!=\! Sn$
Pb^{2+}, Pb	−0.1263	$Pb^{2+} + 2e^- =\!=\! Pb$
H^+, H_2	0.002	$H^+ + 2e^- =\!=\! H_2$
Cu^{2+}, Cu	+0.3402	$Cu^{2+} + 2e^- =\!=\! Cu$
$(I^-, I_2)Pt$	+0.535	$I_2 + 2e^- =\!=\! 2I^-$

电极(Lead)	ε⁰/V	反应式
$(Fe^{3+}, Fe^{2+})Pt(1molHClO_4)$	+0.747	$Fe^{3+}+e^-\Longrightarrow Fe^{2+}$
Ag^+, Ag	+0.7996	$Ag^++e^-\Longrightarrow Ag$
Br^-, Br_2	+1.087	$Br_2+2e^-\Longrightarrow 2Br^-$（水溶液）
Cl^-, Cl_2	+1.3583	$Cl_2+2e^-\Longrightarrow 2Cl^-$
$(Ce^{4+}, Ce^{3+})Pt$	+1.443	$Ce^{4+}+e^-\Longrightarrow Ce^{3+}$

6.2.7 强电解质活度系数（25℃）

物质	浓度/$mol \cdot kg^{-1}$									
	0.001	0.002	0.005	0.01	0.02	0.05	0.1	0.2	0.5	1.0
HCl	0.966	0.952	0.928	0.904	0.875	0.830	0.796	0.767	0.758	0.809
HNO₃	0.965	0.951	0.927	0.902	0.871	0.823	0.785	0.748	0.715	0.720
H₂SO₄	0.830	0.757	0.639	0.544	0.453	0.340	0.265	0.209	0.154	0.130
AgNO₃			0.92	0.90	0.86	0.79	0.72	0.64	0.51	0.40
CuCl₂	0.89	0.85	0.78	0.72	0.66	0.58	0.52	0.47	0.42	0.43
CuSO₄	0.74		0.53	0.41	0.31	0.21	0.16	0.11	0.068	0.047
KCl	0.965	0.952	0.927	0.901		0.815	0.769	0.719	0.651	0.606
K₂SO₄	0.89		0.78	0.71	0.64	0.52	0.43	0.36		
MgSO₄			0.40	0.32	0.22	0.18	0.13	0.088	0.064	
NH₄Cl	0.961	0.944	0.911	0.88	0.84	0.79	0.74	0.69	0.62	0.57
NH₄NO₃	0.959	0.942	0.912	0.88	0.84	0.78	0.73	0.66	0.56	0.47
NaCl	0.966	0.953	0.929	0.904	0.875	0.823	0.780	0.73	0.68	0.66
NaNO₃	0.966	0.953	0.93	0.90	0.87	0.82	0.77	0.70	0.62	0.55
Na₂SO₄	0.887	0.847	0.778	0.714	0.641	0.53	0.45	0.36	0.27	0.20
PbCl₂	0.86	0.80	0.70	0.61	0.50					
ZnCl₂	0.88	0.84	0.77	0.71	0.64	0.56	0.50	0.45	0.38	0.33
ZnSO₄	0.70	0.61	0.48	0.39			0.15	0.11	0.065	0.045

6.2.8 无限稀释离子摩尔电导

单位：$10^{-4}m^2 \cdot S \cdot mol^{-1}$

温度/℃	0	18	25	50
H⁺	240	314	350	465
K⁺	40.4	64.6	74.5	115
Na⁺	26	43.5	50.9	82
NH₄⁺	40.2	64.5	74.5	115
Ag⁺	32.9	54.3	63.5	101
1/2 Ba²⁺	33	55	65	104
1/2 Ca²⁺	30	51	60	98
1/3 La³⁺	35	61	72	119
OH⁻	105	172	192	284
Cl⁻	41.1	65.5	75.5	116
NO₃⁻	40.4	61.7	70.6	104
C₂H₂O₂²⁻	20.3	34.6	40.8	67

续表

温度/℃	0	18	25	50
$1/2\ SO_4^{2-}$	41	68	79	125
$1/2\ C_2O_4^{2-}$	39	63	73	115
$1/3\ C_6H_5O_7^{3-}$	36	60	70	113
$1/4\ Fe(CN)_6^{4-}$	58	95	111	173

6.2.9 某些有机物在水中的表面张力

溶质	溶质的质量分数/%	表面张力 σ/N·m^{-1}	溶质	溶质的质量分数/%	表面张力 σ/N·m^{-1}	溶质	溶质的质量分数/%	表面张力 σ/N·m^{-1}
乙酸(30℃)	1.00	0.06800	正丁酸(25℃)	0.14	0.06900	正丙醇(25℃)	0.1	0.06710
	2.475	0.06440		0.31	0.06500		0.5	0.05618
	5.001	0.06010		1.05	0.05600		1.0	0.04930
	10.01	0.05460		8.60	0.03300		50.00	0.02434
	30.09	0.04360		25.00	0.02800		60.0	0.02415
	49.96	0.03840		79.00	0.02700		80.0	0.02366
	69.91	0.03430		100.00	0.02600		90.0	0.02341
丙酮(25℃)	5.00	0.05550	甲酸(30℃)	1.00	0.07007	丙酸(25℃)	1.91	0.06000
	10.00	0.04890		5.00	0.06620		5.84	0.04900
	20.00	0.04110		10.00	0.06278		9.80	0.04400
	50.00	0.03040		25.00	0.05629		21.70	0.03600
	75.00	0.02680		50.00	0.04950		49.80	0.03200
	95.00	0.02420		75.00	0.04340		73.90	0.03000
	100.00	0.02300		100.00	0.03651		100.00	0.02600
正丁醇(30℃)	0.04	0.06933	甘油(18℃)	5.00	0.07290			
	0.14	0.06038		10.00	0.07290			
	9.53	0.02697		20.00	0.07240			
	80.44	0.02369		30.00	0.07200			
	86.05	0.02347		50.00	0.07000			
	94.20	0.02329		85.00	0.06600			
	97.40	0.02225		100.00	0.06300			

6.2.10 液体的折射率

名称	n_D	名称	n_D
甲醇	1.336	氯仿	1.444
水	1.33252	四氯化碳	1.459
乙醚	1.352	乙苯	1.493
丙酮	1.357	甲苯	1.494
乙醇	1.359	苯	1.498
乙酸	1.370	苯乙烯	1.545
乙酸乙酯	1.370	溴苯	1.557
正己烷	1.372	苯胺	1.583
1-丁醇	1.397	溴仿	1.587
异丙醇	1.3752	环己烷($t=20℃$)	1.42662

注：钠光 $\lambda=589.3nm$，$t=25℃$。

6.2.11 环己烷-乙醇折射率-组成工作曲线（25℃）

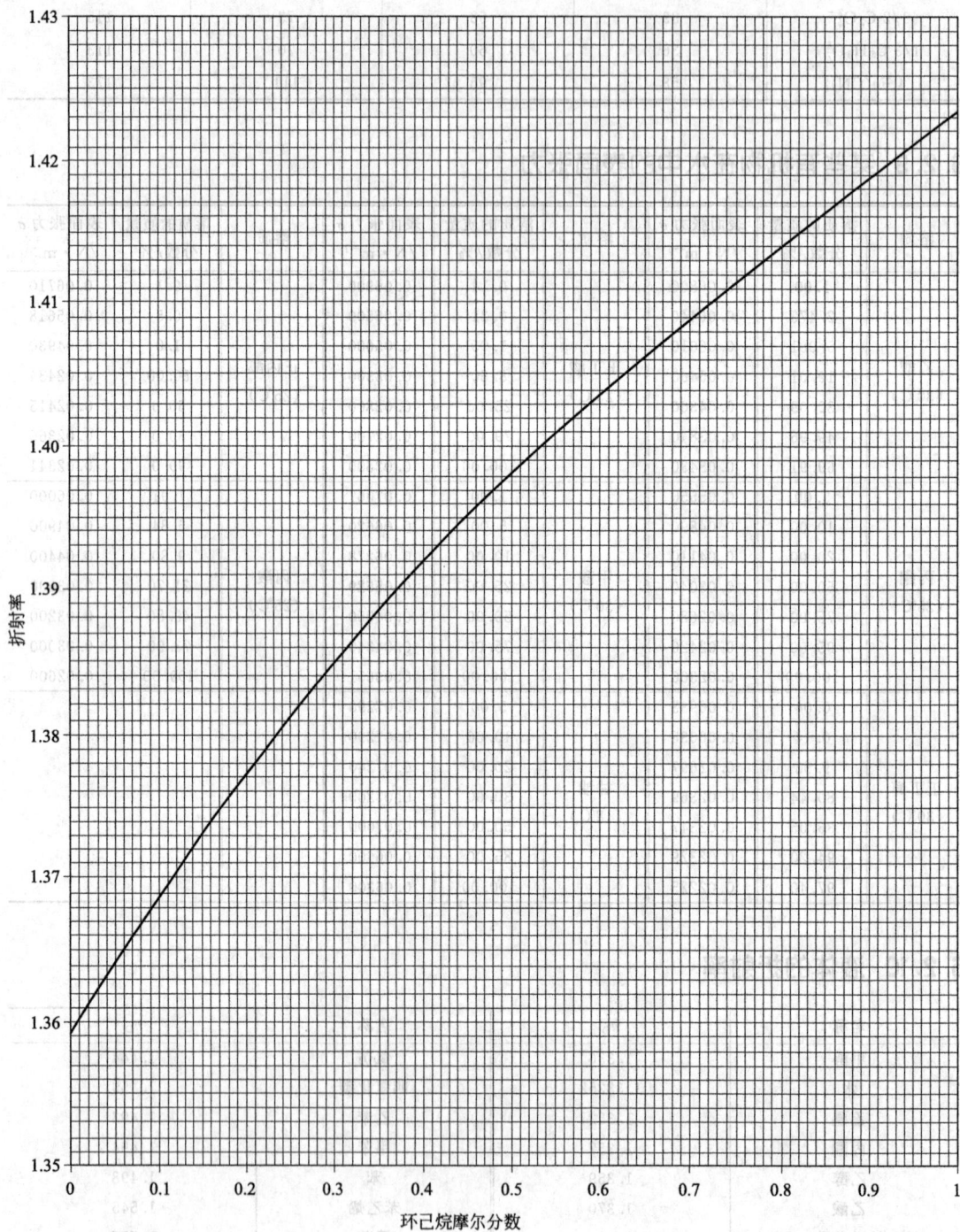

图中纵坐标为折射率，横坐标为环己烷摩尔分数。

6.2.12　苯-乙醇折射率-级成工作曲线

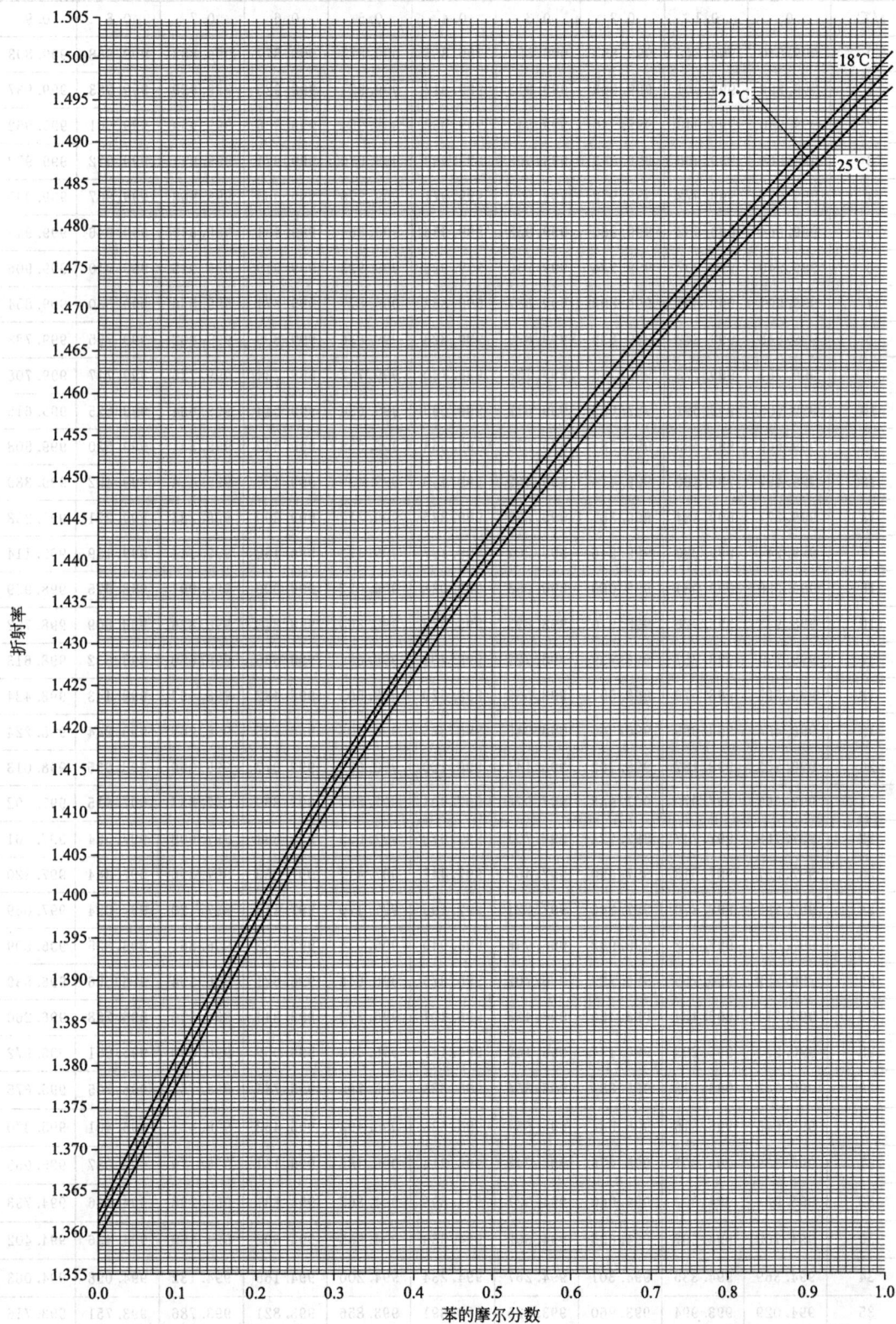

6.2.13 不同温度下水的密度表

t/℃	0	0.1	0.2	0.3	0.4	0.5	0.6	0.7	0.8	0.9
0	999.840	999.846	999.853	999.859	999.865	999.871	999.877	999.883	999.888	999.893
1	999.898	999.904	999.908	999.913	999.917	999.921	999.925	999.929	999.933	999.937
2	999.940	999.943	999.946	999.949	999.952	999.954	999.956	999.959	999.961	999.962
3	999.964	999.966	999.967	999.968	999.969	999.970	999.971	999.971	999.972	999.972
4	999.972	999.972	999.972	999.971	999.971	999.970	999.969	999.968	999.967	999.965
5	999.964	999.962	999.960	999.958	999.956	999.954	999.951	999.949	999.946	999.943
6	999.940	999.937	999.934	999.930	999.926	999.923	999.919	999.915	999.910	999.906
7	999.901	999.897	999.892	999.887	999.882	999.877	999.871	999.866	999.880	999.854
8	999.848	999.842	999.836	999.829	999.823	999.816	999.809	999.802	999.795	999.788
9	999.781	999.773	999.765	999.758	999.750	999.742	999.734	999.725	999.717	999.708
10	999.699	999.691	999.682	999.672	999.663	999.654	999.644	999.634	999.625	999.615
11	999.605	999.595	999.584	999.574	999.563	999.553	999.542	999.531	999.520	999.508
12	999.497	999.486	999.474	999.462	999.450	999.439	999.426	999.414	999.402	999.389
13	999.377	999.384	999.351	999.338	999.325	999.312	999.299	999.285	999.271	999.258
14	999.244	999.230	999.216	999.202	999.187	999.173	999.158	999.144	999.129	999.114
15	999.099	999.084	999.069	999.053	999.038	999.022	999.006	998.991	998.975	998.959
16	998.943	998.926	998.910	998.893	998.876	998.860	998.843	998.826	998.809	998.792
17	998.774	998.757	998.739	998.722	998.704	998.686	998.668	998.650	998.632	998.613
18	998.595	998.576	998.557	998.539	998.520	998.501	998.482	998.463	998.443	998.424
19	998.404	998.385	998.365	998.345	998.325	998.305	998.285	998.265	998.244	998.224
20	998.203	998.182	998.162	998.141	998.120	998.099	998.077	998.056	998.035	998.013
21	997.991	997.970	997.948	997.926	997.904	997.882	997.859	997.837	997.815	997.792
22	997.769	997.747	997.724	997.701	997.678	997.655	997.631	997.608	997.584	997.561
23	997.537	997.513	997.490	997.466	997.442	997.417	997.393	997.396	997.344	997.320
24	997.295	997.270	997.246	997.221	997.195	997.170	997.145	997.120	997.094	997.069
25	997.043	997.018	996.992	996.966	996.940	996.914	996.888	996.861	996.835	996.809
26	996.782	996.755	996.729	996.702	996.675	996.648	996.621	996.594	996.566	996.539
27	996.511	996.484	996.456	996.428	996.401	996.373	996.344	996.316	996.288	996.260
28	996.231	996.203	996.174	996.146	996.117	996.088	996.059	996.030	996.001	996.972
29	995.943	995.913	995.884	995.854	995.825	995.795	995.765	995.753	995.705	995.675
30	995.645	995.615	995.584	995.554	995.523	995.493	995.462	995.431	995.401	995.370
31	995.339	995.307	995.276	995.245	995.214	995.182	995.151	995.119	995.087	995.055
32	995.024	994.992	994.960	994.927	994.895	994.863	994.831	994.798	994.766	994.733
33	994.700	994.667	994.635	994.602	994.569	994.535	994.502	994.469	994.436	994.402
34	994.369	994.335	994.301	994.267	994.234	994.200	994.166	994.132	994.098	994.063
35	994.029	993.994	993.960	993.925	993.891	993.856	993.821	993.786	993.751	993.716

$t/℃$	0	0.1	0.2	0.3	0.4	0.5	0.6	0.7	0.8	0.9
36	993.681	993.646	993.610	993.575	993.540	993.504	993.469	993.433	993.397	993.361
37	993.325	993.280	993.253	993.217	993.181	993.144	993.108	993.072	993.035	992.999
38	992.962	992.925	992.888	992.851	992.814	992.777	992.740	992.703	992.665	992.628
39	992.591	992.553	992.516	992.478	992.440	992.402	992.364	992.326	992.288	992.250
40	992.212	991.826	991.432	991.031	990.623	990.208	989.786	987.358	988.922	988.479
50	988.030	987.575	987.113	986.644	986.169	985.688	985.201	984.707	984.208	983.702
60	983.191	982.673	982.150	981.621	981.086	980.546	979.999	979.448	978.890	978.327
70	977.759	977.185	976.606	976.022	975.432	974.837	974.237	973.632	973.021	972.405
80	971.785	971.159	970.528	969.892	969.252	968.606	967.955	967.300	966.639	965.974
90	965.304	964.630	963.950	963.266	962.577	961.883	961.185	960.482	959.774	959.062
100	958.345									

参 考 文 献

[1] 兰州大学等 . 有机化学实验 . 第 2 版 . 北京：高等教育出版社，1978.

[2] 吴玉兰，陈正平 . 有机化学实验 . 武汉：华中科技大学出版社，2011.

[3] 朱文庆，李红 . 有机化学实验 . 西安：西北工业大学出版社，2011.

[4] 唐玉海 . 有机化学实验 . 北京：高等教育出版社，2010.

[5] 徐雅琴，杨玲，王春 . 有机化学实验 . 北京：化学工业出版社，2010.

[6] 姚映钦，陈连喜，王兴明 . 有机化学实验 . 第 3 版 . 武汉：武汉理工大学出版社，2011.

[7] 兰州大学 . 有机化学实验 . 第 3 版 . 北京：高等教育出版社，2010.

[8] 陈锋，王宏光 . 有机化学实验 . 北京：冶金工业出版社，2013.

[9] 贾素云 . 基础化学实验：下册 . 北京：兵器工业出版社，2005.

[10] 杨世珖 . 近代化学实验 . 北京：石油工业出版社，2010.

[11] 高绍康，陈建中 . 大学化学实验 . 北京：化学工业出版社，2012.

[12] 陈斌 . 物理化学实验 . 北京：中国建材工业出版社，2004.

[13] 尹春玲，李青彬 . 物理化学实验 . 西安：西安地图出版社，2007.

[14] 朱明霞，杨北平，郝文博 . 物理化学实验 . 哈尔滨：哈尔滨工程大学出版社，2011.

[15] 刘勇键，白同春 . 物理化学实验 . 南京：南京大学出版社，2009.

[16] 高丽华 . 基础化学实验 . 北京：化学工业出版社，2004.

[17] 常照荣 . 物理化学实验 . 郑州：河南科学技术出版社，2010.

[18] 乔艳红 . 物理化学实验 . 北京：中国纺织出版社，2011.

[19] 高占先 . 有机化学实验 . 第 4 版 . 北京：高等教育出版社，2004.

[20] 李兆陇，阴金香，林天舒 . 有机化学实验 . 北京：清华大学出版社，2000.

[21] 沈萍 . 有机化学实验 . 武汉：中国地质大学出版社，2005.

[22] 赵建庄，高岩 . 有机化学实验 . 北京：高等教育出版社，2003.

[23] 周建峰 . 有机化学实验 . 上海：华东理工大学出版社，2002.

[24] 武汉大学化学与分子科学学院实验中心 . 物理化学实验 . 武汉：武汉大学出版社，2004.

[25] 金丽萍，邹时清，陈大勇 . 物理化学实验 . 第 2 版 . 上海：华东理工大学出版社，2005.

[26] 罗澄源等 . 物理化学实验 . 第 3 版 . 北京：高等教育出版社，1991.

[27] 淮阴师范学院化学系 . 物理化学实验 . 第 2 版 . 北京：高等教育出版社，2003.